贾东 主编 建筑与文化·认知与营造 系列丛书

中西建筑十五讲

贾 东 著

中国建筑工业出版社

图书在版编目（CIP）数据

中西建筑十五讲/贾东著．—北京：中国建筑工业出版社，2013.6
（建筑与文化·认知与营造　系列丛书/贾东主编）
ISBN 978-7-112-15359-6

Ⅰ.①中…　Ⅱ.①贾…　Ⅲ.①建筑艺术-对比研究-中国、西方国家　Ⅳ.①TU-861

中国版本图书馆CIP数据核字（2013）第077504号

责任编辑：唐　旭　张　华
责任校对：党　蕾　关　健

建筑与文化·认知与营造　系列丛书
贾东　主编
中西建筑十五讲
贾东　著
*
中国建筑工业出版社出版、发行（北京西郊百万庄）
各地新华书店、建筑书店经销
北京嘉泰利德公司制版
北京建筑工业印刷厂印刷
*
开本：787×1092 毫米　1/16　印张：21¼　字数：450 千字
2013 年 7 月第一版　2013 年 7 月第一次印刷
定价：59.00 元
ISBN 978-7-112-15359-6
（23437）

总　　序

人做一件事情，总是跟自己的经历有很多关系。

1983 年，我考上了大学，在清华大学建筑系学习建筑学专业。

大学五年，逐步拓展了我对建筑空间与形态的认识，同时也学习了很多其他的知识。大学二年级时做的一个木头房子的设计，至今还经常令自己回味。

回想起来，在那个年代的学习，有很多所得，我感谢母校，感谢老师。而当时的建筑学学习不像现在这样，有很多具体的手工模型。我的大学五年，只做过简单的几个模型。如果大学二年级时做的那一个木头房子的设计，是以实体工作模型的方式进行，可能会更多地影响我对建筑的理解。

1988 年大学毕业以后，我到设计院工作了两年，那两年参与了很多实际建筑工程设计。而在实际建筑工程设计中，许多人关心的也是建筑的空间与形态，而设计人员落实的却是实实在在的空间界面怎么做的问题，要解决很多具体的材料及其做法，而多数解决之道就是引用标准图，通俗地说，就是“画施工图吹泡泡”。当时并没有意识到，这种“吹泡泡”的过程其实是对于建筑理解的又一个起点。

1990 年到 1993 年，我又回到了清华大学，跟随单德启先生学习。跟随先生搞的课题是广西壮族自治区融水民居改造，其主要的内容是用适宜材料代替木材。这个改进意义是巨大的，其落脚点在材料上。这时候再回味自己前两年工作实践中的很多问题，不是简单地“画施工图吹泡泡”就可以解决的。自己开始初步认识到，建筑的发展，除了文化、场所、环境等种种因素以外，更多的还是要落实到“用什么、怎么做、怎么组织”的问题。

我的硕士论文题目是《中国传统民居改建实践及系统观》。今天想来，这个题目宏大而略显宽泛，但另一方面，对于自己开始学习着去全面地而不是片面地认识建筑，其肇始意义还是很大的。我很感谢母校与先生对自己的浅薄与锐气的包容与鼓励。

硕士毕业后，我又到设计院工作了八年。这八年中，在不同的工作岗位上，对“用什么、怎么做、怎么组织”的理解又深刻了一些，包括技术层面的和综合层面的。有一些专业设计或工程实践的结果是各方面的因素加起来让人哭笑不得的结果。而从专业角度，我对于“画施工图吹泡泡”，有了更多的理解、无奈和思考。

随着年龄的增长及十年设计院实际工程设计工作中，对不同建筑实践进一步的接触和思考，我对材料的意义体会越来越深刻。“用什么、怎么做、怎么组织”的问题包含了诸多辩证的矛盾，时代与永恒、靡费与品位、个性与标准。

十多年以前，我回到大学里担任教师，同时也参与一些工程实践。在这个过程中，我也在不断地思考一个问题——建筑学类的教育的落脚点在哪里?

建筑学类的教育是很广泛的。从学科划分来看，今天的建筑学类有建筑学、城市规划、风景园林学三个一级学科。这三个一级学科平行发展，三者同源、同理、同步。它们的共同点在于，都有一个“用什么、怎么做、怎么组织”的问题，还有对这一切怎么认知的问题。

有三个方面，我也是一直在一个不断认知学习的过程中。而随着自己不断学习，越来越体会到，我们的认知也是发展变化的。

第一个方面，建筑与文化的矛盾。

作为一个经过一定学习与实践的建筑学专业教师，自己对建筑是什么、文化是什么是有一定理解的。但是，随着学习与研究的深入，越来越觉得自己的理解是不全面的。在这里暂且不谈建筑与文化是什么，只想说一下建筑与文化的矛盾。在时间上，建筑更是一种行为，而文化更是一种结果；在空间上，建筑作为一种物质存在，它更多的是一些点，文化作为一种精神习惯，它更多的是一些脉络。就所谓的“空”和“间”两个字而言,文化似乎更趋向于广袤而延绵的“空”，而建筑更趋向于具体而独特的“间”。因而，在地位上，建筑与文化的坐标体系是不对称的。正因为其不对称，却又有着这样那样的对应关系，所以建筑与文化的矛盾是一系列长久而有意义的问题。

第二个方面，营造的三个含义。

建筑其用是空间，空间界面却不是一条线，而是材料的组织体系。

建筑其用不止于空间，其文化意义在于其形态涵义，而其形态又是时间的组织体系。

对营造的第一个理解，是以材料应用为核心的一个技术体系，如营造法式、营造法则等。中国古代建筑的辉煌成就正是基于以木材为核心的营造体系的日臻完善。

对营造的第二个理解，是以传统营造为内容的研究体系，如先辈创办的中国营造学社等。

对营造的第三个理解，则是符合人的需要的、各类技术结合的体系。并不是新的快的大的就是好的。正如小的也许是好的，我们认为，慢的也许是更好的。

至此，建筑、文化、认知、营造这几个词已经全部呈现出来了。

对建筑、文化、营造这三个概念该如何认知,是建筑学类教育的一个基本命题。

第三个方面，建筑、文化、认知、营造几个词汇的多组合。

建筑、文化、认知、营造几个词汇产生很多组合，这里面也蕴含了很多互动关系。如，建筑认知、认知建筑，建筑营造、营造建筑，建筑文化、文化建筑，文化认知、认知文化，文化营造、营造文化，认知营造、营造认知，等等。

还有建筑与文化的认知，建筑与文化的营造，等等。

这些组合每一组都有一个非常丰富的含义。

经过认真的考虑，把这一套系列丛书定名为“建筑与文化·认知与营造”，它是由四个关键词组成的，在一定程度上也是一种平行、互动的关系。丛书涉及建筑类学科平台下的建筑学、城乡规划学、风景园林学三个一级学科，既有实践应用也有理论创新，基本支撑起“建筑、文化、认知、营造”这样一个营造体系的理论框架。

我本人之《中西建筑十五讲》试图以一本小书的篇幅来阐释关于建筑的脉络，试图梳理清楚建筑、文化、认知、营造的种种关联。这本书是一本线索式的书，是一个专业学习过程的小结，也是一个专业学习过程的起点，也是面对非建筑类专业学生的素质普及书。

杨绪波老师之《聚落认知与民居建筑测绘》以测绘技术为手段，对民居建筑聚落进行科学的调查和分析，进行对单体建筑的营造技术、空间构成、传统美学的学习，进而启迪对传统聚落的整体思考。

王小斌老师之《徽州民居营造》，偏重于聚落整体层面的研究，以徽州民居空间营造为对象，对传统徽州民居建筑所在的地理生态环境和人文情态语境进行叙述，对徽州民居展开了从“认知”到“文化”不同视角的研究，并结合徽州民居典型聚落与建筑空间的调研展开一些认知层面的分析。

王新征老师之《技术与今天的城市》，以城市公共空间为研究对象，对 20 世纪城市理论的若干重要问题进行了重新解读，并重点探讨了当代以个人计算机和互联网为特征的技术革命对城市的生活、文化、空间产生的影响，以及建筑师在这一过程中面临的问题和所起到的作用，在当代建筑和城市理论领域进行探索。

袁琳老师之《宋代城市形态和官署建筑制度研究》，关注两宋的城市和建筑群的基址规模规律和空间形态特征，展示的是建筑历史理论领域的特定时代和对象的“横断面”。

于海漪老师之《重访张謇走过的日本城市》，对中国近代实业家张謇于 20 世纪初访问日本城市的经历进行重新探访、整理、比较和分析，对日本近代城市建设史展开研究。

许方老师之《北京社区老年支援体系研究》以城市社会学的视角和研究方法切入研究，旨在探讨在老龄化社会背景下，社区的物质环境和服务环境如何有助于老年人的生活。

杨鑫老师之《经营自然与北欧当代景观》，以北欧当代景观设计作品为切入点，研究自然化景观设计，这也是她在地域性景观设计领域的第三本著作。

彭历老师之《解读北京城市遗址公园》，以北京城市遗址公园为研究对象，研究其园林艺术特征，分析其与城市的关系，研究其作为遗址保护展示空间和城市公共空间的社会价值。

这一套书是许多志同道合的同事，以各自专业兴趣为出发点，并在此基础上的不断实践和思考过程中，慢慢写就的。在学术上，作者之间的关系是独立的、自由的。

这一套书由北京市教育委员会人才强教等项目和北方工业大学重点项目资助，以北方工业大学建筑营造体系研究所为平台组织撰写。其中，《中西建筑十五讲》为《全国大学生文化素质教育》丛书之一。在此，对所有的关心和支持表示感谢。

我们经过探讨认为，“建筑与文化·认知与营造”系列丛书应该有这样三个特点。

第一，这一套书，它不可能是一大整套很完备的体系，因为我们能力浅薄，而那种很完备的体系可能几十本、几百本书也无法全面容纳。但是，这一套书之每一本，一定是比较专业且利于我们学生来学习的。

第二，这一套书之每一本，应该是比较集中、生动和实用的。这一套书之每一本，其对应的研究领域之总体，或许已经有其他书做过更加权威性的论述，而我们更加集中于阐述这一领域的某一分支、某一片段或某一认知方式，是生动而实用的。

第三，我们强调每一个作者对其阐述内容的理解，其脉络要清楚并有过程感。我们希望这种互动成为教师和学生之间教学相长的一种方式。

作为教师，是同学生一起不断成长的。确切地说，是老师和学生都在同学问一起成长。

如前面所讲，由于我们都仍然处在学习过程当中，书中会出现很多问题和不足，希望大家多多指正，也希望大家共同来探究一些问题，衷心地感谢大家！

贾　东

2013 年春于北方工业大学

目　录

第1讲　关于中西建筑十五讲——现象与脉络

建筑是人类物质和精神的双重财富，是历史最大的人工遗存，是人类与环境对话的始终主题，是每一个人都应该了解和学习的，而建筑文化修养是整体人文素质不可或缺的一部分。

《中西建筑十五讲》不是一部编年体的建筑史书，也不是一部翔实的案例考证。十五讲的篇幅，二十余万的文字，要说尽浩瀚如海的建筑史实与案例也是不可能的。

《中西建筑十五讲》的立足点有三个：普及、典型、引入。普及，其对象为青年学生及关注建筑文化的人；典型，其内容选取典型的建筑现象；引入，其目的在于梳理一个思考建筑问题的脉络。这就是本书的普及性、典型性、引入性。

世界各地的建筑现象千差万别，可以用对比的方法来阐述和了解，而中西建筑的概念具有典型代表性，它不可能涵盖所有建筑现象，但可以具有广泛基础上的高度概括性。世界各地的建筑现象的差异又不是绝对和一成不变的，又有着各自的发展与演变轨迹，《中西建筑十五讲》不是采用简单的罗列对比，而是有序组织为三大部分。

第1讲至第5讲，内容为建筑的审美、中西建筑在文化艺术方面的对比解读。

第6讲至第11讲，内容为中西建筑在材料与营造方面的对比解读、西方建筑现代主义的历史必然、西方建筑师的与时代同步。

第12讲至第15讲，内容为中国建筑的发展思考与建筑文化的交融。

《中西建筑十五讲》有三条脉络，这三条脉络又交织在一起。

其一，建筑的文化视角。所有的建筑现象都可以看做一种文化现象。

其二，建筑是综合营造。所有的建筑成就都是一整套物质技术体系营造的结果。

其三，中国建筑的发展思考。思考是开始，是必经之路，而不是答案。

《中西建筑十五讲》赞美中西建筑乃至全世界建筑的辉煌成就，探寻这辉煌成就的深厚底蕴，肯定西方建筑现代主义运动的巨大历史意义，对中国建筑发展充满信心。

《中西建筑十五讲》在阐述建筑文化与建筑营造的基础上，提出了第二环境的积极营造，提出了中国建筑发展之根本背景和互动基础为农业文明、工业文明、后工业文明三个文明共存，提出了建筑文明的三个涵义：生态文明、产业文明、生活文明。

让我们从文学中的亭台楼阁开始，从长城与城堡开始。

引子一：宏美场景——文学描绘的亭台楼阁

有了文学便有了对建筑的讴歌，文学对建筑的描写，可从《诗经》、《楚辞》中找到例证。

《诗经·小雅·斯干》写道："约之阁阁，筑之橐橐"（墙版捆扎，安装好，筑声橐橐，用力敲）。"殖殖其庭，有觉其盈"（庭院平整而方正，柱楹高大而直挺）。描写古人用版筑墙，赞美劳动营造。继而，又赞美建造好的房屋的屋顶，"如鸟斯革，如翚斯飞"（如鸟翱翔，舒展翅膀，如雉奋飞，五彩艳丽），赞美屋顶如鸟翼展翅，优美欲飞。

可见，至迟在春秋，建筑营造已是日常生活的一部分，有组织的建筑营造被普遍认识和赞美，而建筑形式已经日臻成熟，流畅自然的屋顶造型早已出现。

至汉，赋，由《楚辞》衍化，又继承《诗经》讽刺的传统，放手铺写，结构宏大，层次严密，加上对偶、排比手法的大量使用，语言富丽，句式多变，气势磅礴，铺张扬厉，确立了汉代大赋的体制。而在诸家诸赋中，建筑成了被尽情颂扬的对象。

司马相如的《上林赋》，以夸耀的笔调描写了上林苑的壮丽，汉天子游猎的盛大规模，歌颂了大一统王朝的声威和气势。而苑囿建筑是帝王生活、权力、意志存在的场景。

"于是乎离宫别馆，弥山跨谷，高廊四注，重坐曲阁。"

"于是乎背秋涉冬，天子校猎。卫公参乘，扈从横行，出乎四校之中。"

"于是乎游戏懈怠，置酒乎颢天之台。"

"于是历吉日以斋戒，袭朝服，乘法驾，建华旗，鸣玉鸾，游于六艺之囿。"

这一时期以后，古代文学家敏锐地领悟到建筑的内涵，并从中汲取到丰富的创作灵感。将王宫别馆、城市建设、风景园林描写得气象万千、恢宏壮观。建筑既是文人忧思展现才华的舞台，更是现实与精神多彩生活的场景。这个舞台和场景，亭台楼阁一词，早为大家所熟知。其实，亭台楼阁只是建筑形制之一部分，亭台楼阁本身也变化多样，涵义丰富。

诗词涉及亭台楼阁的，唐诗多有，且多不具体描写建筑，而是直抒怀抱。如陈子昂《登幽州台歌》，"前不见古人，后不见来者，念天地之悠悠，独怆然而涕下。"王之涣《登鹳雀楼》，"白日依山尽，黄河入海流。欲穷千里目，更上一层楼。"没有登临，何来感言？在这儿，建筑是诗人抒怀的舞台。

散文涉及亭台楼阁的，以唐宋为多，发挥议论，文学性强。如唐初王勃《滕王阁序》、北宋范仲淹《岳阳楼记》、欧阳修《醉翁亭记》、苏轼《凌虚台记》、《清风阁记》等。从篇名可以知道，这些散文都与亭台楼阁建筑有关。古人在修筑亭台楼阁时，常写记义，而记事多是缘由，继而伤今悼古，泼洒情怀。在这儿，建筑更是精神生活的场景。

而铜雀台与曹植的《铜雀台赋》则有着更丰富的内涵和意义。

建安十五年，曹操击败袁绍及其三子，并北征乌桓，平定北方。于是在邺建都，于漳河畔大兴土木修建铜雀台，高十丈，分三台，各相距六十步远，中间各架飞桥相连。曹植作《铜雀台赋》，“建高门之嵯峨兮，浮双阙乎太清。立中天之华观兮，连飞阁乎西城。”优美的文字描绘了铜雀台之雄伟与规模。曹操听后大为赞赏，封其为平原侯。在这儿，铜雀台具有典型的政治与权力象征意义。

同时，《铜雀台赋》是典型的中国文学对建筑的描写，采取一种宏观写神的方法，今天的我们只可领略其华美而难知其细节，而其形制之宏大复杂是无疑的。重要的是，营造铜雀台是大规模、有目的、有组织、有时间限定的主动行为，而其目的远远超出了基本的居住和生活。理解这一点，我们就更体会到了建筑是物质和精神生活的场景和舞台，也有助于开始思考建筑的本质。这就是铜雀台的多重涵义。

引子二：财富的耗费与保护——长城

中国古代建筑大多主体为木构，实物存留不多，而中古代文学中又饱含建筑信息，其宏观而写神的描述，依然清晰揭示了建筑是巨大的财富耗费。秦代阿房宫、唐代大明宫，随着岁月流逝，战乱洗劫，或已是断垣残壁，或已是荡然无存，但其奢华靡费，仍可寻觅踪迹。

秦之阿房宫，巍峨华丽，毁于秦末，汉代司马迁的《史记》对其有记载。而唐代杜牧的《阿房宫赋》则写尽其浮华，“蜀山兀，阿房出，覆压三百余里，隔离天日。”可见其规模之巨大，气势之雄伟。杜牧又写道，“骊山北构而西折，直走咸阳。二川溶溶，流入宫墙，五步一楼，十步一阁，廊腰缦回，檐牙高啄，各抱地势，钩心斗角。”文学或许夸张，而阿房宫之营造无疑是巨大财富的积累和耗费。

同时，建筑营造也是一种财富的保护。对建筑的含义加以拓展，万里长城无疑是亘古以来空间跨度最大的建筑工程，而其关隘、城堡、烽火台无疑是典型的防御建筑。现在我国新疆、甘肃、宁夏、陕西、内蒙古、山西、河北、北京、天津、辽宁、吉林、黑龙江、河南、山东、湖北、湖南等省、市、自治区都有古长城、烽火台的遗迹。

长城历史悠久。春秋战国时期，秦、赵、魏、齐、燕、楚各国诸侯为了防御北方游牧民族南侵和自卫，花费了漫长的历史时期，耗费了大量的人力与财力，修筑烽火台，并用城墙连接起来，形成最早的长城。以后历代君王几乎都加固增修长城。根据历史文献记载，有 20 多个诸侯国家和王朝修筑过长城，若把各个时代修筑的长城加起来，大约有 5 万公里以上。

秦兼并六国后，为防范北方匈奴的突袭，于公元前 214 年开始了修筑长城的巨大工程，把秦、燕、赵、魏的原有长城连接起来，并加以扩建。据记载，秦始皇使用了近百万劳动力修筑长城，占全国人口的二十分之一。当时没有任何机械，全部劳动都由人力完成，工作环境十分艰难。整个工程共征用民工三十万人，连续花了十多年方告完成。秦长城西起甘肃临洮，沿黄河至内蒙古临河，北达阴山，南至山西雁门关，东抵辽东，全长达 3000 多公里。

“因地形，用险制塞”是修筑长城的一条重要经验，始自秦始皇，司马迁把它写入《史记》，以后每一个朝代修筑长城都是按照这一原则进行的。这有三个含义，关城隘口都在两山峡谷之间河流转折之处、平川往来必经之地，既控制险要，又节约人力和材料；城堡烽火台也选择在险要之处；修筑城墙，也是充分地利用地形，如居庸关、八达岭长城的城墙都沿着山岭的脊背修筑。长城有的地段从城墙外侧看去险峻难攻，内侧则平缓易守。还有一些地方，利用悬崖陡壁、江河湖泊作为天然屏障。

现存的长城主要为始建于 14 世纪的明长城，西起嘉峪关，东至辽东虎山，全长 8851.8 公里，平均高 6~7 米、宽 4~5 米。明朝在“外边”长城之外，还修筑了“内边”长城和“内三关”长城。除此以外，还修筑了大量的“重城”。

从历史上看，长城位于当时的农耕经济文化与游牧经济文化的自然交汇处，长城既将当时的农耕、游牧区域隔开，又将它们自然联结在一起。绵延万余里的长城穿越在崇山峻岭、急流、溪谷等险峻的地段之上，工程之艰巨是难以想象的，这表现了中华民族的磅礴气概和聪明才智，也反映了中国古代测量、规划设计、建筑技术、工程管理以及军事技术的高超水平。如今长城已失去了它的军事用途，失去了曾有的对农耕经济文化的隔离保护作用，但却见证着中华民族大家庭的团结与辉煌。

长城是中国最重要的历史文化遗产，是我国古代劳动人民创造的伟大的奇迹，是中国悠久历史的见证，是中华民族的象征。

引子三：现实与梦想——城堡

在西方童话故事中，城堡是颇有戏剧性及趣味性的建筑，是公主与骑士的浪漫之地。城堡造型丰富，有圆形的垛楼、层层出挑的塔屋等。今天的人们可以想象一个美丽的公主从那儿探身而出。其实，西方城堡的诞生、演化和功能，不是美妙童话的梦想，而是残酷斗争的结果，其诸多动人之处无不具有战斗与守卫的功能。

城堡是欧洲中世纪政治分裂、势力割据的产物。当时的欧洲没有强大的中央集权政府，土地的所有权分散在贵族、骑士的手中，为争夺和保护土地、粮食、牲畜、人口，不断爆发战争。欧洲大陆缺乏战略性的防卫地形，战争使城堡的建造成为必然。最初的城堡是 9 世纪出现的土岗——城廓式城堡。这种初级城堡建在挖沟时掘出的土堆成的高地上，周围是无水的护城壕沟。随着战争技术的发展和城镇的复兴，石制城堡开始流行起来，11 世纪至 14 世纪是建造城堡的鼎盛期。那时，城堡是最可靠的防御方式，可以抵挡骑兵的快速攻击，将突袭式的速决战转化为消耗战。而拥有坚固的城堡，又激发了统领者进一步的扩张野心。14 世纪以后，伴随着火器的诞生，城堡逐渐失去其军事作用而成为世俗居所。

城堡一般都会有以下几类防御设施。

其一，城门、闸门、城墙、城垛、箭塔，这是城堡的主体防御设施。城堡的城门是一个有内部空间的门房，是防卫城堡的重要据点。穿过城门的通道类似隧道，在隧道的中间或两端，会有一层或多层的闸门，通常为沉重的木制或铁制栅栏。守城者可以运用滚动的机械，吊起或落下闸门，与攻城者在闸门的两边互相射击或刺戳。石头砌筑的城墙具有防火、抵挡弓箭和投射的功能，令攻城者难以攀爬。城垛给守城者更大的防护，可以让守城者站立，向下射箭和投射。箭塔依一定间隔而设，从城墙上突出，使守城者更方便地观察和射击。

其二，壕沟、护城河、吊桥，这是城堡的外围防御设施。城墙底部周边挖掘出一道壕沟，环绕整个城堡，后期城堡在壕沟内注满流水，形成护城河。壕沟及护城河使直接攻击城墙的难度增加，穿戴装甲的攻城者掉到水里面，很容易被淹死。护城河也增加了敌人在城堡底下挖掘地道的困难度。吊桥横跨护城河或壕沟，让守城者在需要的时候进出，危急时刻，吊桥吊起。而攻城者往往会设法排走护城河的水，填平壕沟，建造云梯和攻城塔，攻上城墙。

其三，要塞小堡与外堡，这是城堡局部空间拓展的防御设施。要塞小堡其实是有一定独立性的坚固小城堡，通常复合在大城堡里面。许多城堡有外城门和内城门，而两道城门之间的开放区域就被称作外堡，其目的是增强防御，攻城者进入外堡时，守城者可以从周围城墙上用弓箭和其他投射武器对他们展开攻击。

欧洲城堡的建筑营造在发展过程中，形成两种有代表性的风格，罗马式与哥特式，其中罗马式在英国也被称为诺曼风格。

其实，各种城堡的实际营造，并不完全拘泥于某一固定模式，而是根据实际而变化。而其丰富的造型，圆形的垛楼、层层出挑的塔屋，都是以上防御设施的各种实际变化，今天人们想象美丽的公主探身之处，在当时可能是观察、射击乃至倾倒滚油的地方。

建筑给人以美好的梦想，而其渊源，往往是基本生活乃至生存的需求。

1.1　生死之地与庇护之所

从诗赋之亭台楼阁、耗费财富与保护财富的长城、梦幻与战斗交织的城堡三个方面引入，我们开始思考什么是建筑。或许，建筑既是生活的场景，也是咏叹的舞台，更是我们须臾不离的生死之地，是我们身体与心灵的庇护之所。

1.1.1 从汉代明器到丰富的建筑类型

中国从新石器时代起即有随葬明器。明器，又称冥器，是造型基本写实而比例灵活的器物缩小仿制品，除有日用器物外，还有人物、畜禽的偶像及车船、建筑物、工具、兵器、家具的模型，一般用陶瓷木石制作，也有金属或纸制的。明器是非常有价值的考古实物。

从汉代明器可发现，至迟至汉，中国建筑已经有了多种建筑类型。汉代后期，成套的随葬明器已经很丰富，主要包括仓、灶、井、风车、碓房、圈厕、院落、楼阁、田地、池塘以及家禽、家畜俑。各种农庄、陶楼、陶院落、陶猪舍、陶狗、陶壶等，反映了当时的日常生活，也透露了当时的建筑类型。

事实上，几千年来，中国建筑类型十分庞杂，为叙述方便，可以分为四大类共十种。

第一类，基本物质生活大类，包含居住建筑、市政建筑、商业与手工业建筑三种：

居住建筑——各地区、各民族、各阶层的城市与乡村住宅。

市政建筑——钟楼、鼓楼、望火楼、路亭、桥梁等；有慈善机构、公墓等。

商业与手工业建筑——商铺、会馆、旅店、酒楼、作坊、货栈、磨坊、船厂等。

其中，居住建筑在所有建筑中占的数量最多，是最基本的建筑类型，其蕴含的价值，不只在物质层面。市政建筑并不发达，而商业与手工业建筑的历史曲折，在近代有一定发展。

第二类，社会管理大类，包含政权建筑及其设施、防御建筑、标志建筑三种：

政权建筑及其设施——有帝王宫殿、中央政府各部门及府县衙署、科举考场、邮铺、驿站、公馆、军营、监狱、仓库等。

防御建筑——城垣、城楼、窝铺、中楼、墩台等。

标志建筑——有风水塔、航标塔、牌坊、华表等。门楼、钟鼓楼以及其他兼具标志性。

其中，帝王宫殿是历代统治者的极力营造所在，高度凝聚了劳动者智慧和时代成就。

第三类，精神教化大类，可以包含礼制建筑、宗教建筑、教育文化娱乐建筑三种：

礼制建筑——有天坛、地坛、社稷坛等；又有太庙、家庙、祠堂等；还有帝王陵墓及其祭祀场所以及各种圣贤庙等，其内容丰富且体现了中国社会所特有的秩序与礼教。

宗教建筑——有佛教寺院、道教宫观、基督教教堂等。

教育文化娱乐建筑——有国子监、儒家书院、医学书院、阴阳学书院等；有观象台，属古代的科研建筑；有藏书楼、文会馆、戏台等。

其中，以祭祀活动为主要内容的礼制建筑，为历朝统治者所重视，成为中国古代一种重要的建筑类型。其诸多内容与中国文化密切融合且相辅相成，为中国建筑及文化所特有。

第四类，风景园林建筑因其独特的物质与精神的高度综合性而独立列为一大类：

有皇家园林、衙署园圃、寺庙园林、私家宅园等；还有风景区的亭台楼阁等。

1.1.2　陵墓与归宿

中国人注重人死后的归宿，各阶段陵墓各具特点。中国帝王陵墓，包括陵墓及其附属建筑，合称为陵寝，都相对规模宏大、数量众多、历史悠久、布局严禁、建筑宏伟、工艺精湛、风格独特，在世界上独一无二。中国从第一个奴隶制王朝夏到最后一个封建王朝清，历时三千余年，统一王朝和地方政权，共有帝王五百余人。至今地面有迹可寻、时代明确的帝王陵寝共有一百多座，分布在全国半数以上的省区。

夏商开始，历代帝王照家族血缘关系，实行“子随父葬，祖辈衍继”的制度，集中在一个地区埋葬。西周已经存在夫妻合葬，至春秋战国时代，异穴合葬的制度更趋普遍。在东周时期已经出现了陵园。初期的陵园，大多在四周挖壕或筑墙，也有的利用天然沟崖作屏障。陵园一侧有门，园内除陵墓外，没有其他附属建筑。“不封不树、墓而不坟、与地齐平。”春秋晚期至战国中期，开始在墓上构筑坟丘。《礼记·檀弓》记载了孔子为父母的坟建造坟丘。赵、秦、楚、燕、齐、韩等国的君主死后都营建高大的坟丘，并尊称为“陵”，指其高大如山林，象征着王权的尊严和地位的崇高。坟丘经过夯筑，非常坚固，形状大体分为圆锥形和覆斗形两种。

秦朝是中国历史上第一个统一的、中央集权的封建制国家。秦始皇开创的陵寝制度对以后历代帝王陵园建筑影响巨大。秦始皇时，陵园的布局既继承了秦国的陵寝制度，同时又吸收了东方六国陵寝的一些做法，规模宏大，设施完备，仿照都城宫殿的规划布置，充分体现了中央集权制封建皇权的至高无上。秦始皇生前就在渭水南面为自己建立了宗庙，设立了神主，并且在陵侧建立寝宫，摆设衣冠用具以便就近接受日常祭祀。

西汉继承了秦代陵寝制度并且有所发展。陵墓在陵园的中央，坐西朝东，陪葬墓区在陵墓前方。西汉初期，帝、后在一座陵园内异穴合葬。从文帝开始，帝、后各建一座陵园。到景帝的时候，在文帝霸陵旁建造庙宇，以后这种陵旁立庙的制度一直延续到西汉末。西汉开始，帝王陵墓除了掘地起坟之外，还出现了一种“凿山为陵”的形制，这种形制在当时的一些诸侯王墓中也普遍存在。汉代厚葬之风最盛行，珍宝、明器、陶俑、车马、粮食等，身前身后的用品无所不有。东汉陵园四周的建筑与西汉相异，不筑垣墙，改用“行马”。通往陵冢的神道两侧列置成对石雕，开创了列置石雕生的先例，进一步显示了皇帝至高无上的权威，这一形制为以后各朝所沿用并发展。

南北朝相对峙时期，南朝的社会经济相对超过北朝。大批的南下人民，将黄河流域先进的农业生产技术和生产工具带到南方，有力地推动了南朝社会经济的发展。在陵寝建筑上表现为规模较大、布局规整，有豪华的地宫。地宫一般都包括墓室、甬道、封门墙、墓道和排水沟五部分，并恢复了东汉谒陵的制度，地面上的建筑也相当宏伟，在陵前神道两侧列置成对的石兽、石柱和穹碑等。南朝陵墓的石雕，在中国雕刻艺术史上占有光辉的一页，其造型设计和雕刻手法在汉代基础上由古朴粗简迈向成熟精湛。

唐代是中国封建社会的鼎盛时期。前后三百年，包括武则天在内，共有21个皇帝。20个皇陵（其中唐高宗与武则天合葬于乾陵）大部分建在陕西关中，依山展开，面临平原，隔渭河与都城长安相望，气势恢宏。陵园主峰宏伟，陵园区域广阔，陵区内有很多殿宇楼阁组成的地面建筑，皇亲从葬，功臣陪葬，有大量威武雄壮、富有时代感的陵墓石刻。唐代皇陵和大唐盛世一样，在中国皇陵史上占有重要的地位，可以称它为中国皇陵继秦汉以后的第二次发展。

北宋的陵寝制度大体上沿袭了唐代初的制度，只是改变了汉唐预先营建寿陵的制度。北宋的陵寝在皇帝死后才开始建造，而且全部工程必须在七个月内完成。由于这个原因，宋代的陵园规模不如唐代。

元朝保留了蒙古游牧部族的特征，反映在葬制习俗上，蒙古贵族实行秘密潜埋习俗。贵族死后不起坟，埋葬之后“以马揉之使平”，然后在这片墓地上，派骑兵守护。到来年的春天，草生长茂盛之后，士兵迁帐撤走，留下的只是茫茫草原，不知墓地所在。

明朝恢复了预造寿陵的制度，并且对汉唐两宋时期的陵寝制度作了重大改革。这些改革表现在很多方面。首先，陵墓形制由唐宋时期的方形改为圆形，以适应南方多雨的地理气候，便于雨水下流不致浸润墓穴，这一时期非常讲究棺椁的密封和防腐措施。其次，陵园建筑取消了下宫建筑，保留和扩展了谒拜祭奠的上宫建筑。相应的取消了陵寝中留居宫女以侍奉亡灵起居的制度，这是对陵寝制度的重大改革。明十三陵中，只有长陵有“圣德神功碑”。

清东陵和清西陵在规制上基本沿袭明代，所不同的是陵冢上增设了月牙城。陵园的布局与明代相比也发展到更成熟的阶段。按照从南到北的顺序，都由石像生、大碑楼、大小石桥、龙凤门、小碑亭、神厨库、东西朝房、隆恩门、东西配殿、隆恩殿、琉璃门等大小建筑组成。每座帝陵附近一般都附有皇后和嫔妃的园寝。

1.1.3 第三环境——庇护所

《礼记》载："昔者先王未有宫室，冬则居营窟，夏则居缯巢。"《韩非子》载："上古之世，人民少而禽兽众，人民不胜禽兽虫蛇，有圣人作，构木为巢，以避群害。"以上记载可以理解为，远古已有建筑，有穴居和巢居方式。

从近现代至今，我国学者一直进行着建筑起源与建筑是什么的思考。

吴良镛先生在《广义建筑学》中说，多年来人们讨论建筑，多习惯于从建筑本身出发。例如人们常说，自古就有"避风雨"、"御寒暑"的庇护所，人们在这种庇护所的基础上加以技术和艺术的创造，便发展成了"建筑"，这当然是对的。这种人类活动的产品既包含物质的内容，也包含精神的内容，但仅仅从这个概念解释建筑还是有缺陷的。

五千多年前，我们的祖先，在现在的中国西安附近，有了建筑的行为，进行了主动的房屋营造，还有了居住与劳作、个体与群体活动的分区，其聚落还体现了防卫乃至殡葬等多种生活内容，这就是姜寨和半坡村氏族聚落遗址。这个例子表明，五千多年前，或许几乎可以肯定更早，我们祖先主动的营造行为产生了区别于单纯自然实体的有空间的新的实体。

这个例子还表明，有三个环境概念已经出现，首先是自然的大环境。然后是"房屋"形成的小环境。而在这两者中间，还有一个很重要的聚落整体及其周边环境，它以自然为基础，又区别于自然；包含了房屋，但房屋不可替代它。这三个环境概念在整个建筑营造历史中一直存在，而在今天，整体的聚落及其周边环境变得愈来愈丰富和重要。

或许，我们可以从环境层次上来对建筑定义重新思考：人不满足于第一环境，主动营造了第二环境和第三环境，目的在于更适应自己的需求。第二环境更多以整体方式存在，还包括其他因素；第三环境更多以个体方式存在，人可以感受其具体物质存在并置身其中，可以称之为"身体与心灵的双重庇护"，这就是建筑的起源与本质。

这个定义有几个要素：

建筑作为名词，是人主动行为的结果。

建筑作为动词，是主动营造，包含了利用自然，但不仅仅是直接利用原有自然。

"第一环境"，主要指自然环境，其"不满足"，物质因素居多。

"第二环境"，主要指聚落整体及其周边环境，并包含了社会环境及心理因素，它是人与自然互动的背景、平台、基础，物质因素精神因素兼有。

"第三环境"，更多是以"房子"的形式存在，本书也主要指房子。

"置身其中"，有实体、尺度、用其空间三重含义。

必须指出，地球上的绝大多数建筑都是直接的以生存及实用为意义的实体。

其中，我们的房子，我们的住宅，我们的“家”又占了大多数。建筑因其是基本的生存条件和巨大的存在规模，与我们的一切、与我们的地球息息相关。

1.2 中西建筑的美——表现形式与精神内涵

建筑的美，其精神内涵与表现形式都是丰富多彩的。而中西建筑的美，也可以有比较，这种比较是概括的而非死板的，是变化的而非一成不变的。

1.2.1 关于建筑形式美

建筑的形式美，可以以空间、造型、质感、色彩、光和影、时间几个名词为线索来认识。

首先，建筑有可供使用可以置身其中的空间，这是建筑区别于其他造型艺术的最大特点；而建筑空间相对存在的是它的实体所具有的造型；建筑造型又由各种有功能的实际材料所具有的不同质感、色彩来实现；光线和阴影不仅能够加强建筑形体的起伏凹凸感觉，有时简直就是建筑的灵魂；而人，作为主体，在建筑中活动，以时间存在，人与建筑的对话，可以称之为四维空间。

而无论空间、造型、质感、色彩、光和影、时间，都有以下几个形式美的要点：

对称：自然界最普遍的形态，也是许多人工物遵循的原则。如天安门，对称至美。

稳定：建筑的上下关系在造型上所产生的效果，当建筑物的形体重心不超出其底面积时，稳定感好。埃及金字塔是世界建筑最杰出的稳定造型。

均衡：建筑在某种条件下获得安定的感觉。既指建筑的各部分之间的形体关系，也指色彩关系。如布达拉宫依山傍势，形体组合均衡，色彩端庄和谐，是这方面的杰出典范。

统一：建筑各组成部分之间既有区别，又有内在的联系，通过一定的组织方法、构成一个有机的整体。如故宫太和殿，造型端庄，颇具整体性。

尺度：建筑整体或局部的实际尺寸与其视觉感受印象之间是否统一，建筑形象能否正确表现其真实存在。如故宫太和殿的门扇尺度很好地体现了其建筑的雄伟和统一。

比例：建筑组成各部分之间的相互关系，以及各部分与整体之间的比较关系。建筑比例的真正意义，取决于相互的比较和比率，依靠具体的尺度，但不在于绝对的尺寸。如天坛祈年殿立面造型，三段屋檐长度渐变，而不是等比例放大，产生优美的组合。

韵律：建筑体型组合和构件组织进行有规律的重复和有组织的变化的表现。韵律具有一种超越人们意识的吸引力，激起人们一种美的享受。韵律关系，就像交响乐和谱曲由创作灵感控制一样。如天安门前的金水桥的组合，有变化，更有组织与协调。

序列：人们在行进中依照时间先后顺序通过建筑空间系列，建筑作为一个审美实体不仅存在于空间之中，也在时间上展开。故宫轴线上的建筑与空间组成的空间序列，很好地体现了庄严、肃穆的特色。

建筑形式美的规律是指建筑造型形式诸要素间普遍的必然联系，有一定的普遍性、长久性、稳定性、永恒性，也与其他艺术形式有相同或相通之处。而建筑审美观是指体会建筑形式美的观念，也具有人类共同的普遍性，同时又受民族文化、地理条件、时代变化、生活方式、年龄性别、个人爱好等因素的影响，有很大的相对性。中西建筑审美的不同，既体现在表现形式的不同，也可以理解为精神内涵的不同。

1.2.2　不同的表现形式

可以大概认为，中国建筑重视空间秩序，重视人在建筑环境中“步移景异”的空间感受，是动态美、空间美、传神美的统一。西方重视建筑实体建造，重视整体与局部，局部之间的比例、均衡、韵律等形式关系。中国建筑具有散点绘画的特点，其着眼点在于以一座座单体建筑为单元的、在平面上和空间上延伸的群体效果。西方建筑在造型方面具有雕刻化的特征，其着力处在于单体建筑两维立面与三维形体等。

一般而言，中国建筑之“院”是组合体的基本单位，并进一步形成院落群体组合，这是中国建筑的一个显著特点，但不可由此简单视之为中国传统文化中强调群体而抑制个性发展的反映。一个家，一个院落，方方正正，大大小小，相比相邻，和而不同，如长卷的基本图案，逐层展开，烟雾飘摇，每一片清一色的灰色屋顶下，安住着一个温暖的家。“云里帝城双凤阙，雨中丛树万人家”，意境幽远，品趣兼备。在建筑的布局、空间、功能等方面，注重人我相敬，安居不犯，这在一定程度上满足了中国人宁静、秩序、祥和的心理需要，与我们的品性修养之取向一致。

而西方的单体建筑则表现个性的张扬和“人格”的独立，认为个体突出才是不朽与传世之作，而这种个体突出往往又与其他精神因素相融合。像法国巴黎的万神庙、意大利佛罗伦萨大教堂、美国纽约帝国大厦等，都是这一哲学思想或文化理念的典型表现。这些卓然独立、各具风采的建筑，能给人以突出、激越、向上的震撼力和感染力。

在前面，我们把园林与风景建筑单列为中国建筑类型之一大类，是有着深刻的道理的。

中国传统风景园林偏爱自然胜景，追求清高隐逸、避世脱俗，反映了长期生活在农业社会的人们守土重农的田园意识，更浸透了在农业文明基础上升华的对自然环境的悠远情思。

中国传统风景园林强调曲线与含蓄美，其布局、立意、选景等，虚实结合，巧于因借，精在体宜。追求自然情致，钟情田园山水，含蓄奥妙，姿态横生，适宁和恬，宛若天开。其经典之作宛如中国山水画，塑造了宽松疏朗、宁静幽雅的环境空间，凸现了清逸自然、寄情于景的文人气质，近似于中国古典诗词，重词外之情、言外之意，达到了“情与景会，意与象通”的意境。

而西方古典园林以欧洲大陆的规则式园林为典范，有几何式构图、开阔的大草坪、巨大的露天场地、雄伟的建筑等，以平直外露、规模宏大、气势磅礴为美，有喷泉、瀑布、流泉等，气韵恢宏。西方古典园林与中国建筑的象征性、暗示性、含蓄性等有着不同的美学理念，其视野开阔、构思宏伟，体现了人的主观意识作用于自然的精神理念。

1.2.3 不同的精神内涵

探究中西建筑审美之精神内涵，是一个很深奥的话题。在此，只是简单地涉及相应的观点。有的观点，也不是绝对的。而事实上，中西方文化的许多东西，是不同的，但距离并没有那么大，特别在今天，过去的不同在趋同。或许，新的不同又在产生。

以下是一些一般性的关于中西方文化不同的观点：

在人与自然上，中国文化重天人合一，西方文化重物我对立。

在人际关系上，中国文化重秩序礼仪，西方文化重利益平等。

在人格完善上，中国文化重道德品位，西方文化重理性宗教。

在人与历史上，中国文化重融合正统，西方文化重时代凸显。

在人与艺术上，中国文化重感悟飘逸，西方文化重逻辑组织。

中国文化讲究并存一体，西方文化注重个性特质，等等。

中国文化重视人的内心世界对外部事物的领悟、感受和把握，以及如何有品位有趣味地体现出内心的感受与心智的领悟，具有很强的写意性，是一种抽象美的概括，是某种有形实景与它所象征的无限虚景的融汇。中国文化在艺术层面追求的是一种意境。

西方文化在艺术层面追求的是一种逻辑与论证，包含理性与抗争精神、个体与主体意识、天国与宗教理念、艺术处理的合理性与逻辑性，等等。在艺术形式上，讲求逼真，依仗论证，注重几何分析与理性推导，在艺术构思与形式组织上强调逻辑体系化。

其实，中国文化也具有深刻的理性内涵。礼乐的概念来源于春秋时期的《乐记》，即美与善、艺术和典章、情感与理性、心理和伦理的密切关系。礼是社会的伦理标准，乐是社会的情感标准，“礼乐相济”是中国理性精神的表现形态。

几千年来，中西丰富多彩的建筑文化所蕴含的建筑特色、空间的形态、空间的边界、空间的营造都有各自鲜明的特色与体系，都能从历代建筑物以及流传下来的建筑学著作中得到印证和反映。中西建筑表现形式与精神内涵的差异都不是绝对的，也不是可以简单概括的。或许，可以粗浅地认为，中国建筑的精神内涵主要体现在“空”上，而欧洲建筑的精神内涵主要集中体现在“实”上。

中国传统建筑营造对形式美和工程技术的把握重视直觉与经验，较为注重技能的掌握和技巧的运用。在建筑实践的教习上，一般采取师徒承袭及口传心授的方式，若无后继或后学，则往往人亡艺绝。其建筑技能与技法，因袭致精多于开拓创新；其式样选择，调整趋同大于突破求异；其理论阐述也很丰富，多有材料、技术、心得之记述。有的观点认为，中国传统建筑缺乏详尽的总结梳理和理论建树，这是片面的。

西方古典建筑从几何分析入手，强调建筑数据的严格与精确，较为重视建筑理论的突破与创新，积极探索新的建筑形式，倡导并积极形成不同的建筑风格与流派，建筑教育则采取系统的、理性化的方式，等等。特别是，建筑师作为专门的行业和独立的职业很早就出现，并以时代明星的角色极力跻身于社会主流，这对建筑营造的推动作用是巨大的。

1.3　中西建筑的脉络之门——斗栱与柱式

老子《道德经》第十一章：“埏埴以为器，当其无，有器之用也。凿户牖以为室，当其无，有室之用也。故有之以为利，无之以为用。”空间是建筑的主要意义，空间是通过物质实现的。实现物质的真实存在，并将其组合为新的物质，就是建筑营造。

中国建筑之斗栱与西方建筑之柱式，是中西方建筑营造各自典型的辉煌成就，也是我们认识中西方建筑的钥匙，是中西建筑的脉络之门。梁思成先生说：“斗栱在中国建筑上的地位，犹柱式之于希腊罗马建筑；斗栱之变化，谓为中国建筑之变化，亦未尝不可，犹柱式之影响欧洲建筑，至为重大。”

斗栱与柱式都是人们许多年建筑营造的经验积累，并固定下来，以一种基本形态、相关比例、系统组成三者并存的方式，控制和规范着人们的建筑营造。斗栱是一个离开地面的空中节点，更具有三维性，呈现出一组变化的、逻辑的、檐下柱上之间的优美形态。而柱式则更多依赖于重力体系的支撑，并以艺术地表达这种重力逻辑为美，这或许是中西方建筑脉络之门的相同性、差异性和复杂性，并又进一步启发我们思考建筑的起源与本质。

1.3.1　中国建筑之斗栱

斗栱，为我国木结构建筑中的支承构件，在立柱和横梁交接处。斗栱承重结构，可使屋檐较大程度外伸，形式优美，为我国传统建筑造型的一个主要特征。斗栱由斗、栱、翘、昂、升组成。一般而言，其方形或斗形垫木称为斗，其弓形横木称为栱。

斗栱在中国传统木构架建筑中起着十分重要的作用，主要有三个方面：

其一，斗栱起着承上启下，传递荷载的作用。斗栱位于柱与梁之间，由屋面和上层构架传下来的荷载，通过斗栱传给柱子，再由柱传到基础。

其二，斗栱向外出挑，把最外层的檩挑出一定距离，使建筑物出檐更加深远，更好地保护基础不受雨水直接浸湿，保护檐下构件暴晒雨淋，还使光线柔和清爽舒适。

其三，斗栱使建筑造型更加优美、壮观。其本身构造精巧，造型美观，是结构构件与装饰构件的完美统一。这些特点决定了斗栱自其产生，就不是单纯的结构与功能构件。

斗栱的演变发展，在一定意义上，体现了中国建筑历史尤其是木构架建筑的发展历史。

在近三千年前西周铜器上出现栌斗的形象，在战国青铜器上出现了斗栱的形象，斗栱的实际使用应该远早于其在青铜器上的出现。从两千多年前战国时代遗留的建筑图案花纹，至汉代保存下来的墓阙、壁画、画像砖、明器陶楼上，都可以看到早期斗栱的形象，斗栱在汉代已经成为重要建筑中不可缺少的部分，这个时期的斗栱形式多样，处于一个百花齐放的发展阶段，虽没有发展成熟，但其基本特点已经形成。南北朝时期，佛教兴盛，“南朝四百八十寺，多少楼台烟雨中”。大建佛寺，推动了建筑发展，尤其对木构架建筑的发展贡献巨大，土木混合结构向木框架结构发展迈出了关键一步，这时期的斗栱已经在建筑檐下形成连续形体，一斗三升柱头铺作与人字形补间铺作相间排列，人字形补间铺作的人字斜边为曲线，比例适当，制作考究，形成优雅的檐下装饰，作为结构构件的斗栱逐渐增强了审美作用。这时期建筑发展为唐代建筑的辉煌发展打下了基础。

唐代是斗栱发展的成熟期，种类和形式大致稳定。这时期斗栱已不再是孤立的支承屋架或挑檐的构件，而是水平框架不可或缺的一部分，这个水平框架称为铺作层，用于殿堂型构架柱网之上，对保持木构架的整体性起关键作用。盛唐时期斗栱进入完全成熟阶段。唐代斗栱硕大雄浑、疏朗有力、厚重拙朴、规矩严整、简洁明快，卷杀曲线与受力联系紧密，体现了在结构功能与艺术风格的完美统一。宋代经济繁荣，文化优雅。宋代斗栱形制定型，类型丰富，结构严谨。这个时期的斗栱变得极为复杂精美，斗栱在尺寸上减小了，数量上增加了，斗栱既是柱檐之间传递力的节点，也是檐下点缀，加强了建筑的整体感。建筑屋身变高，屋顶变陡，在院落中看建筑，不再是满目硕大斗栱，而是由屋顶屋身根据合理比例构成的整体画卷。明清时期斗栱结构功能发生了变化。自明代开始，柱头间使用大、小额枋和随梁枋，清官式柱头科与平身科差异巨大，斗栱的尺度不断缩小，间距加密，补间斗栱攒数较多，柱头斗栱的梁枋出头较大，斗栱变得更小了。实际上，木构架体系进一步简化。

1.3.2　西方建筑之柱式

柱式是西方古典建筑最基本的组成部分，是除中世纪之外，欧洲主流建筑艺术造型的基本元素，形成于希腊，而在罗马得到发展。柱式起源自欧洲古代石质梁柱结构的规范化过程，是石质梁柱结构各元件及其组合的特定做法，一般由檐部、柱子、基座三部分组成，进而又分别包括若干细小部分，其组成大多是由结构或构造的功能发展演变而来。

柱式的基本原理是以柱径为一个单位，按照一定的比例原则，计算出包括柱础（Base）、柱身（shaft）、柱头（Capital）及整个柱子的尺寸，更进一步计算出包括基座（Stylobate）和山花（Pediment）的建筑各部分尺寸。柱式各部分之间从大到小都有一定的比例关系，由于建筑物的大小不同，柱式的绝对尺寸也不同，为了保持各部分之间的相对比例关系，一般采用柱下部的半径作为量度单位，称作“母度”（module），其作用相当于中国传统木构架建筑中的“斗口”。成熟的柱式各部分比例稳定，还包括从整体构图到线脚、凹槽、雕饰等细节处理都基本定型。檐口、檐壁、柱头等重点部位常饰有各种雕刻装饰，柱式各部分之间的交接处也常带有各种线脚。

古希腊柱式主要有多立克、爱奥尼、科林斯三种柱式，还有女郎雕像柱式、战俘柱式等一些特殊的柱式样。

多立克柱式（Doric Order）是希腊古典建筑的三种柱式中出现最早的一种（约公元前 7 世纪）。多立克柱式一般都建在阶座之上，没有柱础，柱头是曲面饱满的倒圆锥台，装饰简洁，柱身有 20 条凹槽，槽背呈锋利的棱状，柱高与柱直径的比例是 6 ∶ 1，雄健有力。爱奥尼柱式（Ionic Order）起源于公元前 6 世纪中叶的爱奥尼亚。科林斯柱式（Corinthian Order）是公元前 5 世纪由建筑师卡利曼裘斯（Callimachus）发明于科林斯（Corinth）。科林斯柱式实际上是爱奥尼柱式的一个变体，各部位与之相似，比例更为纤细，只是柱头以毛茛叶纹装饰，而不用爱奥尼柱式的涡卷纹。

古罗马人继承了古希腊的柱式，但罗马时代的建筑艺术相比古希腊要更丰富多彩，在原有基础上又进行了完善和改进，创立了两种新柱式：塔司干柱式、混合柱式。并制定了柱式的比例关系，形成了成熟的五种柱式。

与古希腊相比，罗马柱式增加了基座，更加细长，趋于华丽细致，并且定型化。

柱式有各种组合，有列柱、壁柱、倚柱、巨柱、双柱、叠柱等几种形式。

1.3.3 建筑——科学与艺术相结合的技术

建筑是第三环境，是身体与心灵的双重庇护。而建筑的两极，是科学和艺术。

梁思成先生对建筑有一个类似公式的定义：建筑⊂（科学∪技术∪艺术）。

先哲之所以用了一个有意味的文字与符号结合公式而不是简单的定理语言，自有其独特道理。没有科学就没有建筑的实用性，没有艺术就没有建筑的独立性，这样的理解未尝不可，但却又是不全面的。因为，科学不简单地等同于实用，艺术更不等于标新立异，而如前所述，建筑并不是使用点缀上好看。我们的双眼看到了左右的景象，而这一双眼睛是同时综合地立体地阅读着这丰富的世界，这建筑的大千世界。这时，我们聚焦在“技术”这个词上，会体味一些更多的意义。

建筑的英文是 architecture，前有 art 后有 science，既是艺术，又是科学。

我们今天使用的许多词汇有一个舶来与翻译的过程。architecture 这个词译成中文是“建筑术”还是“建筑学”，有过不同看法。同时，我们今天的许多词汇还有一个约定俗成与内涵变化的过程。Architecture 叫做“建筑学”已经是约定俗成，而我们应更多地把它看作一门独立的科学与艺术兼备的技术，甚至，对于“技术”本身我们应该有一个更深的认识，这就是词汇内涵的应有变化。

技术不是科学之下的一个简单的操作，也不是艺术思维的简单物化。我们对技术的丰富内涵需要进一步深入学习。阿基米德曾说，给他一个支点，他会撬动地球，这是一个科学推理。而找到这个支点是一个难以实现的技术问题。巨石阵伫立在那儿，其稳定性已经不是一个科学问题，而其如何实现的却一直是一个千古技术问题。贾岛“僧敲月下门”与“僧推月下门”之推敲是一种诗的修炼，而把这推敲画出来是一个技术问题。王国维提及的“衣带渐宽终不悔”之学问境界可以意会，而其描绘又要传神是另一个技术问题。

建筑学科因科学与技术交汇而独立，其技术操作与其他学科有源远流长的关系而独特，这就是建筑学科的独立性和发散性。

要认识建筑，可以大量存疑，应该大胆诘问，但首先应该用一双兼备科学与艺术的眼睛，去综合地看待其技术内涵，更多体会建筑艺术的丰富和震撼、建筑营造的昂贵和复杂、建筑行为对自然物质和人类精神的双重互动，从而培养我们大家对建筑这一人类巨造的敬重之心、谨慎思考、严谨运作。

本讲小结：

我们努力以普遍的视野，而不是专业的角度；以典型的例子，而不是时间的排序；以清晰的语言，而不是含糊的思辨；把丰富多彩的建筑世界现象，讲述为有花有叶、有枝有干、有根有土、有水有阳光有空气的脉络故事。

图 1–1　中国内蒙古自治区呼和浩特市的战国赵长城遗址

公元前 307 年赵武灵王实行胡服骑射，周赧王十五年（公元前 300 年），赵国发动战争，打败北边的林胡、楼烦，势力扩展到今天呼和浩特市北面的大青山一带，继而在大青山南麓修筑长城。赵长城从今天河北省蔚县西行，经山西省北部向西北折，沿阴山山脉一直到河套平原，止于临河东北的两狼山口。呼和浩特地区大青山南麓赵长城，总长约 130 千米，其构筑因地制宜，依山势制险，多为黄沙土质夯实筑成。

两千多年过去了，当年的赵长城依然安卧在这块土地上，时光侵蚀，剥去了许多东西，而坚实的夯土却依旧静立在风吹日晒中。枯木上有鸟巢，高台处有祈福的敖包。

图 1–2　英国伯克郡温莎城堡（Windsor Castle）

温莎城堡位于英国英格兰东南部伦敦以西 32 公里的伯克郡温莎镇。11 世纪，威廉一世在伦敦周围郊区，建造了 9 座可以互相支援的大型城堡，温莎城堡是其中最大的一座，初建于 1070 年。1110 年，英王亨利一世在温莎城堡举行朝觐仪式，从此，温莎古堡正式成为宫廷的活动场所。近一千年前开始作为军事要塞营造的温莎城堡，经过历代不断扩建，到 19 世纪上半叶，已成为一个庞大的建筑群，伊丽莎白二世期间又作了许多建设，成为与伦敦白金汉宫、爱丁堡荷里路德宫一样的英国王室的行宫之一，而且成为英国主要的旅游景点之一。

那些往日为了残酷战斗而苦心营造的城堡细部，成了今天欣赏城堡的趣味所在。

图 1–3　中国山西南禅寺正殿斗栱

中国建筑之斗栱，是力传递的中介，是榫卯结合的组合构件。榫卯结合，是中国传统木建筑抗震的关键。有强烈地震时，采用榫卯结合构件组合乃至空间结构会松动，却不致散架，这样消耗了地震传来的能量，使建筑物的地震荷载大为降低，起了抗震的作用。

舒展屋檐与柔韧抗震，避风遮雨与富丽堂皇，进而标示等级与秩序，中国建筑的传统木建筑对于木材营造的孜孜求精，使斗栱在结构和美学上都拥有了独特的显赫地位，并以斗栱为核心形成了一个占据了主体地位的不断衍化的综合建筑体系。

斗栱，无论从技术的角度或艺术的视野，都足以代表和象征中国传统建筑精髓与气质。

图 1–4　中国山西南禅寺正殿

唐代，佛教禅宗分为北宗和南宗两大派别。唐中叶之前，五台山是北宗的天下，南宗传入后有小寺名南禅寺，地处偏僻规模较小，“会昌法难”时免遭毁坏。《补修南禅寺碑记》载：“于村东南隅，旧有南禅寺古刹也。乃郭家寨、李家庄二村之香火所建。”主体建筑大佛殿即南禅寺正殿，为唐代原物，建于唐大中十一年（公元 782 年），是中国现存年代最早的木结构建筑，质朴、苍古。

南禅寺正殿平面近方形，面阔、进深各 3 间，单檐歇山灰色筒板瓦顶，殿前月台宽敞。檐柱 12 根，三根抹棱方柱是始建时遗物。梁架制作简练、形体美观，唐代建筑特点显著，有用“材”（拱高）作为木构用料标准的现象，是研究唐代木构建筑珍贵实物。

图 1–5　英国伦敦大英博物馆藏希腊柱式

柱式是西方古典建筑最基本的组成部分，又特指古代希腊建筑特别是神殿之整体形式与结构系统。古希腊人将古埃及神庙的内部翻转为外，大量作为建筑物支撑的柱子呈现于建筑之外，转化为建筑造型的主体，继而衍化出体系完备的柱式结构，并形成了多样的风格。这个衍化过程，既蕴含并丰富了古希腊艺术理想主义之简朴典雅精致，也是逐步完善建筑材料组织与构造做法的过程，是一个技术实现与审美升华的综合过程。

古希腊人崇尚人体美，古希腊建筑之经典柱式，其比例与规范，也以人为尺度，以人体美为标准，但又超越了具象的人体尺度与比例，具有一种抽象、普遍而崇高的美。

图 1–6　英国伦敦大英博物馆主立面柱式

爱奥尼柱通常竖在一个基座上，柱头有一对向下的涡卷装饰，富有曲线美，柱身有 24 条凹槽，槽背与多立克柱式之锐棱状不同，呈平带状，柱高是其直径的 8–9 倍，外形纤细秀美，又被称为女人柱。爱奥尼柱由于其优雅高贵的气质，广泛出现在古希腊的大量建筑中，如雅典卫城的胜利女神神庙（Temple of Athena Nike）和伊瑞克提翁神庙（Erechtheum）。

柱式影响深远，成为西方古典建筑的基本母题，千百年来规范着西方古典建筑文化艺术风格，也深刻影响了西方古典家具艺术和其他文化形式。

比照图 1–5，可以看到经典的传承，也可以感受到一些演化与不同。

第2讲 中国建筑文化解读——“界”、“线”和谐的院子

中国悠久的历史、丰富的自然条件、各民族的交融，使我们的建筑文化呈现出独有的多样性。而悠久发达的农耕文明、几千年的封建制度、两千年来对儒家思想的推崇和利用，又使我们的建筑文化在丰富性的基础上有独特的相似性。

中国古代建筑的主要特征有整体空间之“院落”，有建筑形式之“大屋顶”，有建筑结构之“木构架”，共三个方面。

对农耕文明的思考会自然引申出“田”与“界”的概念。《周礼·地官·小司徒》记载：“乃经土地而井牧其田野，九夫为井，四井为邑，四邑为丘，四丘为甸，四甸为县，四县为都，以任地事而令贡赋，凡税敛之事。”“井田”产生了古老农耕文明最基本的“界”，并以井田为单元依次形成“邑”“丘”“甸”“县”等更大的界。

而几千年来信奉的政治理念和礼教秩序，又有一个清晰的“线”的概念。《论语·颜渊第十二》中：“齐景公问政于孔子，孔子对曰：‘君，君；臣，臣；父，父；子，子。’公曰：‘善哉！信如君不君，臣不臣，父不父，子不子，虽有粟，吾得而食诸？’”这就是传统理念中等级秩序的核心，体现了“线”。

“界”、“线”的概念在我们熟悉的院子上得到了集中的体现，从孔庙与孔府到北京故宫，典型的集中了中国建筑文化之最灿烂的结晶，我们可以简单地理解成一个一个院子的故事。院子，是我们的文化与建筑最好的结合点。这样一个认识过程是有些直觉和意会的，建筑文化的形成过程不是简单的三段论的推导过程，而从“界”、“线”一体和谐的院落角度去解读中国建筑文化，的确是一种非常有意义的方法。

2.1 天人对话的院落——北京天坛

明清时期的天坛、地坛等，是帝王进行祭祀的地方，也是最能体现天人合一的大“院子”，其空间的寓意也深刻体现了天人对话的天地观及其他丰富的内涵。

2.1.1 北京“九坛八庙”及社稷坛

在北京，帝王等进行祭祀或活动的地方，俗称“九坛八庙”。

九坛八庙的主题与形式，是中国漫长而深厚的农耕文明在建筑文化上的集中体现。

明永乐十八年(公元1420年),修建诸坛,后又有增建,俗称为九坛。有社稷坛、天坛、地坛、祈谷坛、朝日坛、夕月坛、先农坛、太岁坛、先蚕坛。

社稷坛不如天坛宏大，但因其独特涵义，可以称作第一坛。社稷是“太社”和“太稷”的合称，社是土地神，稷是五谷神，两者是农业社会最重要的根基，“人非土不生，非谷不食”，社稷是封建时代国家的象征与代名词。不仅在京城有国家的祭坛,各地也都有祭祀社稷的场所。依周礼《考工记》“左祖右社”的规定，社稷坛置于皇宫之右（西），即今中山公园。明清两朝历代皇帝于每年春秋第二个月的第一个戊日，均来此祭祀社神与稷神。

社稷坛是一座大院落，整体布局略呈长方形，有内外两重垣，占地面积16万多平方米。外坛墙周长约为2015米，天安门内西庑、端门内西庑、午门前阙右门之西各设一门，三门均为黄琉璃瓦顶。内坛墙南北长266.8米，东西宽205.6米，红色墙身，黄琉璃瓦顶。按照古代天为阳向南，地为阴向北的理论，社为土地，属阴，所以坛内主要建筑均以南为上。每面墙正中辟门，北门为主门。坛内有享殿、神厨、神库等。

社稷坛，遵照古制而筑，诸要素象征意义突出。坛为汉白玉石砌成的正方形三层平台，四出陛，各三级。上层边长15米，第二层边长约16.8米，下层边长约17.8米。坛上层铺五色土，中黄、东青、南红、西白、北黑，象征五行。五色土由全国各地纳贡而来，每年春秋二祭由顺天府铺垫新土。坛中央原有一方形石柱“社主”，还有一根木制“稷主”。坛内多有古柏，为明代建坛时所栽，古木虬枝，是祭坛环境的重要组成部分。

八庙也多在明永乐年间建造，或在其前后建造。有太庙、奉先殿、传心殿、寿皇殿、雍和宫、堂子（谒庙）、文庙、历代帝王庙。

太庙，依规定，置于皇宫之左（东），是明清两代封建帝王供奉祖先的场所，即皇帝家庙，即今北京的劳动人民文化宫。祖（太庙）与社（社稷坛）是封建政权的象征。

文庙，又称孔庙，在雍和宫西侧的国子监街（成贤街）内，建于元大德十年（公元1306年），为元、明、清三代祭祀孔子的地方。

2.1.2 北京天坛空间寓意

北京天坛地处原北京外城的东南部,位于故宫正南偏东的城南,正阳门外东侧。天坛、地坛、祈谷坛的设置有一个演化的历程。

明永乐十八年（1420年）建天地坛，配有日月、星辰、云雨、风雷四从坛，天地日月同祭。明嘉靖九年（1530年），诸神分祭，在天地坛（今祈谷坛）南端建起圜丘坛（今天坛），又有祭天台之称，于每年冬至日供皇帝祭天之用；在安定门外建方泽坛（今地坛），明清皇帝每年夏至日祭祀土地神。大祀殿改名为大享殿，并于每年正月的第一个辛日“恭祀上帝，以祈年谷”，因此又称祈谷坛，清乾隆十六（1751 年）年改称祈年殿。

自此，北京天坛成为一座巨大的院落，包括天坛、祈谷坛，占地 272 万平方米，整个面积比紫禁城（故宫）还大，其平面北呈圆形，南为方形，象征天圆地方。天坛象征了中国人理念中天地关系，体现了古代中国人的宇宙观，历代的帝王都要在此顶礼膜拜。天坛神圣、崇高、典雅，备受世人尊敬，诸要素象征意义突出而丰富。

其一，三重围墙界线分明。

天坛总体有坛墙两重，内墙也是北圆南方。外墙东西约为 1725 米，南北为 1650 米；内坛墙东西 1043 米，南北 1228 米。天坛三组建筑群主体周边，还有围墙。三重坛墙，逐次净化了祭祀的空间，三重围合结构进一步突出了主体要素的地位。天坛整体空间大量运用绿化，谨慎控制建筑的规模和体量，通过主轴线来归纳建筑，同时用扩大台基来凸现建筑。天坛在“无”上做文章，以平面上的“界”与“线”的递进，为空间诸要素的精神升华奠定了基础，充分体现天之神圣与人之敬畏。

其二，三组建筑群方位敬慎。

天坛建筑从空间布局上，可以分为祈年殿组群、圜丘组群、斋宫组群。三组群各有自己的附属建筑。祈年殿在北，圜丘坛在南，二坛同在一条南北轴线上，而斋宫居于轴线以西，坐西面东。三组建筑群呈一个近乎等腰三角形，从方位上看，祭天在南，祈年在北，而皇居侧于西。而从距离上看，斋宫又在这个等腰三角形的顶端。天、年、皇三者的方位，既体现出对天敬畏、也突出了了五谷根本，既蕴含着受命于天，也表明了皇权正统。

其三，圜丘坛的平面空间组织产生巨大的竖向精神效果。

圜丘坛又称祭天台、拜天台、祭台，是一座露天的三层圆形石坛，有方墙、圆墙空间过渡，为皇帝冬至祭天的地方，始建于明嘉靖九年（1530 年），清乾隆十四年（1749 年）扩建。坛周长 534 米，坛高 5.2 米，分上、中、下三层。坛面以石砌就，坛面除中心石是圆形外，外围各圈均为扇面形。坛中的圆石是整个博大空间的中心。精妙的空间组合，包括围墙与栏杆，使圆石之上的声音如天籁洪亮，使人的心绪与天齐飞，使人的心灵与天共鸣。这是由平面精心组织而产生竖向激扬而发散的精神效果的典范。

其四，形体与色彩典雅而生动。

以圆来体现天，以矮墙来衬托空间，取得开阔的气势，通过高台基，重檐屋顶来凸现建筑体量。祈年殿的三重檐屋顶主体采用深蓝色，折射出天的高远，光彩四射，绚丽的色彩以蓝天作为背景，更加体现建筑的神圣性。丹陛桥连接圜丘和祈年殿，长 361 米、宽 29 米。丹陛桥，神道为正中，御道、王道分别在西东，突出皇权和天的关系。皇穹宇的正殿和配殿被一堵圆形围墙环绕，墙高 3.72 米，直径 61.5 米，周长 193 米。内侧墙面平整光洁，能够有规则地传递声波，回音悠长。

其五，数字的寓意。

天坛营造中运用了一系列数字象征的手法。古代中国将单数称作阳数，双数称作阴数，九是阳数之极，至高至大，皇帝是天子，也至高至大，所以整个圜丘坛都采用九的倍数来表示敬天和天子的权威。圜丘坛的栏板望柱和台阶数等，处处是 9 或者 9 的倍数。顶层圆形石板的外层是扇面形石块，共有 9 层。最内一层有 9 块石块，而每往外一层就递增 9 块，中下层亦是如此。三层栏板的数量分别是上层 72 块，中层 108 块，下层 180 块，合 360 周天度数。三层坛面的直径，上 3×3 丈 = 9 丈，中 3×5 丈 = 15 丈，下 3×7 丈 = 21 丈，总和为 45 丈，除了是 9 的倍数外，还暗含“九五之尊”的寓意。

总之，天坛是物质功能简单，精神功能复杂的杰出典范。

2.1.3 天坛祈年殿——北京的形象

天坛祈年殿典雅华贵，是北京天坛巨大院落诸要素核心之一，是最高大的中心建筑物，也是北京天坛的建筑象征，一定程度上，也是北京乃至中国传统建筑的象征。

祈年殿在天坛的北部，始建于明永乐十八年（1420 年），是天坛最早的建筑物。乾隆十六年（1751 年）修缮，光绪十五年（1889 年）毁于雷火，数年后按原样重建。祈年殿组群包括祈年殿、皇乾殿、祈年门等，还有神库、神厨、宰牲亭、走牲路和长廊等附属建筑，其主要作用有所演变，后主要是祈祷丰收。

祈年殿自身有一道矮墙，端坐于祈谷坛上，又有经过仔细推敲尺寸的坛下、坛上空间。

祈年殿为砖木结构，殿高 38 米，直径 32.7 米，三重蓝琉璃瓦，圆形屋檐，攒尖顶，宝顶鎏金。三层重檐向上逐层收缩作伞状，其收缩比例设计精心。

祈年殿平面为圆形，象征天圆；瓦为蓝色，象征蓝天。祈年殿的内部结构独特，没有通长横梁和长檩，采用楠木柱和枋桷相互衔接支撑屋顶。二十八根楠木巨柱环绕排列，支撑着殿顶的重量，柱子的数目，也是按照天象确立。内围的四根“龙井柱”高 19.2 米，直径 1.2 米，象征一年四季春、夏、秋、冬，支撑上层屋檐；中围的十二根“金柱”象征一年十二个月，支撑第二层屋檐。外围的十二根“檐柱”象征一天十二个时辰，支撑第三层屋檐。中层和外层相加的二十四根，象征一年二十四个节气。三层总共二十八根象征天上二十八星宿。再加上柱顶端的八根童柱，总共三十六根，象征三十六天罡。宝顶下的雷公柱则象征皇帝的“一统天下”。祈年殿的藻井是由两层斗栱及一层天花组成，中间为金色龙凤浮雕，结构精巧，富丽华贵。

殿内地板的正中是一块圆形大理石，带有天然的龙凤花纹，与殿顶的蟠龙藻井和四周彩绘金描的龙凤和玺图案相互呼应，整座殿堂富丽堂皇无与伦比。

2.2　礼教秩序的院落——孔庙与孔府

中国传统建筑院落组织，既体现了农耕文明的天地观，更体现了封建社会的礼教秩序。

2.2.1　四面围合的院落

中国传统建筑，从民居到寺院到皇宫，人的活动、建筑的功能复杂多变，而大大小小的房子似乎都造型相近相似。而这些大大小小相近相似的房子被有组织地安排在不同的院子里或同一个院子的不同位置，组合丰富多彩又有一定的规律性，这种规律不仅是物质生活的需要，更是精神生活的体现。

中国传统建筑各种院落丰富多彩，宫殿院落雍容大气，寺庙院落庄重清静，园林庭院典雅隽永，民居院落亲切和谐。划分院子的“墙”，是物质与精神在“界”与“线”上的集中体现，对外具有封闭性和防御性，而对内秩序严格，还具有一定开敞性和流动性。

中国传统建筑院落大多以或大或小的庭院或天井为中心进行围合。

从空间组成上看，中国传统建筑院落以庭院或天井为中心，四面或多面围合，内敛、宁静，一景一物与院落整体紧密融合，形成一个有序和谐的内向环境。庭院朝向明确，是向心型公用生活空间，大多布局严整规则，有的宽敞明亮，有的紧凑多用。

从空间融合上看，中国传统建筑院落之庭院是室内外有机组成。庭院或天井是各座房屋连接的空间枢纽，同时延伸了室内空间，是露天的厅堂。它是封闭空间的中心，又突破了房屋围合所带来的封闭感。

从空间秩序上看，中国传统建筑以庭院或天井为中枢，内外有别，等级清晰，各居其室，作息方便。院落可以开放，又可以私密，与外界有所区别，又能满足家族使用的需要，使置身其中的人清晰地感受到内外差异、内部等级和生活秩序。大家庭、大家族乃至皇族之居所的空间层次等级，也集中体现在多个乃至更多的庭院或天井的有序组合上。

2.2.2　孔子与孔庙

从礼教院落的文化视野解读中国建筑，可以从孔庙与孔府说起。

首先，孔子是中国文化集大成者，其开宗之儒学是中国文化的重要组成部分，影响深远直至今天。第二，孔庙与孔府在很大程度上体现了中国传统建筑文化的特点，历尽劫难，一脉不断。第三，孔庙与孔府代表了仪式活动与前衙后府两种典型的院落空间。

孔子是儒家创始人，其思想核心是“仁”与“礼”。“仁”的主张是“仁者爱人”，这要求统治阶级体察民情，反对苛政，要遵循“忠恕”之道，“己所不欲，勿施于人”。“礼”的主张是“克己复礼”，要克制自己，使举止乃至思想符合“礼”要求。孔子追求的“礼”是西周的等级名分制度，他进一步提出了“正名”的主张，就是严格等级秩序。同时，提出“德治”；“中庸”；“礼之用，和为贵”等主张。

曲阜孔庙位于现在山东曲阜城内，是世界规模最大的孔庙，历史悠久。

梁思成先生考察曲阜孔庙后曾说：“我觉得这一处伟大的庙庭……无论朝代如何替易，这庙庭的尊严神圣却永远未受到损害，即使偶有破坏，不久亦即修复，在建筑的方面看，由三间的居堂，至宋代已经长到三百余间，世代修葺，从未懈弛。其规模制度，与帝王等同。在这两点上，曲阜孔庙恐怕是人类文化史上唯一的一处建筑物。”

元代曾向全国发诏，在各州、府、路、城大建孔庙，兴儒尊孔。各地孔庙在元代重建、改建、新建、扩大，其全称为“大成至圣先师孔夫子之庙”。

曲阜孔庙前后八进，重重院宇，柏树成林。在中轴线上依次有金声玉振坊、棂星门、奎文阁、大成门、杏坛、大成殿、寝殿，等等。

大成殿是孔庙的主殿，建于两层台基上，前连露台，高 2 米多，东西宽约 4.5 米，南北深约 35 米，镌花须弥石座，双层石栏杆，底层莲花栏柱下均有石雕螭首，南面正中有两块浮雕龙陛。殿高 24.8 米，阔 45.78 米，深 24.89 米，重檐九脊，黄瓦飞甍，周绕回廊，和北京故宫太和殿、泰安岱庙大殿并称为东方三大殿。大成殿四周廊下环立 28 根雕龙石柱，均以整石刻成，柱高 5.98 米，直径 0.81 米，承以重层宝装覆莲柱础，清雍正二年（1724 年）火后重刻。两山及后檐的 18 根八棱磨浅雕石柱，以云龙为饰，每面浅刻 9 条团龙，每柱 72 条。前檐的 10 根为深浮雕，每柱两龙对翔，盘绕升腾，各具变化，无一雷同。以龙为饰，位尊至极。

或许，孔庙的主要活动内容是从祭祀孔子开始，但并非局限于祭祀纪念。其实，历代孔庙是中国社会重要的公共的文化活动场所，是儒学文化的大院落。

就文化传承而言，除曲阜孔庙外，自北朝开始在全国有关郡县设立文庙学宫，从此有了“学校”的功能，这是一个重大的举措。“学校”这一重要功能对隋唐以后的科举制度起到了承前启后的作用。从唐代至清末，庙学不分，规制有前庙后学、左庙右学、左学右庙，还有中庙左右学、中庙周学等。庙学合一的体制使历代文人集中接受儒学熏陶，尊孔读经成为学校教育的重要内容，这为各个时期培养了不同层次的学人。这也使儒学得到了长足的发展，并逐渐发展成了中华民族传统文化的主干。

从社会层面上说，孔庙这一文化场所的设立促进了中华民族的融合与统一。不同地区孔庙的建立，对于推动中华民族的融合与统一功不可没。在封建国家政令的要求下，无论是中原内地，还是边陲地区，都曾设有孔庙，中华民族共奉孔子为“先圣先师”，在两千多年的历史长河中它一定程度地缓和了民族矛盾，促进了民族融合，促进了安定与团结。

2.2.3　“天下第一家”孔府

孔府又称“衍圣公府”，位于孔庙东侧，是孔子嫡系长期居住的府第，有“天下第一家”之称，也是中国封建社会官衙与内宅合一的典型建筑，是礼教与世俗结合的建筑典型。孔府大院落，有对孔子思想的崇敬，有行政管理的职能，有世俗生活的需求。

孔子逝后，子孙后代世代居庙旁看管孔子遗物，到北宋末期，孔氏后裔住宅扩大到数十间，随着孔子后世官位的升迁和爵位的提高，孔府建筑不断扩大，明、清达到现在规模。

孔府占地 16 公顷，共有厅、堂、楼、房 463 间。九进庭院，三路布局。东路即东学，建一贯堂、慕恩堂、孔氏家庙及作坊等；西路即西学，有红萼轩、忠恕堂、安怀堂及花厅等；孔府的主体部分在中路，前为官衙，有三堂六厅，后为内宅，有前上房、前后堂楼、配楼、后六间等，最后为花园。

孔子的思想对于孔府布局影响深远。子曰：“信近于义，言可复也。恭近于礼，远耻辱也。因不失其亲，亦可宗也。”孔府大院落之布局，鲜明体现了官与民、内和外、男和女、大和小的界线，以礼制为主导，规划整体建筑院落空间。

官和民：孔府院落可分为前后两部分。前部分是衍圣公处理公务、会客对外活动的场所，是为官；后部分为居室、书房，是家族生活的场所，是为民。

内和外：三堂之后是内宅，亦称内宅院。内宅门是孔府家人与外界相隔之门。此门戒备森严，任何人不得擅自入内，清朝皇帝特赐虎威、燕翅铛、金头玉棍三对兵器，由守门人持武器立于门外，若有不遵令者，严惩不贷。

男和女：孔府内宅不得其他男性进入，因此孔府内宅的西院墙处，嵌放一个石雕流水槽，男挑夫要将水从墙外倒入水槽，隔墙流入宅内水池，供“衍圣公”及眷属饮用。

大和小：衍圣公自明代起官居一品，班列百官之首，地位非常显赫。府第的建筑形制严格遵守明代百官宅第营造制度，大堂五间九架，内宅楼房七间，但一律不用重檐、重栱、歇山转角。

2.3　正统华贵的大屋顶——北京故宫

中国古代建筑从群体组合上来确立空间秩序，形成了以“合院”为单位的聚合性的组合体，而在建筑形态上最显著的特征就是其特有的大屋顶。

2.3.1　院子的主角——大屋顶

大屋顶的独特形式到底是怎样产生的，有多种说法。

远古时期，地势低洼地区多营造巢居，地势高亢地区多营造穴居，后衍化发展，屋面用草、树皮、木板等材料。到了战国出现了陶制的板瓦和筒瓦，开始用于茅草屋顶的脊部与天沟。屋顶开始具备了发展为木构架大屋顶的诸多条件。

从结构上说，早期的房屋多用夯土筑造屋身墙体和台基，为了保护它们不受雨水侵害，屋檐伸出较远，出挑距离加大，屋角的支撑结构的尺寸也会加大。而房子周边支撑结构的底座位置限制着使用空间的高度，位置应该一致，这样屋顶自然做成曲面。除了屋顶出檐，有的早期房屋还在台基之下另造一排檐廊，形成上下两层屋顶，以后屋顶出檐廊与檐廊屋顶相连，折线变为曲线。曲面屋顶既不遮挡光线，又可以使雨水排得更远。

至秦汉魏晋南北朝，屋顶的形态已经确立，大型的宫殿都采用木制结构。斗栱出现并有多种形式，屋顶营造十分讲究。传统建筑中的屋顶形式如庑殿顶、歇山顶、悬山顶、攒尖顶、囤顶在汉代已经具备。屋顶直线和曲线巧妙结合形成向上的飞檐。在隋唐时期，斗栱日臻成熟，这一时期屋顶技术不断发展与取舍，斗栱、重檐形式的屋顶大量应用到宫殿等建筑上。盛唐的多元文化很大程度上影响了屋顶的形态发展，屋顶形式也逐渐明确了风格形式。

宋元时期，从唐代建筑雄浑豪迈的气质发展成一种柔美精雅的气质。宋元符三年（公元 1100 年）颁布的《营造法式》是一部法规式著作，它比较全面地总结了我国古代的建筑营造技术体系，特别是以“材”为模数的模数制度的确定，对以后建筑产生了深远的影响。

到了明清时期，建筑在技术上沿袭了历史上的成果，特别是唐宋以来的规格化和程式化合建法则。在宋代《营造法式》制定的以“材”为模数的营建制度，明代的官式建筑已经高度标准化，到雍正十二年（公元 1734 年）的《工部工程做法则例》更加程式化、规格化。大屋顶，无论从等级、形式、规格方面，都达到辉煌的巅峰。

中国古建筑大屋顶可以有如下分类：悬山、硬山、歇山、庑殿、卷棚、攒尖、盝顶、单坡、囤顶、平顶、圆顶、拱顶、穹隆顶、风火山墙顶、扇面顶等。大屋顶等级最高的是庑殿顶，次之为歇山顶。歇山顶前后左右四个坡面，在左右坡面上各有一个垂直面，故而交出九个脊，又称九脊殿。等级再次的屋顶主要有悬山顶（只有前后两个坡面且左右两端挑出山墙之外）、硬山顶（亦是前后两个坡面但左右两端并不挑出山墙之外）。

中国建筑大屋顶具有优美舒缓的屋面曲线，这种艺术性的曲线先陡急后缓曲，形成弧面，不仅受力比直坡面均匀，而且易于合理排送雨雪。中国传统建筑群体有多种屋顶造型与组合，变化丰富，并依托于院落空间布局，既富于变化，又和谐统一。由于自然条件气候、土质、周边等环境的影响，造成地方差异。一般来说，北方建筑雍容大气，南方建筑精巧细致。

2.3.2 故宫博物院——北京紫禁城

故宫博物院旧称紫禁城，是明、清两代的皇宫，是世界现存最大、最完整的木质结构的古建筑群，是无与伦比的古代建筑杰作。

紫禁城是皇城核心部分，位居北京全城中心部位。故宫始建于明永乐四年（1406 年），1420 年基本竣工。清代紫禁城东西宽约 760 米，南北长约 960 米，面积约为 723600 平方米。建筑面积 15.5 万平方米。相传故宫一共有 9999 间房，实际依据 1973 年专家现场测量，故宫有大小院落 90 多座，房屋有 980 座，共计 8707 间（此“间”并非现今房间之概念，系指四根房柱所形成的空间）。

紫禁城周围环绕着高 12 米，长 3400 米的宫墙，形式为一长方形城池，墙外有 52 米宽的护城河环绕。紫禁城有 4 个门，正门名午门，东门名东华门，西门名西华门，北门名神武门。神武门正北，有用土、石筑成的景山，松柏成林，是紫禁城建筑群的屏障。

紫禁城宫殿建筑均是木结构、黄琉璃瓦顶、青白石底座，饰以金碧辉煌的彩画。

紫禁城院落布局集中体现皇权至高无上的权力与地位，有居中、居前、居高等特点。

居中：将皇帝临朝和帝后居住的院落布置在紫禁城的主中轴线上，以体现皇权至尊威严，其他各宫殿院落的配置围绕主轴两侧安排，形成紫禁城东路、西路宫殿基本对称的格局。

居前：以乾清门为界，采用“前朝后寝”的院落布局。在主轴线约十分之六的南段，布置了太和、中和、保和三大殿，东有文华殿、西有武英殿，这三组宫殿院落构成了紫禁城的外朝。在主轴线约十分之四的北段，布置了以乾清、交泰、坤宁宫殿院落和御花园，东西还各有六宫五所，东有奉先殿，西有养心殿，外东路有宁寿宫、乐寿堂，外西路有慈宁宫、寿康宫、寿安宫等院落，这些宫殿院落群构成了紫禁城的内廷，是历代皇帝、后妃及太上皇、太后、太子等居住、祭祀、娱乐的场所。

居高：太和、中和、保和三大殿是皇帝举行朝会、行使权力、举行盛典的地方，位于紫禁城中心位置高达 8 米多的三层平台上，宫殿与院落形成的巨大空间，突出了天授皇权的至高威严。后廷宫殿院落围绕中心乾清、交泰、坤宁宫殿院落布置，既保持了皇家宫殿院落庄严统一的格局，又因多方面政务和生活需要而创造了许多富于变化的空间序列。

明清各代帝后对许多宫殿和院落虽有不断增减和修缮，但在总体上紫禁城宫殿院落群仍基本保持了对称均衡的形式，还有御花园、宁寿宫花园、建福宫花园和慈宁宫花园，建有亭台楼阁，其院落空间变化更为丰富多样。御花园布局院中有院，总体规整对称，但局部空间又有大小曲折变化，有开敞有封闭，奇石异山，花木扶疏，令人赏心悦目。这几个花园构成了紫禁城内空间变化最丰富、灵活多样的极为精彩的院落，是紫禁城绝对不可缺少的重要组成部分。

紫禁城作为明、清两朝的宫城，集中体现了皇权至高无上，满足了宫廷各种功能的需要，合乎礼制又创造出丰富的空间环境，是综合营造理念和高超技术体系之大成。

2.3.3 大屋顶下的礼制与秩序

儒家、道家、释家的历史文化是中国文化的精髓，对建筑文化艺术产生了重要影响。而儒家学说以“礼”为中心，把礼看作是一切行为的规矩准绳，而礼又是统治者用以治国的根本。礼制与体统的意识自然浸透到古代建筑形制中去，建筑上的等级制度以个体建筑的尺度、屋顶的形式、装饰处理及不同材料的运用得以体现。

作为传统建筑的重要组成部分的大屋顶，自然也深深浸透着“礼”的规范。屋顶的高度、大小与建筑平面有直接的关系，在同样坡度的情况下，进深越大，屋顶就越高。屋顶在宫殿建筑中以其辉煌的造型及巨大的尺度，成为礼制等级观念的象征。

在紫禁城建筑中，不同形式的屋顶就有 10 种以上。以三大殿为例，是故宫中的主要建筑，它们高矮造型不同，屋顶形式也不同，即使都是主要建筑，也有进一步的等级划分，屋顶各不相同。太和殿屋顶是五脊四坡重檐庑殿式，是宫殿等级最高的形式。中和殿屋顶是四角攒尖式，四脊顶端聚成尖状，上安铜胎鎏金宝顶。保和殿屋顶是歇山式。

紫禁城深红色的宫墙和金黄色的琉璃瓦是其鲜明的色彩特征，使紫禁城与周边的建筑完全区分开来。古人认为世界是由金、木、水、火、土五种元素组成的。地上的方位为东、西、南、北、中五方；颜色分为青、黄、赤、白、黑五色；声音分作宫、商、角、徵、羽五音阶。把五种元素与五方五色五音联系起来组成有规律的关系。五种颜色中，除了东青、西白、南朱、北黑以外，中央为黄色，黄为土地之色，土为万物之本，尤其在农业社会，土地更有特殊的地位，所以黄色成了五色的中心。所以在紫禁城，几乎所有的宫殿屋顶都用黄色琉璃瓦顶。绿色用于皇子居住区的建筑。其他蓝、紫、黑、翠以及孔雀绿、宝石蓝等五色缤纷的琉璃，多用在花园或琉璃壁上。

紫禁城宫殿建筑群的伟大成就，不仅在于它具有宏大的体量和规模以及金碧辉煌的色彩和装饰，更重要的是其宫殿院落空间的组织均衡统一和有序列的节奏变化。其个体建筑，官式做法等级明确，形式类别木作细部是规范的，每个院落的布局也有一定的模式，具有完整统一的风格。同时，这些庞大的宫殿建筑群按明确的南北主轴线、若干与主轴线平行的次轴线，遵循严格的等级、尊卑、大小、主次和使用要求，规划布局组织各宫殿的院落空间，使其有节奏地向纵深序列发展，纵横交错变化，具有威严而清晰的等级秩序。

紫禁城是中国古代宫殿营造之巅峰，在世界建筑文化史上地位卓越。

2.4 纵深的序列——心灵深处的礼赞

中国建筑的布局与形式有很大的相似性，多数宗教文化建筑的布局与形式也如此。

2.4.1 北京潭柘寺与戒台寺

潭柘寺，位于北京西部门头沟区东南部的潭柘山麓，始建于西晋永嘉元年（公元 307 年），是佛教传入北京地区后修建最早的一座寺庙，距今已有 1700 多年历史。潭柘寺初名“嘉福寺”，清代康熙皇帝赐名为“岫云寺”，因寺后有龙潭，山上有柘树，民间一直称为“潭柘寺”，有“先有潭柘寺，后有北京城”的民谚。

潭柘寺坐北朝南，因地用势，气势宏伟，背倚宝珠峰，周围有九座高大的山峰呈马蹄形环护，高大的山峰挡住了从西北方袭来的寒流，因此这里气候温暖、湿润，寺内外古树参天。潭柘寺随山势而建，整个建筑群分为中、东、西三路布局，以一条中轴线纵贯当中，左右两侧基本对称，规矩严整、主次分明、层次清晰。潭柘寺中轴线由各种礼仪院落组成，有牌坊、单孔石拱桥、山门、天王殿等，天王殿两旁为钟鼓楼，后依次为大雄宝殿、斋堂院、三圣殿。两株娑罗树和两株银杏树，高大成荫。中轴线终点是毗卢阁，高二层，木结构。潭柘寺东路由各种起居庭院落组成，有方丈院、延清阁、行宫院，主要建筑有万寿宫、太后宫等。院落幽静雅致、修竹丛生。有一座方形流杯亭，巨大的汉白玉石基上雕琢有弯弯曲曲的蟠龙形水道。寺院西路多是殿堂院落，主要建筑有戒坛、观音殿和龙王殿等，层层排列，瑰丽堂皇，观音殿居全寺最高处。寺外还有上下塔院等众多建筑。

戒台寺位于北京市门头沟区的马鞍山上，始建于唐武德五年（公元 622 年），原名“慧聚寺”。辽代高僧法均在此建戒坛，四方僧众多来受戒，故又名戒坛寺，寺内因拥有全国最大的佛寺戒坛而久负盛名。其院落布局有三个特点。

其一，坐西朝东，层层叠升。

戒台寺院落格局独特，主要寺院殿堂坐西朝东，层层叠升，甚为壮观，保留了佛塔、经幢、戒坛等辽代佛教中十分罕见的珍品。其中轴线直指东方的北京城，有山门殿、天王殿、大雄宝殿、千佛阁等。大雄宝殿坐落在近两米高的月台上，门额上高悬清乾隆帝手书“莲界香林”雕龙横匾。殿内屋顶上有三个木雕藻井，上圆下方，井内各雕有一条团龙。千佛阁原为三层檐楼阁式木结构建筑，庑殿顶。宽 27 米，进深 24 米，高 30 余米。

其二，戒坛大殿，坐镇北路。

戒台寺中轴线坐西朝东，其两侧也有南路、北路。戒坛大殿位于北路戒坛院内，始建于辽咸雍五年（公元 1069 年），金元明清各代均有维修，现仍保持着辽代的建筑风格。殿顶的上下檐之间有风廊环绕，两层檐角均挂有风铃，上圆下方。大殿外侧四周有 20 根檐柱支撑，四面正中部分均配置有称作戒坛枋的外枋门，正面门额上挂有“选佛场”匾额。

戒台大殿是戒台寺的标志，有中国最大的戒坛。戒坛位于大殿正中，用大青石砌筑而成。平面呈正方形，通高 3.25 米。台分三层，下大上小，雕刻精美，该戒坛为明代遗物，与杭州昭庆寺、泉州开元寺戒坛并称中国三大戒坛。殿内的天花板为金漆彩绘，殿顶正中部分是一个斗八藻井，藻井内纵深分为上圆下方两个部分，藻井上层的圆形部分正中的穹顶上倒挂着一条木雕团龙，龙头居于藻井中心，俯视下方。团龙四周的穹壁上还雕有八条“升龙”，合为“九龙护顶”。

在戒坛大殿南北两侧各有 18 间配殿，原是五百罗汉堂。

其三，寺中花院，松涛闻钟。

戒台寺在千佛阁遗址与戒坛院之间有一个两进的四合院，院内幽雅清静，自清代以来，这里以种植丁香、牡丹闻名，故称牡丹院。牡丹院坐北朝南，分内外两重院落，中间以垂花门相连，将北京传统的四合院与江南园林艺术巧妙结合，既有北方四合院的古朴，又有南方园林的秀美。

戒台寺还以松树出名，活动松、自在松、九龙松、抱塔松、卧龙松，合称戒台五松。每当微风徐来，松涛阵阵，形成了戒台寺特有的“戒台松涛”景观。

戒台寺内有一座大钟亭，为卷棚顶，四根支柱呈八字形叉开斜立，式样别致，挂有一口高 3.2 米，下口直径 2.2 米的大铁钟。大钟亭位于寺院东北角 6 米多高的台基之上，背后三面环山，前方东望平原，远眺京城，居高临下，毫无遮拦。由于三面环山形成了一个天然巨大的共鸣箱，钟声经过震荡共鸣，被环山反射而回，从东北侧开口处冲出，因而可以传得很远，据说在四十里之遥的阜成门外八里庄都能听得见。

2.4.2 河北正定隆兴寺建筑群

中国汉传佛寺的布局，一般都是主房、配房等组成的严格对称的多进院落形式。其中，隆兴寺是典型代表之一。

隆兴寺，始建于隋开皇六年（公元 586 年），初名龙藏寺。北宋开宝四年（公元 971 年），奉宋太祖赵匡胤旨，于寺内铸造一尊总高 21.3 米的铜质千手观音菩萨像，建大悲阁。寺院扩建，形成以大悲阁为主体的宋代建筑群。金、元、明各代对寺内建筑均有不同程度的修葺和增建。清康熙、乾隆年间，又两次奉敕大规模重修，康熙四十九年（公元 1710 年）赐额“隆兴寺”。

隆兴寺占地 82500 平方米，其主要建筑分布在一条南北中轴线及其两侧。寺院除两座碑亭以外，几乎全是宋代建筑物，是我国目前仅存的宋代建筑群范例之一，虽经千百年风雨侵蚀，仍能显现当时的规模和雄姿。

隆兴寺没有山门，其前有一座高大的琉璃照壁。

经三路石桥向北，迎面是寺院的第一座建筑天王殿，单檐歇山式、七檩中柱式建筑，中有圆拱形大门，门上部横嵌着康熙皇帝亲书的“敕建隆兴寺”金字匾额，兼有山门作用。向北依次是大觉六师殿（遗址）、摩尼殿、戒坛、慈氏阁、转轮藏阁、康熙御碑亭、乾隆御碑亭、御书楼（遗址）、大悲阁、集庆阁（遗址）和弥陀殿等。在寺院围墙外东北角，有一座龙泉井亭。寺院东侧的方丈院、雨花堂、香性斋，是隆兴寺的附属建筑，原为住持和尚与僧徒们居住的地方。

摩尼殿结构十分奇特，属抬梁式木结构，平面呈十字形。殿内的梁架结构均与宋《营造法式》相符，大木八架椽屋，前后乳栿四柱结构形式。正中殿身五间，进深五间。中央部分为重檐歇山顶，四面正中各出山花向前抱厦，体现了宋代建筑的特点和风格，殿顶为绿琉璃瓦剪边，檐下为硕大的绿色斗栱，翼角弧度圆润而微微向上翘起。像这样立体且富于变化，形制颇为特殊的古建筑，在我国早期古建筑中实属罕见。

大悲阁是隆兴寺的主体建筑，坐落在中轴线后部。阁前古柏参天，阁后老槐吐翠，周围苍松、百花环绕，景色清幽。阁高 33 米，面阔七间，进深五间，为五重檐三层楼阁。旧名“佛香阁”、“天宁观音阁”。

大悲阁始建于宋初开宝年间（公元 968–976 年）。大悲阁内矗立着一尊大悲菩萨像，像高 19.2 米，立于 2.2 米高的须弥石台上，是我国现存最高的铜铸观音菩萨像。大悲菩萨像奉宋太祖赵匡胤敕令而造，周身有数十臂，又称“千手千眼观音”。各臂分持日月、净瓶、宝塔、金刚、宝剑等，可惜两侧铜手臂均被毁，已改为木制，仅前胸两臂为原铸。观音像神态自若，比例均匀，衣纹流畅，线条细腻，颇具宋代艺术风格。

据寺内一通宋碑记载，大悲菩萨其铸造程序是：先铸好基础，然后分七节铸造大菩萨。第一节铸下部莲花座，第二节铸至膝盖，第三节铸至脐下，第四节铸至胸部，第五节铸至腋下，第六节铸至肩膊，第七节铸至头部，最后添铸四十二臂。菩萨的手均为木雕而成，其上裹布，一重漆，一重布，然后用金箔贴成。

大悲阁前，东侧为转轮藏阁（藏经楼），西侧为慈氏阁。转轮藏阁坐西朝东，面阔三间，进深四间，重檐歇山顶，平面近似方形。阁内正中安置木制的直径 7 米、八角形的“转轮藏”（即转动的藏经橱），中间两根金柱各向左右让出，其梁架结构，做出由下檐斗栱弯曲向上与承重梁衔接的弯梁，上层梁则有大斜柱（叉手）的应用，是早期木构建筑中的杰作。

慈氏阁与转轮藏阁大体相似，采用永定柱造和减柱造的做法，是其建筑结构上的特点。特别是檐墙一周的柱子均采用永定柱造的做法，是国内现存宋代建筑中的孤例。阁内 2 米高的须弥座上，立有一木雕像，高 7 米，为弥勒佛形象，或称“慈氏菩萨”，是宋代遗物。

2.4.3　河北承德普陀宗乘之庙

普陀宗乘之庙是藏语布达拉的意译，此庙亦称布达拉，因规模比西藏布达拉小，俗称小布达拉宫。乾隆三十五年（公元 1770 年）是乾隆 60 大寿之年，次年是皇太后钮祜禄氏 80 寿辰。西藏、青海、新疆、蒙古等地各族王公首领都要求赴承德祝寿。乾隆十分重视这两次盛大集会，特令内务府仿前藏政教领袖达赖驻地拉萨布达拉宫在承德修建此庙。乾隆三十二年（公元 1767 年）三月开工，原计三年竣工，因施工后期失火，延至乾隆三十六年（公元 1771 年）八月竣工，占地 21.6 公顷。

普陀宗乘之庙总体布局与西藏布达拉宫相似，无明显中轴线，气势逊于西藏布达拉宫，但其占地之广、体量之大却为内地寺庙所仅有。全寺平面布局分前、后两部分：前部位于山坡，由白台、山门、碑亭等建筑组成；后部位于山巅，布置大红台和房堡。

山门南向，由藏式城台及汉式庑殿组成。城台为砖石结构，前开三孔拱门，拱门上列一横排盲窗，上砌雉碟。城台上起庑殿，前后设廊，廊内置槛窗，两侧封实壁，面阔五楹，进深二间，单檐琉璃瓦顶，边沿施绿琉璃瓦，供护法神。山门前置石狮一对，再南为五孔石桥，山门两侧设腰门，有围墙相连。

山门北为碑亭，平面方形三开间，重檐黄琉璃歇山顶，砖拱结构，封实壁，四面开拱门，下承须弥台基。亭内立石碑三座：中为《普陀宗乘之庙碑记》，记述建庙背景及经过；东为《土尔扈特全部归顺记》，西为《优恤土尔扈特部众记》，记述厄鲁特蒙古土尔扈特部回归祖国过程及清政府抚恤该部的情况。碑文用满、汉、蒙、藏四种文字镌刻，汉文为乾隆亲笔。碑亭以北为五塔门。五塔门北为琉璃牌坊。

白台群为多座大小白台，布局自然而独具含意，分殿台、楼台、敞台、实台，形状不一，体量不等，功能各异。层高一至四层，二、三层者居多，大都白灰抹面，青砖镶边红色盲窗，琉璃砌顶，上檐挑出淌水长瓦。白台为藏式平顶碉房形制，建筑用汉族砖混结构法式。有的两座白台组合成一处院落作僧房；有的台上建汉式殿堂，作佛堂、钟楼使用；有的台顶置舍利塔；有的白台砌成实心，只起障景增景及点缀作用。

红台内里五至七层为三层阁楼，每层 44 间，四面合围，亦称群楼。群楼南部进深三间，通天柱四排；北部中五间进深四间，通天柱五排；群楼东侧通天柱三排，进深两间；西侧通天柱四排，进深两间半。群楼顶部西北角建慈航普渡殿，镏金铜瓦，重檐六角亭形。

大红台群楼空井中心起万法归一殿，方七间四角稍间收进一半，重檐攒尖，上覆镏金鱼鳞铜瓦，四脊饰波纹，悬法铃立宝顶。

本讲小结：

中国建筑文化内涵丰富，将天人合一的天地观、礼教秩序的人伦观、等级尊卑的社会观、普渡修持的信仰观综合体现为以“界”、“线”和谐的院落为集中特征的空间组织上来，更多地注重不同房子之间的相对大小、位置、朝向等相互关系。院落的主角是近乎一致的大屋顶，而实际上大屋顶的造型丰富而绚丽。大屋顶下覆盖的是一个对内有序、对外有节、和谐统一的具有高度农业文明的礼教社会，这个社会追求的是秩序的庄严与心灵的宁静。

图 2-1　中国北京天坛祈年殿

祈年殿的殿座是圆形的祈谷坛，坛为三层，高 5.6 米，下层直径 91 米，中层直径 80 米，上层 68 米；每层都有雕花的汉白玉栏杆环绕，颇有拔地擎天之势，壮观恢宏。用台基提高，用矮墙来扩大形象，主要是表现崇敬天的境界。整个建筑色调纯净，造型典雅。

祈年殿本身已经成为北京天坛的代表，甚至成为整个中国的典型建筑形象首选之一。

图 2–2　中国尼山孔庙院落

尼山孔庙位于曲阜市东南约 28 公里处的尼山东麓。尼山是孔子出生地。尼山孔庙较之曲阜孔庙规模小，地势有高差，院落布局严谨有序，三路五进院落，殿堂共计 80 余间。

体会中国建筑的院落，也是在体会中国建筑文化的深邃，也更体会到大自然环境、周边有限定的复合环境、具体建筑构成的第三环境的层次和美感。

儒家文化规范了中华民族各阶层的道德规范和行为准则，并成为一种理念，是促进中华各民族加强团结携手并进的精神纽带。

图 2-3 中国曲阜孔庙杏坛

杏坛：是孔子故宅的讲学堂，宋真宗末年，增广孔庙，殿移后，此处设坛，周围环植杏树，故称杏坛。杏坛十字结脊，四面悬山，黄瓦朱栏，雕梁画栋，坛侧植杏树。

孔子生前是一位不得志的“布衣”，但其思想影响深远，其作为精神符号的社会地位逐步上升。在孔子逝世 300 多年后，汉武帝刘彻接受董仲舒的“罢黜百家，独尊儒术”。至元代，追谥他为“大成至圣文宣王”，明代被封为“至圣先师”；后又被誉为“千秋仁义之师、万世人伦之表”。全国各地陆续有兴建孔庙之举，历朝在县城建设五座建筑，其中一座即是孔子庙。“孔学”、“庙学”、“府学”等，均指孔庙。

图 2–4　中国北京故宫太和殿

“大屋顶”是中国建筑院落体系的主角。院落之中，高台之上，至尊至大至高的大屋顶，安居正中，俯瞰八方。其神态雍容而肃穆，其气度博大而安详，威严俱在。以礼教为核心的社会秩序体系的最高权威的建筑营造的辉煌，至今令人接近时，也自然有诚敬之心。

大屋顶不同的形式分别代表着不同的等级。等级最高的是庑殿顶，特点是前后左右共四个坡面，交出五个脊，又称五脊殿或吴殿，这种屋顶只有帝王宫殿等极少建筑方能使用。

紫禁城可以称为中国传统建筑现存最大的院落，体现在规模最大、等级最高，这是世界上最大的四合院，是四合院形式的极致，也是四合院本质的集中体现。并且最能体现传统文化、礼制、秩序等各方面。其院落空间最为丰富、空间组合多样，约有 100 多座院落空间。

图 2–5 中国北京故宫太和门前铜狮

太和门建成于明永乐十八年（1420 年），称奉天门。嘉靖四十一年（1562 年）改名皇极门，清顺治二年（1645 年）改名太和门。顺治三年（1646 年）、嘉庆七年（1802 年）重修，光绪十四年（1888 年）焚毁，次年重建。

进入太和门，便是紫禁城内最大的宫殿院落——太和殿广场院落空间，占地 36000 多平方米，这是明清历代皇帝举行登基和重大庆典礼仪、行使皇权、处理政务以及盛大宴享的场所。太和门前，有巨大的铜狮一对，左雄右雌，威武有力，守卫着这至尊至大至高的院落。

图 2–6　中国承德普陀宗乘之庙

普陀宗乘之庙是藏传佛教建筑的代表，体现了藏、汉建筑文化的融合。

大红台位于普陀宗乘之庙最后，位置最高，面积 1.03 万平方米，巧妙利用地形，将几组建筑连成整体，视觉上进行夸张，更显体量庞大。大红台正面基层是白台，实心，高 17 米，下部砌花岗岩条石，上部砌砖，白灰挂面，壁设三层梯形盲窗，东西两面砌石阶登道直达白台顶部。白台之上起红台，红台高 25 米，上宽 58 米，下宽 59 米，七层，一至四层实心，均置盲窗，上部三层间隔开真窗、盲窗。南面正中嵌饰垂直琉璃佛龛六个，黄绿相间，红台顶部砌女儿墙，墙下三面（东、西、南）装饰黄琉璃佛龛，拔檐石下置排水长槽。

第3讲　西方建筑文化解读——“形”、“体”鲜明的房子

西方，在本书中有三个涵义：

首先，相对于中华文明的西方文明；其二，相对于东方地域的西方地域；其三，为阐述方便，相对于中国建筑之外的其他有典型意义的外国建筑。

这样的涵义，如第一讲所述，目的更在于阐述两大类建筑文化的各自特色，而非罗列。

从今天欧亚非的集合点到地中海沿岸，比较公认的西方文明的源头集中在这里。从农耕、航海、狩猎、商贸，地中海沿岸多样的文明源头伴随着丰富的建筑文化源头。现在，我们暂时滤去多种或隐或显的现象浮烟，去确立一个相对于中国建筑的西方建筑的最基本轮廓。或许，“形”、“体”鲜明的房子是一个比较准确的描述。

从埃及金字塔，到巴黎圣母院；从公主的城堡，到一栋独立的别墅。这些我们似曾相识而实际陌生的对西方建筑的印象，都可以作如下概括：形态清晰，多为几何形体或几何形体的组合，光影明确，更多地突出整体或各部分的体积。

对西方建筑的文化认识，可以从“形”、“体”鲜明的石头房子入手。

3.1　复活与永恒——埃及金字塔与神庙

古埃及的金字塔是如此的形体鲜明，乃至多少年来，人们已经习惯于用“金字塔”指代一类常见的几何形体。

古埃及是尼罗河流域的文明古国，也是世界上最古老的国家之一。在这里产生了人类第一批巨大的纪念性建筑物，以象征着复活与永生的金字塔为代表。

在埃及古王国时期，人们还没有脱离原始拜物教，纪念性建筑物是单纯而开阔的，氏族公社的成员是主要的劳动力，建造了作为法老陵墓的庞大的金字塔。到了中王国时期，对法老的崇拜从原始拜物教脱离出来，产生了祭司阶层，纪念性建筑物也开始从金字塔向庙宇转化。到了新王国时期，古埃及最强大的时期，盛行大地崇拜和太阳神崇拜结合，皇帝的纪念性建筑物也从陵墓完全转化为太阳神庙。至此，金字塔的建造没落了。

3.1.1　西亚古代文明与北非尼罗河文明

古代西亚是最早的古代文明的发祥地之一。

古代西亚地区，包括两河流域、伊朗高原、小亚细亚、叙利亚、巴勒斯坦和阿拉伯半岛。古代两河流域南部，是西亚最早进入奴隶制社会的地区。公元前3000年前后，在这里相继出现十几个城市国家（城邦）。大约于公元前2371年建立的阿卡德王国是两河流域历史上出现的第一个统一的集权制国家。经乌尔第三王朝（约公元前2111~前2003年），到古巴比伦王国汉莫拉比时代（约公元前1792~前1750年），中央集权的专制制度已趋于完备，奴隶制社会进入鼎盛时期。古巴比伦王国衰落后，小亚细亚的赫梯、地中海东岸的腓尼基各商业城邦以及巴勒斯坦的以色列和犹太王国，相继进入自己的繁荣昌盛时期，在历史上产生过相当的影响。公元前8世纪，亚述帝国第一次将西亚的大部分置于自己的版图之内。继起的新巴比伦王国统治时期(即迦勒底王朝,公元前626~前539年)，两河流域的奴隶制经济达到了较高的水平。后来，波斯帝国（公元前550~前330年）兴起，征服了整个西亚、埃及以及其他地区，建立了横跨亚、非、欧的大帝国。

公元前3500年~前4世纪，是古代西亚建筑盛行时期。两河流域缺石少木，创造了以土作为基本材料的结构体系和墙体装饰。从夯土开始，发展了土坯、烧砖技术，并以沥青、陶钉石板贴面及琉璃砖保护墙面，使材料、结构、构造与造型有机结合。

古代埃及也是最早的古代文明的发祥地之一。

从石器时代开始尼罗河就已经是古埃及文明的命脉，尼罗河每年都要泛滥，每年的大水使得尼罗河沿岸土质肥沃而富饶，埃及盛产小麦与亚麻，尼罗河本身也是一条方便和有效的水道，这些保障了其经济、军事、外交。

尼罗河两岸富饶的灌溉农业使大量人口可以脱离直接生活资料的生产从事建筑劳动，河流提供了芦苇、纸草和泥土作为建筑材料，峡谷和三角洲的自然景观培育了古埃及人的审美经验和形象构思特点，对尼罗河的利用和斗争也锻炼了古埃及人的技术和组织能力。

石头是埃及主要的自然资源。古埃及人以异常精巧的手艺用石头制造生产工具、日用家具、器皿、甚至极其细致的装饰品。公元前四千纪，人类就会用石头做工具，用光滑的大块花岗石板铺地面。公元前三千纪之初，皇帝的陵墓和神庙就用石材建造了。古王国时期大量极其巨大的纪念性建筑物，砌筑得严丝合缝，在没有风化的地方，例如金字塔内的走道里，至今连刀片都插不进去。哈弗拉法老（Khafra）的祭祀庙的入口处，有一块石材长达5.45米，重达42吨。中王国时期，青铜工具还不多，却用整块石材制作了许多几十米高的方尖碑，最高的达52米，细长比大致为1 ： 10。新王国时期的神庙中，有些石梁的长度已经超过9米，而柱子有高达21米左右的。而至迟在古王国时期，古埃及人已经会烧制砖头，会用砖砌筑拱券，但砖与拱券并没有进一步发展起来。

尼罗河也被看做是生命、死亡和再生的一条通道。东方被看做是出生和生长的地方，西方则是死亡的地方，每天太阳神拉都经历出生、死亡和再生。埃及人相信要获得死后再生，就必须被埋葬在代表死亡的一方，因此所有的坟墓均位于尼罗河西岸。

3.1.2 胡夫金字塔与人面兽身像

古埃及人相信灵魂永远不灭，只要尸体尚存，三千年后就会在极乐世界复活并永生。于是，他们想尽办法使遗体不腐，用昂贵的香料，经过几十道复杂工序制成木乃伊，用做成人形的棺装好，存放在金字塔中，以求永垂不朽。金字塔代表了埃及人对再生的企望，是走向复活永生的通道，是一座座全部用石头堆砌起来的巨大工程，也是至今最大的建筑群之一，成为了古埃及文明最有影响力和持久的象征。金字塔的形成不是一蹴而就的，是经历了漫长的过程，不断地探索前进的。胡夫金字塔是古埃及最成熟的代表。

金字塔大部分建造于埃及古王国和中王国时期，在萨卡拉第三王朝（公元前 2780~ 前 2180），出现了第一个多层高台金字塔——昭赛尔金字塔，基底东西长 126 米，南北长 106 米，高约 60 米，分为 6 层，整体形象简练稳定，适合石材的艺术特性和加工条件。

公元前三千纪中叶，昭赛尔金字塔之后，金字塔最为成熟的代表作——吉萨金字塔群出现了。吉萨金字塔（Giza Pyramids）是一个群体的总称，而不是一座单独的金字塔，位于埃及开罗西南约 10 公里的吉萨高地，包括三座大金字塔。吉萨金字塔都是精确的四方锥体，并且是祖孙三代的金字塔，包括胡夫金字塔（高 146.6 米，底边长 230 米）、哈弗拉金字塔（高 143.5 米，底边长 215 米）和门卡乌拉金字塔（高 66.4 米，底边长 108.04 米）。三座大金字塔都是用淡黄色石灰石砌的，外面贴一层磨光的灰白色石灰石板。所用石块很大，有的长达 6 米。

胡夫金字塔，又称吉萨大金字塔，是三座金字塔中最大的。建于埃及第四王朝第二位法老胡夫统治时期，是胡夫为自己修建的陵墓。胡夫大金字塔的 4 个斜面正对东、南、西、北四方，误差不超过圆弧的 3 分，底边原长 230 米，由于塔外层石灰石脱落，现在底边减短为 227 米，倾角为 51 度 52 分。塔原高 146.6 米，因顶端剥落，现高 136.5 米，相当于一座 40 层摩天大楼，塔底面呈正方形。整个金字塔建筑在一块巨大的凸形岩石上，占地约 52900 平方米，体积约 260 万立方米，用了多达 230 万 ~250 万块石灰岩建造，也是世界上质量最大的单一古代建筑物体。胡夫金字塔的入口空间序列成熟而神秘，祭祀厅堂在金字塔东面脚下，门厅却在东边几百米远的尼罗河边，由一条石头砌成的、密闭的、黑暗的、只可一个人通过的甬道相连接。而进入祭祀厅堂的院子，光辉明亮的法老雕像，巨大无比而简洁雄伟的金字塔呈现在眼前。

独特的狮身人面像，斯芬克斯，位于哈弗拉金字塔前，约造于公元前 2610 年。像高 20 米，长 57 米，头戴皇冠，额上刻着圣蛇浮雕，下颌有帝王的标志——

下垂的长须，脸长5米，一只耳朵就有2米多长。

吉萨金字塔群，体现了古埃及人杰出的施工技术和科学技术水平，反映了古埃及的自然与社会特色，除了营造神秘气息，更是汲取自然原始力量的宏大而纯净的艺术表达，是埃及的代表，直到现在仍给人们带来强大的震撼力。

3.1.3 埃及神庙的演变

太阳神庙是埃及新王国时期建筑的代表。它不仅仅体现了古埃及建筑技术的进步，在西方古代建筑史上也是具有开创先河的重要地位。

新王国时期，埃及的奴隶制经济发达，国力强盛，对外征战掠夺了大量财富和奴隶，奴隶成了建造神庙的主要劳动力，太阳神庙的规模越来越大。太阳神庙其实就是法老庙，雕塑就是法老，而壁画记录着法老的事迹。

神庙的形制早在中王国时期就已定型，在一条纵轴线上依次排列高大的门、围柱式院落、大殿和一连串密室。从柱廊经大殿到密室，顶棚逐步降低，地面逐步升高，侧墙逐步内收，空间逐步缩小，营造了一种神秘气氛，而每层高出的侧墙面上，开有小窗，自然光透过小窗射入室内，细碎光亮，诡异神秘。神庙有两个空间重点，一个是外部的大门，聚众的宗教仪式在它面前举行，富丽堂皇，和宗教仪式的渲染相适应。另一个是内部的大殿，法老在这里接受少数人的朝拜，幽暗威严，与仪典的神秘性相适应。大门样式特色显著，是一对高大的梯形石墙夹着并不宽敞的门道，石墙上满布彩色的雕塑，墙前面的圆雕也是彩色的，门道上檐部的高度比石墙上的高度大得多，大门前有方尖碑或法老雕像。大殿内部是密布的柱子，内柱直径大于柱间间距，使人深感压抑。

后来底比斯的地方神阿蒙（Amon）庙也采用了这个布局。太阳神成为主神之后，和作为新首都的底比斯的阿蒙神合二为一，于是太阳神庙也采用了这一形制，在门前增加一对作为太阳神的方尖碑。其中最负盛名的是开罗南约600公里的卡纳克阿蒙神庙。

卡纳克阿蒙神庙建于公元前1800多年，布局完美，宏大而神秘。神庙占地24.28公顷，由多部分组成。神庙前，有一条两旁排列着狮身圣羊象的大道。在大道尽端处，矗立着一座高约43.5米、宽113米的石墙。它形体简单，稳定沉重，如天然生成。石墙夹持下，是庙的入口，通过入口是平坦宽广，占地约8公顷的神庙大院。正中是神庙的最主要部分——大柱厅。大柱厅总长266米，宽110米，有6道大厅，134根石柱，分成16排。中央两排柱子直径3.57米，高21米，上面承托着长9.21米，重达65吨的大梁，其余柱子直径2.74米，高12.8米。置身大柱厅，四面森林一般的石柱，处处遮挡人们的视线，给人造成一种神秘而深远的感觉。由于中央两排柱子特别高大，在顶部构成了两排侧窗，从侧窗透射进来的光线，散落在柱子上，光移影动。穿过大厅，就是神庙的最后部分——神堂，是法老和僧侣们拜神祈祷的神秘之所。在行进过程中，空间一进比一进低，光线一进比一进暗，人越往前走，越感到自身的渺小和神的伟大，一种极端压抑而虔敬的氛围，处处弥漫。

随着岁月的流逝，卡纳克阿蒙神庙已破败，然而其残存部分，仍可见当年庄严。

3.2　山上神的房子——帕提农神庙及雅典卫城

古希腊建筑被赞颂为“尽善尽美”的典范，享受着无尽的赞誉。爱琴海的蔚蓝海洋与辽阔天空，映托着白色大理石雕琢而成的古希腊建筑，和谐隽永，美丽永恒。

3.2.1　城邦文化

古希腊是欧洲文明的摇篮，它的建筑文化同样也是欧洲建筑文化的重要渊源。

古希腊对文明史的最大贡献是城邦文化。小自耕农经济与独立手工业是古典社会全盛时期的经济基础，这时候奴隶制还没有普及到生产的多数领域。公元前 5 世纪，在爱琴海沿岸一些经济发达的城邦里，从平民中产生了工商奴隶主，他们联合了以小农和小手工业者为主体的平民群众，战胜了经营农业的贵族奴隶主，建立了城邦范围内的自由民民主制度。小农和小手工业者在这些城邦里获得了更多的政治权利。

希腊城邦与公民意识是相互依存的，城邦文明代表了一种社会政体，是希腊人找到、捍卫、为之献身的信仰和理念。城邦是一座神庙及簇拥它的卫城，埋着英雄的遗骨供着本族的神像，有广场、剧场、运动场，还有朴素、健美、勇敢、自由的公民。作为全希腊的盟主，雅典城邦在全盛期领土面积约 1600 平方公里，有 25 万人口。而同时期的科林斯有 9 万人口，阿各斯（Argos）约 45000 人，有些城邦只有 5000 人或更少。

城邦制度和直接民主互相依赖，互为条件。希腊城邦没有专制的国王，没有拥有特权的官吏贵族阶层，每个公民都有参与管理国家的权利。公民直接参与城邦的治理，城邦的绝大多数公共职务的选举靠抽签决定，公民轮流统治或被统治。自由民主的城邦文化带来了城邦的自给性、封闭性，雅典人希望统治邻邦，却不打算吞并邻邦，也不愿意形成一个更大的紧密联盟，用来维护公民特权的公社制度界限严格，城邦卫城整体布局设置的时候更注重防卫。

自由民的民主制度促进了经济的大繁荣与平民文化中健康、积极因素的进一步发展。公元前 5 世纪上半叶，希腊人在一场生死攸关的战争中（公元前 500~前 449 年），打败了波斯的侵略，进入了古典主义时期。民主政治、经济和文化都达到了光辉的高峰，希腊建筑也在这时结出了最完美的果实。雅典在战后进行了大规模的建设，建筑类型丰富了许多，建造了元老院、议事厅、剧场、俱乐部、画廊、旅馆、商场、作坊、船埠、体育场等公共建筑物。重建雅典卫城，是这个黄金般的古典时期的纪念碑，是其全面繁荣的见证。

有着悠久历史的埃及和曾经强大的西亚古国，是孕育地中海建筑文化的辽阔湿地。而自足独立的地中海小城邦希腊，则以突破者和先驱者的姿态，开创了西方古典建筑的时代，成为地中海建筑文化乃至西方建筑文化的涓涓源头。

3.2.2 雅典卫城

雅典卫城也称为雅典的阿克罗波利斯，希腊语为“阿克罗波利斯”，原意为“高处的城市”或“高丘上的城邦”，距今已有 3000 年的历史。

雅典卫城位于今雅典城西南，海拔 150 米的石灰岩山岗上，山岗面积约为 4 平方千米，山顶石灰石裸露，大致平坦，高于四周平地 70~80 米，山顶四周筑有围墙，自然的山体使人们只能从西侧登上卫城。高地东面、南面和北面都是悬崖绝壁，地形十分险峻。卫城始建于公元前 580 年。最初，卫城是由坚固的防护墙拱卫着的山岗城堡，具有战时市民避难之处的功能，是用于防范外敌入侵的要塞。卫城中最早的建筑是雅典娜神庙和其他宗教建筑。根据古希腊神话传说，雅典娜生于天父宙斯的前额，是战争、智慧、文明和工艺女神，后来成为城市保护神。作为军事要塞的雅典卫城又是宗教崇拜的圣地，雅典城市因故得名。希腊波斯战争中，雅典曾被波斯军队攻占，公元前 480 年，卫城被敌人彻底破坏。希腊波斯战争后，雅典人花费了 40 年的时间重新修建卫城及卫城的全部建筑。

雅典卫城重建的主要目的有三：其一，赞美雅典，赞美守护神雅典娜，纪念希腊波斯战争的胜利；其二，把雅典卫城建设成为全希腊的最重要的圣地，宗教和文化中心，吸引各地的人前来，以繁荣雅典；其三，给各行各业的自由民工匠以就业的机会，建设中限定使用奴隶的数量不得超过工人总数的 25%。在建造过程中，自由工匠的积极性很高。古罗马的历史学家普鲁塔克（Pluttarch，约 46~120 年）写到卫城建设时说：“大厦巍然耸立，宏伟卓越，轮廓秀丽，无与伦比，因为匠师各尽其技，各逞其能，彼此竞赛，不甘落后。”

雅典卫城东西长约 280 米，南北最宽处 130 米，是祭祀雅典守护神雅典娜的神圣地。

现存的主要建筑有山门、帕提农神庙、伊瑞克提翁神庙、埃雷赫修神庙等。

卫城建筑群的主要特点是：突破小城邦国家和地域的局限性，综合了原来分别流行于大希腊和小亚细亚的多立克艺术和爱奥尼艺术。这与雅典当时作为全希腊的政治、文化中心的地位是相适应的。两种柱式的建筑物的共处，丰富了建筑群，又能够统一，所有的建筑物都是用大理石砌筑，因为有利于统一。

雅典作为最民主的城邦国家，卫城发展了民间自然神圣地自由活泼的布局方式。建筑物的安排顺应地势，同时为了照顾山上山下的观赏，主要建筑物贴近西、北、南三个边沿而建。自然的山体使人们只能从西侧登上卫城。东面、南面和北面都是悬崖绝壁，地形十分险峻。

在雅典卫城每四年都会有一次大型的祭祀盛典。每逢祭祀盛典，先在帕提农前的祭坛点燃圣火，游行的队伍清晨从卫城西北方的陶匠广场出发，穿过市场广场，向南经卫城西侧，绕过西南角开始登山。仰望右边在 8.6 米高的石灰石基墙上屹立着的胜利神庙，走向雄踞于陡坡上的山门，进入山门，有雅典的守护神雅典娜的镀金铜像。雅典娜像高 11 米，是建筑群内部构图的中心，收拢了沿边布置的几座建筑物，并活跃了整个建筑群。

走过雕像，右前方就是宏伟庄严的帕提农神庙。再向左偏转就是秀丽端庄的伊瑞克提翁神庙。总之，建筑群的设置是根据动态观赏条件布局的，人们在每一段路程中都会有优美的建筑景观，不对称而均衡，主次分明，条理井然，完整有序。各种雕刻交相辉映，两种基本柱式相互交替，形象生动，并且富有变化。其中帕提农神庙起统率作用，使整个建筑群布局体现了对立统一的构图原则。

卫城的建筑与地形结合紧密，极具匠心。如果把卫城看作一个整体，那山岗本身就是它的天然基座，而建筑群的结构以至多个局部的安排都与这基座自然的高低起伏相协调，构成完整的统一体。它被认为是希腊民族精神和审美理想的完美体现。

3.2.3　帕提农神庙

帕提农神庙是古希腊雅典娜女神的神庙，原意为“圣女宫”。始建于公元前 447 年，由当时著名建筑师伊克蒂诺斯和卡利克拉特在执政官伯里克利主持下设计，费时 9 年，于公元前 438 年完成。同年，著名雕刻家菲迪亚斯和他的弟子在神庙内建成高大的雅典娜神像，公元前 431 年完成山花雕刻。

帕提农神庙是雅典卫城整个建筑群的中心，代表着古希腊多立克柱式建筑的最高成就。神庙是卫城上唯一围廊式庙宇，形制隆重，体量雄伟，位于卫城的最高处，统率全局。距山门 80 米左右，有很好的观赏距离。神庙是希腊本土单体最大的多立克式神庙，为长方形周柱式建筑，建在三层阶梯基座上，其台基 30.89 米 ×69.54 米，原高超过 13 米。神庙四周由 48 根带半圆凹槽和锥形柱头的多立克式大理石圆柱支撑，正侧面各有 8 和 17 柱，柱高 10.43 米，底径 1.905 米，高 10 余米。帕提农神庙全用白大理石砌成，铜门镀金，山墙尖上的装饰是金的，陇板间、山花和圣堂墙垣的外墙壁上满是雕刻。瓦珰、柱头和整个檐部，包括雕刻在内，都有浓重的色彩，以红蓝为主，夹杂着金箔。

帕提农神庙的雕刻是最为辉煌的杰作，东西两端檐部之上是饰有高浮雕的三角形山花。东山花上刻着雅典娜诞生的故事，西山花上刻着波塞冬和雅典娜争夺保护雅典、征服敌人的神话故事。神殿外观整体协调、气势宏伟，给人以稳定坚实、典雅庄重的感觉。

帕提农神庙内部分成两半，朝东的一半是圣堂。圣堂曾经坐落着 12.8 米高的雅典娜神像，她全副武装，头带饰有战车飞鹰的头盔，左手持盾，右手托胜利女神。通体使用金片包裹，面部、手臂和脚趾用象牙装饰，双眼则以宝石镶嵌。为了紧急情况下便于转移运输，神像主体用香木制作。她是菲迪亚斯的得意之作，是古希腊雕刻艺术“黄金时代”的代表作品。今天，神像原作已经不存在了，但是，许多大理石和青铜的雅典娜塑像却是仿照它制作的。圣堂内部的南、北、西三面都有列柱，是多立克式的，为了使它们细一些，尺度小一些，反衬神像的高大和内部的宽阔，这些列柱做成上下两层，重叠起来。朝西的一半是存放国家财物和档案的方厅，里面 4 根柱子用爱奥尼式。比例匀称，风格刚劲雄健，全然没有丝毫的笨拙之感。其台基的宽比长、柱子的底径比柱中线距、正面水平檐口的高比正面的宽等，大体都是 4 ∶ 9，构图有条不紊。

帕提农神庙在建筑美学方面还有其独到之处，其视觉矫正多达 10 处之多。东西两端的基础和檐部呈翘曲线，以造成视觉上更加宏伟高大的效果，四边基石的直线就略作矫正，中央比两端略高，看起来反而更接近直线，避免了纯粹直线所带来的生硬和呆板。在柱子的排列上，也并非全都垂直并列，东西两面各 8 根柱子中，只有中央两根真正垂直于地面，其余都向中央略微倾斜；边角的柱子与邻近的柱子之间的距离比中央两柱子之间的距离要小，柱身也更加粗壮（底径为 1.944 米，而不同于其他柱子的 1.905 米），内廊的柱子较细，凹槽却更多。以纠正人们从远处观察产生的错觉。神庙中大量以神话宗教为题材的各类大理石雕刻成为其艺术整体不可分割的一部分。帕提农神庙的墙垣都有收分，不是绝对垂直，而是略微内倾，以免站在地面的观察者有立墙外倾之感。山墙及装饰浮雕与雕像则向外倾斜，以方便观众欣赏。这些精致细微的处理使庙宇显得更稳定，更加丰满有生气。由于这些曲线和这些倾斜，几乎每根柱子的每块石头都不一样，而且都不是简单的几何形，但工程完成得却非常完美，无懈可击。这其中有熟练的石作技巧又有严谨的工作作风和工作热情。

帕提农神庙是肃穆而又欢乐的，也奠定了整个建筑群的基调。帕提农神庙是现存至今最重要的古典希腊时代的建筑物，公认其建筑是多立克柱式发展的顶端；雕像装饰是古希腊艺术的顶点，此外还被尊为古希腊与雅典民主制度的象征，是举世闻名的文化遗产之一。

伊瑞克提翁神庙是雅典卫城建筑群中又一颗明珠，与众不同的是其女雕像柱廊和窗户，在古典建筑中是罕见的。该神庙建于公元前 421~ 前 405 年，是为纪念雅典娜之子、雅典王伊瑞克阿斯而建的。它依山势而建，坐落在三层不同高度的基础上，平面为多种矩形的不规则组合。女雕像柱廊在神庙的北部，共有 6 尊，各高 2.3 米，体态丰韵，仪表端庄，朝向北面，头顶平面大理石花边屋檐和天花板。雕刻栩栩如生，衣着服饰逼真。神庙主殿南北墙壁都开设窗户，与矩形方石块构成的墙壁协调对应。

在爱琴海的蓝天衬托下，雅典卫城，这组白色大理石的丰富形体，人类的巨型雕刻，在阳光下，它的美与精神都获得了永恒。

3.3　饱满的穹顶——佛罗伦萨大教堂

埃及金字塔的特征是其纯净的几何形体，雅典帕提农神庙的特征是其精美典雅的形体组织，而文艺复兴的建筑肇始——佛罗伦萨大教堂穹顶则如时代巨人的巨颅，饱满而睿智。

3.3.1　文艺复兴的建筑成就

西欧中世纪晚期，进入到一个全面繁荣的时期，神权不再笼罩一切，市民文化抬头，人文主义觉醒。当时欧洲人的冒险事业已经扩展到了亚洲和美洲，由来已久的地中海贸易在中世纪后期再度繁荣，环地中海的一些富裕的贸易城市迅速崛起并发展为自治城市。

在这些自治城市中，经济的发达、眼界的开阔、中产阶级的壮大，使人们有能力也有意识地去认识客观世界，自觉地塑造自己、发展自己，享受自由现实的生活，热爱一切的美。在经历了千年的思想禁锢和精神压迫后，人性苏醒并获得解放，这极大地激励了人们的潜力。相对富裕和活跃的气氛最终导致了文艺复兴时代文化的大发展，在文学、美术、艺术、科学、技术、建筑方面，都有了巨大的成就。

建筑方面巨大的成就有许多方面。

其一，世俗力量的壮大，繁荣的经济为建筑的发展提供了稳定的资金基础，大量的世俗建筑类型出现，有市政厅、交易所、还有别墅等。建筑技术，尤其是穹顶结构技术进步很大。建筑形式和艺术形制都有很多的创新。伴随着的是专业意识、审美意识的突破和解放。这时期，建筑理论空前活跃，古罗马维特鲁威等人的建筑学说被翻译解释并多次出版。

其二，再一次重新定义了建筑师这个职业的意义。当时，建筑师来自雕刻师、绘图师、画家、工程师和细木工等，并形成一个独立的行业，这为社会思潮和文化进入建筑找到了一个切入点。似乎时光轮回一样，文艺复兴时期的建筑师如在古希腊与古罗马所扮演的角色一样，赋予了建筑一个理论的和文化上的基点。文艺复兴盛期，建筑思想和人文思想的紧密结合是一种必然，并影响深远。

其三，对人文艺术的投资热情前所未有，对于完美和谐的建筑造型与比例的追求成为潮流。建筑师从古代数学家关于完美的数学模型中得到了启示，他们认为世界是由完美的数学模型构成的，而大自然和人类的美皆出自于数学模型的完美。另外，继罗马帝国许多年后，文艺复兴的建筑师重新“继承”了一整套古典的柱式，以千年前的建筑为典范，追求端庄、典雅、精致，并且以此为基准奠定了直到现代建筑诞生的经典建筑营造模式。

3.3.2　比萨大教堂建筑群

比萨建筑群位于意大利中部托斯卡纳地区的比萨，建造时间是 1063 年 ~1350

年，是意大利中世纪最重要的建筑群之一，是一组应用柱式的罗马风建筑，由雕塑家布斯凯托·皮萨谨主持设计。

这一组建筑群建在城市的西北角，连成一线，有大教堂、洗礼堂、钟楼，紧靠城墙和墙根的公墓墓堂，以完整的侧面朝向城市。三座建筑物的形体各异，对比很强，变化丰富，形成一组复杂的建筑组合体。它们都用空券廊装饰，风格统一，有着一致的构图母题，背景又由城墙和公墓联系，形成了视觉上的连续性，形成和谐的整体。空券廊造成强烈的光影和虚实对比，使建筑物显得很爽朗。三座建筑物都由白色和暗红色大理石相间砌成，衬着碧绿的草地，色彩十分明快，既不追求神秘，也不追求震慑，而是端庄、和谐、宁静。

建筑群的主体建筑是大教堂，教堂平面呈长方的拉丁十字形，全长 95 米，纵向 4 排圆柱，共 68 根，为科林斯式。纵深的中厅与宽阔的侧廊相交处用一椭圆形拱顶所覆盖，中厅屋顶用木桁架，侧廊用十字拱，是一座体型较大的巴西利卡式建筑。同时其券拱结构采用层叠券廊，罗马式特征又十分明显。

教堂前方约 60 米处是洗礼堂，始建于公元 12 世纪，它的布道坛的建设可追溯到 1260 年。洗礼堂采用罗马风建筑风格，但后来的一些工程也采用了哥特式风格。圆形洗礼堂的直径为 39 米，总高为 54 米，圆顶上立有 3.3 米高的施洗约翰铜像。洗礼堂内有雕刻家尼古拉·皮沙诺创作的雕塑《诞生》，其主题是耶稣降生时的情景。画面中圣母玛丽亚侧卧其间，下面的羊群隐喻耶稣救赎的民众。

钟楼因其特殊的外形而名声大噪，这就是比萨斜塔。

钟楼在主教堂圣坛东南 20 多米处，呈圆形，直径大约 16 米，从地基到塔顶高 58.36 米，从地面到塔顶高 55 米，分为 8 层。其装饰格调与大教堂和洗礼堂一致，墙面用大理石或石灰石砌成深浅两种白色带。钟楼倾斜多年而不倒，被认为是世界建筑史上的奇迹。

3.3.3 佛罗伦萨大教堂

佛罗伦萨大教堂巨大穹顶的饱满曲线是时代的突破，是人的智慧与理念的完美结晶。

佛罗伦萨大教堂，始建于 1296 年，建成于 1887 年，历经五百多年。其起始之时 13 世纪末正是佛罗伦萨的繁盛时期，当时行会从贵族手中夺取了政权，大教堂是作为共和政体的纪念碑而建造的，能同时容纳 1.5 万人同时礼拜。

教堂的八边形穹顶是世界上最大的穹顶之一，内径约 43 米，高 30 多米，其本身的工程就历时 14 年，始于 1420 年，成于 1434 年，而其正中央顶上有希腊式圆柱的采光亭于 1470 年完工。以采光亭的尖顶塔亭计，大教堂总计高达 107 米。

穹顶内部原设计不作任何装饰，整个穹顶，稳重端庄、比例和谐、形体纯净。

大教堂建筑的精致程度和技术水平超过古罗马和拜占庭建筑，其穹顶被公认是意大利文艺复兴式建筑的第一个作品，其建造有巨大的历史意义：

第一，它是在建筑中突破教会的精神专制的标志。天主教会把集中式平面和穹顶看作异教庙宇的形制，严加排斥，而工匠们竟置教会的戒律于不顾。虽然当时天主教会的势力在佛罗伦萨很薄弱，但仍需要很大的勇气，很高的觉醒，才能这样做。

第二，它是文艺复兴时期独创精神的标志。古罗马的穹顶和拜占庭的大型穹顶，在外观上是半露半掩的，还不会把它作为重要的造型手段。但佛罗伦萨的这一座，借鉴拜占庭小型教堂的手法，使用了鼓座，把穹顶全部表现出来，连采光亭在内，总高 107 米，成为整个城市轮廓线的中心，这在西欧是前无古人的。

第三，它标志着文艺复兴时期科学技术的普遍进步。无论在结构上还是在施工上，这座穹顶创新的幅度是很大的。16 世纪的传记作家、建筑师瓦萨里热情地说：“这个穹顶同四郊的山峰一样高，老天爷看了嫉妒，一次又一次地用疾雷闪电轰击它，但它屹立无恙。”穹顶是文艺复兴早期建筑的代表作，也是佛罗伦萨城市的标志性建筑，它有明显的过渡特征，把成熟的哥特式建筑风格和新生文艺复兴时代的屋顶形式完美结合。

佛罗伦萨主教堂的穹顶是意大利文艺复兴史开始的标志，其设计、建造过程、技术成就和艺术特色，都体现着新时代的精神。在大教堂，可以登 464 级台阶，通过环廊到达穹顶内部，能眺望佛罗伦萨的街景。在地下室，则有这个伟大穹顶的设计者布鲁内列斯基之墓。

15 世纪初，由布鲁内列斯基着手设计穹顶。布鲁内列斯基出身于手工业工匠，钻研了当时先进的科学，特别是机械学，精通机械、铸工，在透视学和数学等方面都有过建树，在雕刻和工艺美术上有很深的造诣，掌握了古罗马、拜占庭和哥特式的建筑结构。为了设计穹顶，他在罗马逗留几年，潜心钻研古代的拱券技术，测绘古代遗迹。回到佛罗伦萨后，制作了穹顶和脚手架的模型，制定了详细的结构和施工方案。1420 年，在佛罗伦萨政府召集的有法国、英国、西班牙和日耳曼建筑师参加的会议上，他获得了这项工程的委任并完成了穹顶，1446 年他去世时，采光亭尚未完成。教堂广场上他的塑像手指着心爱的圆顶。

除大教堂以外，整个建筑群中的附属建筑钟塔和洗礼堂也是很精美的建筑，钟塔高 88 米，分 4 层，187.69 平方米；建于 1290 年的洗礼堂高约 31.4 米，建筑外观端庄均衡，以白、绿色大理石饰面。

3.4　市民的客厅——威尼斯圣马可广场

欧洲的广场，是我们认识西方建筑文化不能不提的一个重要内容。

3.4.1 欧洲最漂亮的客厅

圣马可广场（Plazza San Marco）又称威尼斯中心广场，初建于9世纪，当时只是圣马可大教堂前的一座小广场。马可是圣经中《马可福音》的作者，威尼斯人将他奉为守护神。相传828年两个威尼斯商人从埃及亚历山大将耶稣圣徒马可的遗骨偷运到威尼斯，并在同一年为圣马可兴建教堂，教堂内有圣马可的陵墓，大教堂以圣马可的名字命名，大教堂前的广场也因此得名“圣马可广场”。

1177年为了教宗亚历山大三世和神圣罗马帝国皇帝腓特烈一世的会面才将圣马可广场扩建成如今的规模。1797年拿破仑进占威尼斯后，赞叹圣马可广场是“欧洲最美的客厅”和“世界上最美的广场”。

大广场东西向，位置偏北，呈梯形，长175米，东边宽90米，西边宽56米，1.28公顷。一走进大广场西端不大的券门或者主教堂北侧的钟楼下的券门，突然置身宽阔的空间，多大的天，多高的塔，多美的教堂，多明媚的阳光。广场是半封闭的，但是，钟塔和它的敞廊仿佛掩映着另一处胜境。

绕过它们，便是开敞的小广场，南北向，连接大广场和大运河口。两侧连绵的券廊把视线导向远方，远方是小岛。只有一对柱子，标志着小广场的南界，它们也丰富着景观的层次：向前来到运河口海岸边，千顷碧海，白鸥自由出没。作为对景，圣乔治修道院教堂的尖塔圆顶，完成了最后一幅图画。在这幅图画的中景上，两端高高翘起的小艇，冈朵拉，轻捷地穿梭来往。

小广场的北边是圣马可主教堂前部的侧面和钟塔的侧面。它们的西边，就是被一色的市政大厦包围着的圣马可大广场。教堂和钟塔，都把前部探出在小广场边线的内侧，因此它们向小广场展现了最好的面貌，从而既是两个广场的分隔者，又是它们的联系者。

圣马可广场几百年来吸引了许多画家和诗人，为它作画，为它写诗。它无愧于“欧洲最漂亮的客厅”这样的赞誉。大运河环绕该区而流，在南弯道两旁府邸林立，尽展水都之风华。

3.4.2 和谐形体之美——圣马可广场的建筑组合

如今的圣马可广场是由威尼斯总督府，圣马可大教堂，圣马可钟楼，新、旧行政官邸大楼，连接两大楼的拿破仑翼大楼，圣马可大教堂的四角形钟楼，圣马可图书馆等建筑和威尼斯大运河所围成。圣马可广场周边建筑是在漫长岁月中根据不同时期的需求逐渐建成的，建筑各具特色又风格一致，相互辉映成趣，同时，通过相似的建筑手法，拱券、钟楼等，使得圣马可广场形成完美的天际线。

在大广场东侧是拜占庭式的圣马可主教堂，立面五个入口及其华丽的罗马拱门陆续完成于17世纪。在广场北边与钟楼同边的是旧市政大厅（Procuratie

Vecchie 1496~1517 年)，主要是彼得·龙巴都设计，共 3 层，全长约 152 米，新市政大厅则是建设在靠近圣马可湾 (Bacino San Marco) 那一侧的南边，由斯卡莫齐设计，建于 1584 年。邻近教堂的总督府原是建于 9 世纪的防御堡垒，现存的外貌始于 14 世纪 ~15 世纪，其建筑之华丽，充分展现出昔日共和国时期之国威。迎宾入口左手边的大楼是古时的铸币厂 (Zecca)，从 1537 年启用一直到 1870 年为止，这里都是威尼斯城的铸币厂，由建筑师圣所维诺 (Sansovino) 所设计。

圣马可广场的建筑，除去圣马可教堂和钟楼，总督府、图书馆、新旧市政大厦和它们之间的连接体，都以发券为基本母题，都作水平划分，都有崭齐的天际线，都长长地横向展开，构成了空间限定的主要界面，整体形体特征平整，没有过多的跌宕起伏，除去边缘的女儿墙略有不同外，大体保持一致，在色彩上均为浅色调，这些都保证了圣马可广场的整体统一性。同时，广场四周围绕的 400 多米长的券廊，舒展开来，也都作水平划分，单纯安静，增强了广场的和谐与整体性，但事实上，这些建筑券廊并不是建于同一时代，而是在共同的审美原则下形成的。在这段漫长时代中，建筑的结构技术没有质的变化，是建筑群体整体景观形成的重要原因，同时社会文化的稳定，也是必不可少的原因之一。

在这幅单纯安定背景之前，教堂和钟塔，像一对主角，在舞台上扮演着性格完全不同、却又互相依恋的角色。钟塔是那样伟岸高峻、气度尊严，教堂又是那样盛妆艳饰、活泼热情。它们各自都需要对方的补充，并更淋漓尽致地展现着自己的性格。

3.4.3　威尼斯总督府

威尼斯总督府又称威尼斯公爵府 (1309~1424 年)，是欧洲中世纪最美丽的建筑物之一，当时威尼斯是海上强国，地中海贸易之王。总督府是威尼斯打败劲敌热那亚和土耳其的重大胜利纪念物，属于欧洲中世纪罗马风建筑。由于当时威尼斯与地中海东部的伊斯兰国家密切的文化贸易往来，大量阿拉伯人定居威尼斯，所以总督府立面的席纹图案明显受到了伊斯兰建筑的影响。

总督府则曾经几度改建，原来是一座拜占庭式的建筑，现状主要是 14 世纪时重建的。建筑师是齐阿尼 (Sebastian Ziani)，总督为格拉德尼哥。他的平面是四合院式的，南面临海，长约 74.4 米，西面朝广场，长约 85 米，东面是一条狭窄的河。主要的房间在南边，一字排开。大会议室在第二层，长 54 米，宽 25 米，高 15 米，空阔宽敞，装饰华丽，有巨幅的壁画和天顶画。

总督府有一个廊式的正门入口，两扇巨大的青铜门，是 1438~1441 年间由布翁建起来的。大门上有许多装饰图案，一直装饰到大门的边上，图案制作的精细程度可与首饰制作媲美。这种梦幻般的网状花边纹曾经闪耀过金光和天蓝色光芒。雕塑家们在大门上雕刻了圣马可的飞翼狮和跪在它面前的元首福斯卡里。19

世纪时旧浮雕被新浮雕取代，旧的雕塑只保留下了一些片断。正门被称为“纸门”，可能是因为以前这里有写手帮助市民写文书、诉状和请愿书。经过正门，进入内殿，一道两层的大理石拱廊将内院围了起来，院里有 8 个古希腊时期的雕像。将军杰拉·罗维尔、公爵乌尔平斯基的雕像是雕塑家班吉尼的作品。内院的中间有两口豪华的青铜蓄水井。

总督府主要成就是南立面和西立面的构图。立面高约 25 米，分为三层。

最上层的高度占整个高度的大约 1/2，除了相距很远的几个窗户之外，全是实墙。墙面用小块的白色和玫瑰色大理片贴成斜方格的席纹图案，没有砌筑感，从而消除了重量感。除了窄窄的窗框和细细的墙角壁柱，没有线脚和雕饰。大理石光泽闪烁，墙面犹如一幅绸缎。因此，这一层高高的实墙并没有给下面的券廊过重的负担。这墙面的处理显然受到伊斯兰建筑的影响。

第二层券廊担当了上下两层间的过渡。它比底层多 1 倍柱子，比较封闭一些，而它上面的一列圆形小窗的透空度又更小一些，是券廊和实墙之间很好的联系者。所有的券是尖的或者火焰式的，也有伊斯兰建筑的风味。圆窗是哥特式的十字花，它们同第二层券廊的火焰形券一起组成了十分华丽的装饰带。

最下层券廊，圆柱粗壮有力。开放式拱形长廊，巧妙地遮住了南面的阳光。任何一个路过者都能在此处惬意休息，欣赏世界上最美丽的自然建筑风景画。

总督府这两个立面的构图极富独创性，镂花长廊和光滑的墙壁融为一体，为宫殿正面营造出不同寻常的混合对比的富丽效果，仿佛将正对圣佩特罗尼奥整齐建筑群和宽阔的威尼斯滨海湖的整个宫殿正面都表现出来了。由于面临大运河的墙垣是白色的石灰石砌的，而装饰细部全部都贴金而得名为“黄金府邸”。

本讲小结：

与中国建筑文化对照，或许，西方建筑文化更多体现了人对自然的主动攫取、对自然物质形态更多的主观改造。金字塔不仅因其庞大纯净形体，更因其至今不可完全解释的庞大劳动组织而永恒。古代爱琴海希腊人实现的人类自我审美及纯净的唯美精神奠定了雅典卫城文化在西方建筑文化的经典地位，并成为文艺复兴建筑乃至后来西方建筑形式与精神的源泉。文艺复兴前后的宗教文化是西方建筑文化不可或缺的重要一章，人们在教堂的营造中表现出市民意识的觉醒乃至人的个性觉醒，并以创造性的劳动谱写出鲜明的、时代的、物质的、形态的华丽乐章。与中国建筑文化对照，或许，西方建筑文化更多注重“房子”这个实际的、以物质形态存在的东西，并不断变化其形式，而每一种形式都以极大的物质形态塑造出鲜明的外形与近似闭合的空间。而房子之间的空间，许多城市广场，也似乎有相类似的放大，并具有明确的几何形态。

其实，无论是中国建筑文化，还是西方建筑文化，都建立在坚实的物质基础上，都蕴含着人们心灵的向往和精神的追求。

图 3–1　意大利佛罗伦萨大教堂

佛罗伦萨大教堂建筑群，由大教堂、钟塔和洗礼堂组成，位于今天佛罗伦萨市的杜阿莫广场和相邻的圣·日奥瓦妮广场上。

佛罗伦萨大教堂（Florence Cathedral）是整个建筑群的主体部分，是文艺复兴的第一个标志性建筑，是意大利第二大教堂，世界第四大教堂，也叫“花之圣母大教堂，圣母百花大教堂”，被誉为世界上最美的教堂之一。花之圣母教堂在意大利语中意为花之都。大诗人徐志摩把它译作“翡冷翠”，这个译名远远比另一个译名“佛罗伦萨”来得更富诗意，更多色彩，也更符合古城历史与其建筑外观的气质。

图 3–2 意大利佛罗伦萨大教堂穹顶

教堂平面大体还是拉丁十字形的，大厅长约 80 米，由 4 个面积约 400 平方米的方形间跨组成，同时大胆突破，把东部歌坛设计成八边形近似集中式，对边的距离和大厅的宽度相等，大约 42 米，在其东、南、北三面又各凸出大半个八边形，奠定了八边形穹顶的建造基础，这是一个形制上巨大的创新。巨大的穹顶依托在交错复杂的构架上，下半部分由石块构筑，上半部分用砖砌成。为突出穹顶，特意在穹顶之下修建一个 12 米高的鼓座。为减少穹顶的侧推动，穹面构架分为内外两层，为双层薄壳，穹顶双层之间留有空隙，呈空心状，上端略呈尖形。这一空中巨构在完成过程中没有借助于拱架，而是用了一种创新的方法从下往上逐次砌成。

图 3–3 佛罗伦萨大教堂外部装饰细部

佛罗伦萨大教堂内部朴素，外饰华丽。教堂外立面到 1587 年仍未完成。为完成这一工程，曾举办了多次竞赛招标，约三个世纪后，1871 年选中建筑师埃米利奥·德法布里的方案，于 1887 年竣工，用的是卡拉拉的白色大理石、普拉托的绿色大理石和玛雷玛的粉红色大理石，整座建筑显得十分精美。它将文艺复兴时代所推崇的古典、优雅、自由诠释得淋漓尽致。

“形”、“体”鲜明的房子，或许是我们认识西方建筑文化一个最好的结合点。这个结合点可以包含以下几个方面：相当多的西方建筑具有严密的几何性，因大多用石头建造而有长久的坚固性和纪念性，其常见的巨大体量和超然的尺度体现出其所追求的永恒性。

图 3–4　意大利佛罗伦萨市政厅

佛罗伦萨市政厅广场——因为周围的精美建筑而被认为是意大利最美的广场之一，它始建于 13~14 世纪，最初是在被拆除的乌贝蒂、佛拉伯斯基及其他皇帝派家族的房地基上建起来的，后来经过扩建后形成了今天的规模。过去和现在都是佛罗伦萨的行政中心。

在欧洲，许多广场一直是一个城市的政治、宗教和传统节日的公共活动中心，其空间变化很丰富。往往从城市各处，要经过曲折的、幽暗的小街陋巷才能来到广场。广场豁然开阔，而四周的建筑又几乎将它围了起来。有时，几个大广场和小广场以及雕塑、喷泉、台阶、敞廊很自然地串联在一起，形成“城市的客厅”。

图 3–5　英国伦敦国会大厦大钟

英国伦敦大本钟——英国国会会议厅附属的钟楼，建于 1859 年。安装在西敏寺桥北议会大厦东侧高 95 米的钟楼上，钟楼四面的圆形钟盘，直径为 6.7 米，是伦敦的传统地标。

机械工艺与建筑营造有机结合并呈现出精美的多重几何形体层次。

图 3–6　英国伦敦街头

沿着狭窄的街道向劳埃德大厦走近，右侧的劳埃德大厦符号式的不锈钢楼梯进入眼帘，而占据视觉中心的是那座更新的巨大“圆笋”式大厦（30 St.Mary Axe）和更旧的高大立方体玻璃盒子，变化盘曲的菱形玻璃组合与规则划一的长方形玻璃是其不同的表情。还有几栋高低不齐的多层建筑。一切似乎有些对比鲜明，不尽统一，但它们都有一个共同的特点，那就是，各自形态清晰，多为几何形体或几何形体的组合，光影明确。而正是这个共性，使其在阳光下呈现出另一种各自独立而不张扬的和谐。

第 4 讲　中国建筑艺术解读——诗与画的长卷

中国古代建筑艺术，既在社稷宗庙，更在各处民间；既在建筑物本身，更在建筑物之间的各种空间限定和组织，还在各种小品乃至摆设。

中国古代建筑艺术，延绵不断，宛若诗与画的长卷，尤以古典风景园林为典型。

4.1　漫步天下山水间——皇家园林恢宏气韵

中国古典风景园林，具有独特的物质与精神的高度综合，独立成为一大类，其艺术意境之高，是中国古代建筑艺术诗画长卷的绚丽之处，是中国古代建筑艺术代表之一。

中国古典园林源远流长，其起源有三：

其一，我们祖先对自然的崇拜，天地山川是其崇拜的主要对象。

其二，天地一统、天人合一的基本理念，和谐共存是社会秩序的最高境界。

其三，中国文化对于自然山水强烈的意境追求，师法自然领悟自然是文人追求的品位。

中国古典园林作为一门特殊的艺术，包含了多种艺术——建筑、植物、园艺、盆景、绘画、词诗，并经过长期相互交融渗透，进而发展成为一个体系完备的艺术门类。

皇家园林与私家园林是中国古典园林中最具代表性的两个类型，二者在各自的布局、构思、选材及对构景要素的处理上自成体系，从而形成了迥然不同的艺术风格。

4.1.1　皇家园林

中国古典园林之皇家园林，壮观而有秩序，绚丽而威仪。

皇家园林之壮观，首先在其面积广袤。萌发于商周时期的皇家园林的园主为帝王，其至高无上的地位决定了其造园的规模与档次。而明清时期经济繁荣，绝对君权的集权政治发展至巅峰，皇家园林规模较之以前更趋于宏大，更体现皇家气派。例如，颐和园约 267 公顷，圆明园三园有约 333 公顷，而承德避暑山庄竟达约 533 公顷。

皇家园林之壮观，还在园里山大、水大、建筑物数量多，体量大。例如颐和园囊括了整个万寿山、昆明湖，拥有 3000 余间宫殿园林建筑，可见其规模之大。

较之私家园林，皇家园林更多有严整对称的秩序美。如紫禁城中轴线尽端的御花园，体现了封建都城规划的“前宫后院”的传统格局。其布局按照宫廷模式，主次相辅、左右对称，园路布设呈纵横规整的几何式，山池花木仅为建筑的陪衬和庭院的点缀。

皇家园林的建筑不仅具备物质的实用功能，且注重其精神性的作用，凸显“皇权至尊，天子威仪”的礼制思想，布局整体宏大，单体建筑体量巨大，建筑群组合丰富，用色强烈，外观风格华丽，装修陈设富丽堂皇。

皇家园林规模宏大，为了避免空疏、散漫、平淡，园林的总体营造大都化整为零、集零成整，除设一两个疏朗的大景区，其余地段则划分为诸多小景区，各自功能不尽相同，各自成单元，各具不同主题，各具不同建筑形象。它们既是大园林的有机组成部分，又相对独立而自成完整小园林。这就形成了大园含小园、园中又有园的“集锦式”的布局方式。

三山五园是北京皇家园林之集大成者，三山指万寿山、香山和玉泉山。围绕三山分别建有清漪园（颐和园）、静宜园、静明园，还有附近的畅春园和圆明园，统称五园。

4.1.2 圆明三园

圆明园位于北京城西北，这里原为一片平地，既无山丘，又无水面，但是地下水源很丰富，挖地三尺即可见水，为建造园林提供了良好的条件。圆明园始建于康熙，成于乾隆，由一座单一的园子发展为由圆明、绮春、长春三园组成的圆明三园。

圆明园最大的特点是平地造园，以水为主，层次分明，体系完备。全园面积350公顷，水面占有一半，最大水面福海位于全园中心，宽达600米，湖中还建有三座小岛。中型水面有后湖等，阔约二三百米，隔湖可观赏对岸景色。小型水面和房前屋后的池塘更是无数，蜿蜒不断的小溪如同纽带，将这些大小水面联为一个完整水系。这些水面都是平地掘挖，挖土就近堆山。全园湖山皆多，大小平缓山丘占全园面积三分之一，与水景相得益彰。

圆明园的特点之二是园中有园。圆明三园没有北海琼华岛和清漪园万寿山那样的全园风景中心，而是一组又一组的中小型园林及建筑群布满全园。它们功能各异特点鲜明，有供皇帝上朝听政用的正大光明殿建筑群；有福海与海中三岛组成的，象征着仙山琼阁的“蓬岛瑶台”；有供奉祖先的安佑宫和敬佛的小城舍卫城；有建造在水中的，平面呈万字形的建筑“万方安和”。它们形式多样，或以建筑为中心，配以山水植物，或在山水之中，点缀亭台楼阁，或利用山丘或墙垣形成一个又一个既独立又相互联系的小园。

圆明园的特点之三是园中建筑类型多、形式多，极富变化。建筑平面除惯用的长方形、正方形外，还有工字、田字、中字、万字、曲尺、扇面等多种形式，屋顶也随不同的平面而采用庑殿、歇山、悬山、硬山、卷棚等单一或者复合的形式，仅园内的亭子有四角、六角、八角、圆形、十字形，还有特殊的流水亭。廊子也分直廊、曲廊、爬山廊和高低跌落廊等。朝廷为了这批宫殿所需要的大量玻璃窗与玻璃吊灯，还在园内专设了烧制玻璃的作坊。

圆明园的特点之四是集中出现了西方建筑形式。乾隆时期在长春园的北部集中建造了一批西洋形式的石头建筑，由当时服务于清朝廷的意大利教士、画家郎世宁设计，采用欧洲巴洛克风格，精美石雕夸张浪漫，四周布置欧洲园林式的整齐花木和喷水泉，这是西方建筑形式第一次集中地出现在中国。

圆明园的特点之五是景点小型模仿。乾隆皇帝几下江南，随行带着画师，把苏州、杭州一带的名园胜景摹画下来。圆明园三园里有苏州水街式的买卖街、杭州西湖的柳浪闻莺、平湖秋月和三潭印月等著名景观，这些江南胜景在这里变成了小型的、近似模型式的景点。

圆明园空间组合形式丰富，主要有以下几种：

轴线对称式：对称式象征着天地秩序，有主有次，有从属关系在其中。此种空间布局象征皇帝至高无上，如镂月开云，又称牡丹台，曾为皇帝赏花之处，平面构图严整威严，以对称形式体现了天地秩序之美。

自由调和式：皇家营造园林或建筑重在“移天缩地”，将有田园趣味的风景引入园中，与此类浪漫园景相伴的建筑也多采用自由式布局，或散点于园中，或沿水岸布置，如杏花春馆一景，充分体现了这一形式。

直线或折线式：在一些特殊场地或为了将优美的景观最大限度地展现，如曲院风荷和山高水长等景中的建筑布局就是采用直线或折线式布局。

有重心的点式：突出某个建筑单体在环境中的显要地位，如澹泊宁静一景中，田字形主体建筑与周边建筑小品等均呈点状，疏朗、通透、开阔，恰如其分地体现了澹泊的涵义。

圆明园三园前后建设了近 40 年，历经三个朝代，共有 100 多处不同的景点，西方有人把这座园林称为“万园之园”。

圆明园在第二次鸦片战争中被英法联军烧毁，后经多难而废弃。

4.1.3　清漪园——颐和园

颐和园是我国现存规模较大保存较完整的皇家园林，在世界古典园林中享有盛誉。

颐和园也位于北京城西北，其前身为清漪园，始建于 1750 年，1764 年建成，面积 290 公顷。清漪园在英法联军火烧圆明园时同遭严重破坏，光绪十四年（公元 1888 年）修复此园，改名颐和园，其意为“颐养太和”。光绪二十六年（公元 1900 年），颐和园又遭八国联军洗劫，后再次动用巨款修复此园。颐和园是一座兼具“宫”、“苑”双重功能的大型皇家园林，从1903年起，慈禧大部分时间都在这里度过。

颐和园布局和谐，浑然一体，主要由万寿山和昆明湖两部分组成，其中水面占四分之三。环绕在山湖之间的宫殿、寺庙、园林建筑可概括为宫廷、居住、游览三大区域。园中的长廊、石舫、佛香阁、宝云阁、大戏楼、十七孔桥、玉带桥等都是艺术珍品。

万寿山前山以八面三层四重檐的佛香阁为中心，依山而建形成巨大的主体建筑群。从山脚的“云辉玉宇”牌楼，经排云门、二宫门、排云殿、德辉殿、佛香阁，直至山顶的智慧海，形成了一条层层上升的中轴线。东侧有“转轮藏”和“万寿山昆明湖”石碑。西侧有五方阁和铜铸的宝云阁。山上还有景福阁、重翠亭、写秋轩、画中游等楼台亭阁，登临可俯瞰昆明湖上的景色。佛香阁是全园的建筑中心，踞山面水、高耸端庄。

智慧海是万寿山顶高处的一座宗教建筑、无梁佛殿，其外观如木结构，但实际上没有一根木料，全部用石砖发券砌成。建筑外层全部用精美的黄、绿两色琉璃瓦装饰，上部用少量紫色、蓝色的琉璃瓦盖顶。“智慧海”一词为佛教用语，本意是赞扬佛的智慧如海，佛法无边，又因无梁佛殿内供奉了无量寿佛之缘，所以也称它为“无量殿”。整座建筑色彩绚丽，图案精美，富丽堂皇，尤以嵌于殿外壁面的千余尊琉璃佛更富特色。

颐和园长廊是中国长廊建筑中最大、最长、最负盛名的游廊，也是世界第一长廊。长廊呈东西走向，沿途穿花透树，看山赏水，景随步移，美不胜收。

谐趣园在万寿山东麓一隅，号称园中之园，园中央一泓池水，每到夏季，荷花竞放，垂柳轻扬。清朝几个皇帝多次下江南，对苏杭有着无限眷恋，回京后命工匠在此仿照无锡寄畅园而建，因此在北方也可见到地道的江南小景，谐趣园与颐和园前山风景截然不同，颐和园前山雄浑壮丽，而谐趣园玲珑秀美。

历史上的颐和园没有整体闭合的园墙，当时只有北侧有一部分、加之水天一色、长廊桥堤、南阔北趣、以阁代塔，形成颐和园的五大造园特色。而其开放构图、延展无际、散点透视、疏密有致、物随情移，正是中国山水画传神逸品之特点。

颐和园的园林造景，充分利用自然景观，将园林建筑完美地融入天然山水之中，成功地造就了皇家园林的宏大气势和至高无上的皇家风范，是中国乃至世界园林艺术的杰出代表。

4.2 小中见大——江南园林文人情怀

中国古典园林，除皇家园林外，还有一类属于官吏、富商、地主等私人所有的园林，称为私家园林。而中国古典园林之私家园林，以江南私家园林为典型。

4.2.1　士族南迁与吴风渐变

魏晋南北朝时期，有实力的士族、士大夫开始在自己的生活居住之地周围经营起具有山水之美的小环境，寄情于山水之间，这就是私家园林的开端。

与皇家园林的广袤面积相比，私家园林可谓土狭地偏。由于私家园林的园主一般是文人雅士，有一定隐逸思想影响，其园林面积非常小，不过“十亩之宅，五亩之园，有水一池，有竹千竿”，多追求自然意境而不是简单模仿自然。

唐朝是中国园林全面发展的盛期，光在洛阳一地，就有私家园林千家之多。诗人白居易在洛阳用十余年精心地经营了自己的小宅园。这座宅园占地不大，有宅、有水、有竹。水池中筑有三岛，岛上有小亭，池中种白莲、菱和营蒲；池岸曲折，环池小径穿行于竹林间，四周建小楼、亭台、游廊，供主人读书、饮酒、赏月和听泉用。园中还堆筑有形态各异的太湖石、天竺石、青石与石笋。小小宅园，经营了十多年，足见主人用心之精。

宋朝都城汴梁除大建皇家园林外，私园有数百座。明清两朝在北京，凡王府和富有的官宅中也多附有园林。受中国传统观念的影响，兼因当时许多园林已建在城镇之中，中国明清时期的私家园林多采用内向式布局，用院墙和房子围合而成，对外不开窗，与外界基本隔绝。

而自南北朝之始，延续几百年，主要由于战乱，大批有财力有文化的士族陆续南迁。这个过程是断断续续的，而有时又形如涌潮；其过程既有人口迁徙，又有势力冲突；既有利益重组，也有血缘融合；既有坚韧守护，更有不断创造。这个过程也是江南文化的逐步衍化与成熟过程，或可称之为吴风渐变，其丰富内涵滋润着江南，而江南园林便是其硕果之一。

至明清，江南私家园林往往地不求广，园不求大，山不求高，水不求深，景不求多，而求守拙、淡泊，可以流连、盘桓。江南园林大多以建筑作为园林景物的主体，有雕梁画栋，更有粉墙黛瓦，有精雕细砌，更有求拙藏秀，不一而论，大体有三个共性。

自然自由的布局：江南园林是庭院空间，或临街而建，或枕水而居，或藏于深巷，园林中各个景区、景物的设置都是为反映一定的主题思想，并且有逻辑地按一定的顺序组织起来，多用自由曲折的园路，峰回路转、小桥流水、曲径通幽，有着千变万化的空间组合，匠心独运，引人入胜。其布局是自然和自由的，不求对称严整，而求独特不拘。

野趣求拙的意境：江南园林的园主多为文人，其园林主要用来体现文人士大夫内心的怡情自然山水、超脱世俗功名的情结，追求的是一种山林野趣和朴实的自然美，在有限的空间将景象无限地拓展和延伸。一般以中部的山池区域作为园林的主要景区，在其周围布置若干次要景区，主次分明、疏密有致。

天然淡雅的风格：江南园林在建筑风格上讲究曲折、流畅、轻盈。其建筑风格是一种天然雕饰、清水芙蓉的淡雅之美。园林建筑多用大片粉墙为基调，配以灰色瓦顶、栗色梁柱，内饰多用白墙、木本色、砖本色，色彩素净明快。苏州网师园冷泉亭，半亭的攒尖顶是黑的，漏明墙是白的，粉墙黛瓦，黑白相映，素净淡雅，饶有韵致，可谓沁人心目。

江南私家园林建筑的淡雅色调也与当时的制度有关。据《明史·舆服志》记载，明代室屋制度规定："庶民庐舍不过三间五架，不许用斗栱，饰彩色。"这一规定，对于江南私家园林是有一定影响的。而严苛的营造制度也从另一个方面促进了对砖木这些基本的建筑材料的精筛细选和精雕细刻。

4.2.2 守拙归于田园——拙政园

拙政园坐落于江苏省苏州市娄门内东北街，占地面积约 5 公顷，始建于明代正德四年（1509 年）。由著名文人画家文征明为园林作规划设计，历经百年之余，几易其主，经过多次重修改建。拙政园的园名是据西晋潘岳的《闲居赋》中"此亦拙者之政也"之句缩写而成的。园子的首任主人王献臣被罢黜至此，用拙政园名来表示自己要像潘岳一样隐退于林泉之下，像陶渊明一样守拙归于田园之中。

拙政园分为三个部分：东部，曾取名为归园田居，以田园风光为主；中部为"复园"，以池岛假山取胜，是拙政园的精华所在；西部"补园"，园内建筑物大都建成于清代，其建筑风格明显有别于东部和中部。拙政园没有明显的中轴线，而是因地制宜，错落有致，疏朗开阔，近乎自然，是苏州园林中布局最为成功的范例。

经过拙政园的墙门和"通幽"、"入胜"腰门，便是拙政园的东部。东部花园南部有一座三开间的堂屋"兰雪堂"。"兰雪"两字出自李白"清风洒兰雪"之句。出兰雪堂，青翠的竹丛和古树簇拥着一座巨大的石峰"缀云峰"，如屏风挡住视线，障景引人入胜。过假山，是拙政园的东部主要景色。园内有山岛、荷池、松冈、竹坞，林木蓊郁，花木扶疏，山水设计十分巧致而特别。这一部分的主要建筑物除了兰雪堂外，还有秫香馆、天泉亭、芙蓉榭等。

拙政园的东部和中部，用一条长长的复廊隔开。复廊的墙壁上开有 25 个漏窗，漏窗图案不同，均为水波纹和冰凌纹，池中欢快的涟漪叠印在窗上凝固的波纹上，生动活泼。

拙政园中部花园大致可以分为三个区。第一个景区以池岛假山为主，包括假山间的梧竹幽居，山顶的待霜亭和雪香云蔚亭等。第二个景区以荷花池水为中心，围绕水面有荷风四面亭、香洲、见山楼、小飞虹、小沧浪、倚玉轩和远香堂等景点。第三个景区以庭院建筑为主，有玲珑馆、嘉实亭、听雨轩和海棠春坞等。这些建筑把空间分割为三个小院，形成隔景，既隔又连，相互穿插，空间处理和景物设置富有变化，在意境上形成和谐一体。

池岛假山：也称为水陆假山，是中部的主体假山。这一池三岛基本上是苏州假山的传统格局，其要领是：池岸曲折，水绕山转。这座假山设计极佳，完全符合我国山水画的传统技法。用绘画术语来讲，分别是深远山水、平远山水和高远山水，表达的是苏东坡诗中“横看成岭侧成峰，远近高低各不同”的意境。

绣绮亭、荷风四面亭、待霜亭、雪香云蔚亭分别是春夏秋冬四季亭，勾画出了拙政园春夏秋冬的风景特色。绣绮亭：四面种有牡丹，是春天赏牡丹的佳处。荷风四面亭：四面环水，三面植柳，反映的是夏景，亭上有对联“四壁荷花三面柳，半潭秋色一房山。”待霜亭：“待霜”出自唐代苏州刺史韦应物“书后欲题三百颗，洞庭须待满林霜”的诗句，字里行间透出了一股霜浓橘红的山野气息和泥土芳香。亭旁假山上植橘树数株。雪香云蔚亭：亭内有“山花野鸟之间”的楹额和“蝉噪林愈静，鸟鸣山更幽”的对联。亭子位于岛的中央制高点，在这里瞭望，觉着中部花园像一幅苍劲古朴的画卷。亭旁植有梅树，百梅盛开，如同瑞雪压顶。

香洲：同荷风四面亭隔水相望。香洲的“洲”与“舟”同音，实际上是一座船形建筑物，可称为石舫或旱船，含义颇多。香洲集中了亭、台、楼、阁、榭五种建筑种类。船头为荷花台，茶室为四方亭，船舱为面水榭，船楼为澄观楼，船尾为野航阁。

小沧浪：是一座三开间的水阁，南窗北槛，两面临水，跨水而居，构成一个娴静的水院。后来，许多园林，多有模仿建造，影响至各地。

拙政园西部的主体建筑是三十六鸳鸯馆和十八曼陀罗花馆。三十六鸳鸯馆：是据前人笔记“霍光园中凿大池，植五色睡莲，养鸳鸯三十六对，望之灿若披锦”的典故而改名的。十八曼陀罗花馆：从外面看是一个屋顶，里边是四个屋面；外面看一个大厅，里边分为两个客厅，是一座鸳鸯厅式的结构。椽子为弓形和弧形，四角有耳房。玻璃窗蓝白相间。

4.2.3　人在画中游——留园

留园，位于苏州市阊门外，始建于明嘉靖年间。后多次易主改建，光绪二年，更名为留园，又经营十余载，以其个性与品位，与拙政园并列中国古典名园之列。

留园的入口大门古朴素雅。入口步庭院，欲扬先抑手法是经典之作。走进入口，是一小小的庭院，几只盆景，满庭幽光，小小庭院蕴含生机。进入一条小道，空间狭小迂回曲折，一侧有精巧而不同的漏窗，将景物隔藏一露，隔窗千变万化，令人神往。

留园之漏窗有十余种，隔窗有近景紫藤、桃花、茶花万紫千红，有中景亭台、假山、丛林耸立深壑，有远景池、台、亭、榭隐约可见，或详见枝叶、或略窥一斑，或远看朦胧，步移景异、时过境迁，随着早、中、晚时间变化，光线明暗、色彩冷暖、气象幻变、景象万千。

留园的园景布局可分为中、东、西、北四部分，中部和东部是全园精华部分。

留园中部以山水为主，水池位于中央，池水西北两面，假山石群屹立，池水的东南两面，楼、廊、亭、轩错落，形成对比。过涵碧山房，空间骤变，视野顿时开阔，眼前一汪湖水，湖中堆成的小岛，犹如缩小了的蓬莱仙境，使人心逸快适。人在画中，不见画之全貌，有节奏的空间变化，使人欲尽其妙。从凉台处沿湖边长廊，经过一段迂回曲折的狭小空间，山回路转，跨桥过溪，来到池东的清风池馆，再隔湖遥望西部水池山石园景，空间突变，豁然开朗，景色连绵，又处处更新，如同连续的画卷。远处闻木樨香轩一景，池畔花木繁茂，山间浓荫蔽日，峰石巍然屹立，古木交柯，林间枝头，又有几声鸟语，山林野趣，流连忘返。

留园东部曲院回廊，是为突出冠云峰而构筑的一组建筑群。冠云峰为苏州园林中湖石最高者。它是一块完整的太湖石，具有瘦、皱、透、露的特点，雄持居中，四周建筑精美华丽、枫树成林。林中有二泉，一为“舒啸”，另一为“至乐”。深秋时，枫叶红于二月花，春夏时，绿荫遮日凉爽宜人。

留园在细部构造处理上，用粉墙花窗、长廊来分割园景空间，但又隔而不断，掩映有趣。通过画框似的一个个漏窗，形成不同画面，变幻无穷，有实有虚，步移景异，主次分明。各种不同花色形状的铺地，各尽其妙，在苏州园林中最具有代表性。

4.3 北京胡同、四合院、垂花门

四合院和胡同，从元代开始形成规模，经过明清两代的发展，已经成为北京这个具有悠久历史的文化古都最为直观的标志，也是北京传统文化，甚至可以说是中国传统文化的重要载体和表现形式。

4.3.1 城市的毛细血管——胡同

最具北京风格的胡同和四合院，两者密不可分。

当时的居住方式是家族式居住，一个大家庭居住在一个宅院里，东南西北均建有住房，四四方方，故称四合院。而联系每家每户，形成的东西或南北向通道，就是胡同。

北京的胡同由一排排的四合院比邻串联的小街道组成，矮矮的、灰灰的，排列整齐，正南正北有之，正东正西居多。

北京的胡同是历史的载体，处处都有故事，它隐含着许许多多的民间传说。北京最古老的胡同叫砖塔胡同，北京胡同的名字及其典故颇多。胡同的名称来源分许多类型，其中蕴藏着丰富的历史文化。以人物姓氏命名为例，东城文丞相胡同以南宋丞相文天祥姓氏命名。西城李阁老胡同，是因为明代文渊阁大学士李东阳曾住在这里。西城祖家街，因为这里是明末战将祖大寿宅院所在地。其他如张自忠路、赵登禹路、石驸马大街、张皇亲胡同，方家胡同，史家胡同、蔡家胡同、蒋家胡同等，皆属此类。

胡同的出现始于元代，13 世纪初，蒙古族首领成吉思汗率兵占领金中都，烧毁了城内金朝的宫阙，使中都城变为一片废墟。之后新兴的元朝重建都城，称为大都。胡同二字源于蒙古语，意指“水井”。当年，有水井的地方为居民聚集之地。因此，胡同的本意应为居民聚集之地。大都城分为 50 个居民区，称作坊，如福田坊、保大坊、金城坊等。平直而宽度不等的街巷胡同起了联系作用，全城街巷胡同总计有 400 余条。

明灭元后，在元大都基础上重建都城，称为北京。北京城分为 36 坊，街巷胡同增至 1100 多条。清朝建都后，沿用北京旧城，改称京师，内城街巷胡同增至 1400 多条，加上外城 600 多条，共计 2000 余条。辛亥革命后，北京的街道胡同仍在不断的增加，至新中国成立前夕，已有 3000 多条胡同。

胡同是北京的历史文脉和城市肌理，北京城的古都文化、民俗和市井风貌也被人概括为“胡同文化”。2007 年曾有调查数据显示，北京的胡同正在以每年约 50 条的速度消失，相当于每周就有一条胡同消失。

4.3.2　生活的秩序——四合院

四合院是老北京居住建筑群体的最基本形式，由房屋四面围合成院。

可以说，不同类型的建筑也是由这种最基本的四合院单位组合而成的。中国传统建筑单栋房屋的体形多为长方形，单纯而规整，体量也不大。但是由这些简单的房屋却能够组合成住宅、寺庙、坛庙、宫殿等各种类型和不同规模的建筑群体。这种建筑群体的组合又几乎都采取院落的形式，即由四栋房屋围合成院，所以也是广义上的四合院。小到一座住宅大至紫禁城，北京城是由许许多多大小不同的四合院组成的庞大建筑群。

北京四合院的基本形式是由单栋房屋四面围成一个内向的院落。院落多取南北方向，大门开在东南角，进门即为前院。前院之南与大门并列的一排房屋称为倒座，之北为带廊子的院墙，中央有一座垂花门，进门即为住宅内院，这是四合院的中心部分。内院正面坐北朝南为正房，多为三开间房屋左右带耳房，院左右两边为厢房，南面为带廊子的院墙。正房、厢房的门窗都开向内院，房前有檐廊与内院周围廊子相连。在正房的后面还有一排后罩房，这就是北京四合院比较完整的标准形式。内院的正房为一家的主人居室，两边厢房供儿孙辈居住，前院倒座为客房和男仆人住房，后罩房为女仆住房及厨房、贮存杂物间。内院四周有围廊相连，既便于雨天和炎热的夏季行走，也增加了空间层次。

四合院形式住宅的优点是有一个与外界隔离的内向院落小环境，它们保持了住宅所特别要求的私密性和家庭生活所要求的安宁。在使用上也能够满足中国封建社会父权统治、男尊女卑、主仆有别的家庭伦理秩序的要求。

四合院在环境美化上也往往渗透着传统文化理念。四合院中忌讳种桑树、梨树，不种松树、柏树。石榴树是北京四合院中非常典型的标志性植物，每逢开花时节，石榴树鲜红烂漫的石榴花让人们感到一种火红的生活气息，春华秋实寓意吉祥兴旺的含义，也有多子多福的暗喻。庭院之中，石榴树、月季花、葡萄架、金鱼缸，人们将大自然的缩微景致搬进了四合院，是一种美好与自然和谐共生的意境。

普通百姓之家，只有四边房屋围合成院，既无前院又无后罩房。

官吏、富商殷实之家，如果三世或四世同堂，一座标准四合院已经容纳不下众多的人口，满足不了主人对生活的要求，于是出现了把几座标准四合院纵向或横向相串联组合而成的大型四合院住宅。这种串联并不是简单的叠加重复，而是有主有从，根据使用的要求，有大小与比例上的变化。例如两座标准四合院纵向组合，则把前面的四合院取消后罩房，后面的四合院取消前院，使两座四合院的内院前后直接相通，前院的正房变成厅堂，穿过厅堂进入后内院。有的将横向串联的四合院改作园林部分，在这里堆土山，挖水池，种植花木，点置亭台楼阁，组成为一座有居住、园林两部分的大型住宅。

明朝对诸亲王实行分封制，将诸王子分封至全国各地为王，到清朝，又改为将诸王集中于京都，奉以厚禄不给实权的办法，于是在北京出现了一大批专门供这些皇亲国戚居住的住宅，称为王府。王府占地面积大，由多座四合院纵横组合而成，有的还有专门的园林部分，他们是最讲究的四合院。

四合院大小等级的区别也反映在他们的大门形制上。王府的大门自然是最高的等级，但在王府中还有高低的区别，因为按清朝朝廷对宗室的分封制度，共分十四个等级，与此相对应，分赐给这些王子的王府也分为亲王府、郡王府、贝勒府、贝子府、镇国公府、辅国公府等几个等级。这些不同的王府在建筑规模与形制上也各有规定，他们的大门形制在《大清会典》中也有记载，例如亲王府大门为五开间屋，中央三开间可以开启，大门屋顶上可用绿色琉璃瓦，屋脊上可安吻兽装饰。郡王府大门为三开间屋，中央一间可开启。文武百官和贵族富商之家多用广亮大门，其形式是广为一间的房屋，门安在房屋正脊的下方，房屋的砖墙与木门做工很讲究，墙上还有砖雕作装饰。其余的大门是用门扇安在大门里的前后不同位置来区分它们的等级，门扇的位置越靠外的等级越低，分别称为金柱大门、蛮子门和如意门。普通百姓居住的小四合院的大门不用独立的房屋而只在住宅院墙上开门，门上有简单的门罩，称为随墙门。

民国以后，大量新的居民涌入北京内城大小不一的四合院中，并开始不断地出现几家同住于一个四合院中的现象。而不同民众合住于一个大院中，让四合院的居民结构发生了重大变化，并逐渐延伸到北京胡同当中，逐步形成了民国时期多元化的北京四合院和北京胡同。

旧时的北京四合院，不管是一个大家族同住于一个院中还是若干户人家的大杂院，每间房子的居住者相对而言彼此之间是开放的。

4.3.3　居家的讲究——垂花门

四合院前院北墙正中的垂花门是通向住宅内院的大门，是宅门中一道很讲究的门，它是外宅（前院）与内宅的分界线和唯一通道。因门的前檐左右两根柱子不落地而垂在半空，其下端雕成花形作装饰，故称“垂花门”，造型端庄而且华丽。

垂花门实际上包含屋顶、屋身、台基、梁、枋、柱、檩、椽、望板、封㧅板、雀替、华板、门簪、楹联、版门、屏门、抱鼓石、门枕石、磨砖对缝的砖墙。构成中国建筑的要素、构件、装修手法等，垂花门几乎一应俱全而浓缩。

垂花门，一般是悬山式结构，四面不砌墙，从各个角度都能看到彩绘的木构件，卷棚式的双坡屋顶向外探出，灵动欲飞。正面檐下的木构件，精巧美观，一排瓦当、一排椽头下面，云头状的“麻叶梁头”从两端伸出。这种做出雕饰的梁头，在一般建筑中是不多见的。在麻叶梁头之下，各垂下一条短柱，柱头向下，或圆或方，端部雕饰出莲瓣、串珠、花萼云或石榴头等形状，以垂莲形为最正规，酷似一对含苞待放的花蕾，涂绘色彩，鲜艳别致，这对短柱称为“垂莲柱”。垂莲柱是垂花门的特有构件，门以垂莲柱命名“垂花门”。

垂莲柱与它们之间的木构件和彩画连成一个整体，共同呈现着垂花门的美。两条垂莲柱之间，有两条较宽的横木，称为“枋”，两枋之间有花板相连，下边一条枋之下，又有透雕花板与灵巧的三角形“雀替”。两条门枋中间部位，多以曲线界出一个半圆，里面绘有山水风景、鱼虫花卉或历史故事，俗称“包袱画”。垂花门不做天花不吊顶，油漆彩画有充分用武之地。苏式彩画的包袱中一般是画山水、人物故事、花卉或博古等。

垂花门是装饰性极强的建筑，砖雕、木雕、石雕、油漆彩画都有，它的各个凸出部位几乎都有十分讲究的装饰，华丽悦目。

从垂花门的正面望上去，上面的瓦当、椽头，其下的门枋、花板、雀替，两边的垂花柱，中间的彩绘图案、包袱画，再加上门下面的抱鼓石，这一切有机和谐、端庄典雅、富丽华贵。

其实，垂花门有两种功能，第一有一定的防卫功能。为此，在向外一侧的两根柱间安装着第一道门，这道门比较厚重，与街门相仿，名叫“棋盘门”，或称“攒边门”，白天开启，夜间关闭，有安全保卫作用。第二是起屏障作用，为了保证内宅的隐蔽性，在垂花门内一侧的两根柱间再安装一道门，这道门称为“屏门”。除去家族中有重大仪式，如婚、丧、嫁、娶时，需要将屏门打开之外，其余时间，屏门都是关闭的，人们进出二门时，不通过屏门，而是走屏门两侧的侧门或通过垂花门两侧的抄手游廊到达内院和各个房间。

垂花门用垂莲柱加深出檐不占地面很符合二门的功能需要。在此寒暄、行礼、殷殷话别需要一定的空间，垂莲柱不落地，地面宽敞，上有屋顶，装饰华美，气氛恰当。

因垂花门的位置在整座宅院的中轴线上，界分内外，建筑华丽，所以垂花门是全宅中最为醒目的地方。从外边看垂花门，像一座极为华丽的砖木结构门楼，尺度近人，比例和谐；而从院内看垂花门，则似一座类似亭榭建筑的方形小屋。四扇绿色的木屏门因为经常关着，恰似一面墙，增加了垂花门的立体感。不论从外院、内院的任何角度看垂花门都很中看。

垂花门朝外一面两侧的看面墙，常做得很精致，与影壁相似，使用磨砖砌法，也有的在白粉墙上开各种形象的灯窗。

常见的垂花门大体有独立柱担梁式、一殿一卷式、四檩廊罩式三种形式。

垂花门，美丽的名字，有秩序、有美感的生活长卷的点睛之处。

与北京四合院、胡同的人文情怀以及和谐的氛围相比，今天居住在小区同一单元中的邻里却老死不相往来的现实，让人们产生了一种情感的失落。而对传统文化遗产保护和传承手段的相对匮乏，则使人们容易将注意力集中在某一处四合院或者胡同该不该保护的具体争论中。然而，面对城市建设与北京四合院、胡同保护的矛盾，真正起到化解作用的，应该是对城市全面发展和传统文化合理继承发扬的通盘考虑。

4.4 点线至美——门、牌楼、影壁

中国古代建筑以木构架为主要结构体系，以院落为主要的群体组合方式，从合院式的住宅、寺庙、陵墓到坛庙、宫殿都是由若干单栋房屋组合成为建筑群体。而在建筑群体中除了殿、堂、楼、阁、厅、馆、亭、廊等具体意义上的建筑外，还有一些更广义的建筑排列。在街道上或大型建筑群前立着牌楼，在大门前面立有影壁、华表和石头狮子，在主要殿堂前面排列着龟、鹤和香炉，在陵墓的神道前有石柱、石门，在墓室前有五供桌，在寺庙里有石碑、经幢，在园林中有各式各样的堆石等。我们可以统称之为“小品建筑”，但其体量有的并不小，其在空间组合上的意义也很重要，有时他甚至是整个建筑群体的点题之作。

4.4.1 空间的序列——北京城中轴线

明代建成的北京城，是一座按照传统礼制规划建造的城市，其中轴线具有典型意义，紫禁城里的重要殿堂都被放在轴线之上，两旁对称的配列着寝宫厅馆，左祖右社也分居在轴线左右，这一条轴线长达 8 公里。

进入最南端的永定门，左右是先农坛和天坛两座坛庙。经过外城中央笔直的大街，两旁为鳞次栉比的市楼，通过一座横跨在路中央的五开间大牌楼和一座石桥，迎面为高耸雄伟的正阳门。穿过正阳门和前面的大清门才进入到皇城前的御路，这御路长达 500 余米，左右两旁围列着连续的廊子，因此称为千步廊。御路的北端突然变宽，在皇城大门天安门前构成为一个 T 形的广场。天安门城楼南面横列着金水河，河上的五座金水桥正对着天安门城楼下的五座城门。金水桥前排列着两对石狮和耸立着一对华表。

从永定门起，人们经过这一起一伏高低相间的门、楼，一窄一宽变化着的空间，在进入皇城之前就已经体验到了这座封建王城的气势。这只能称作进入皇城的前奏。

天安门作为皇城的大门，是一座城楼式的建筑。面阔九开间的大殿坐落在高大的城台之上，双层檐的琉璃瓦屋顶，从最上面的屋脊至城台地面共高 33.7 米，这样一座体形宏伟、色彩华丽的大门充分展示了皇城所具有的气魄和威势。

走进天安门，经过又一道端门，才来到宫城的大门午门的前面。这是一座与天安门不相同的城楼式宫门，高大而且雄伟，它预示着宫城的无比宏丽与神秘。

从午门起，宫城内的中轴线上排列着一道又一道门，一座又一座殿，走过大大小小的、宽窄相间的广场与庭院，经历太和殿的高潮和寝宫、御园的余韵，走出宫城而登至景山。

景山是北京城中轴线上的一座小山，正处于整座内城的中心点上，景山中央的万春亭是其制高点，向南有中轴线上的座座宫殿，向北有景山下的殿堂，皇城的北门地安门，一直可以看到中轴线北端的鼓楼与钟楼。

这贯穿全城，长达 8 公里的中轴成了整座北京城的脊梁。在它的东侧有三海组成的宫苑，以他们活泼而妩媚的形体调剂了中轴线的单一，成片的街坊住宅在四面烘托着皇城，散置在城区的座座寺庙又打破了街坊的单调。整座城市被周围的城墙维护着，那一座座突起的城楼又将城墙点缀得富有生气。宫城宫殿的琉璃屋顶，在阳光下闪闪发光，宫苑湖水波光潋艳，远近寺庙白塔的倩影，城墙及城楼组成了一幅京城宏大辉丽、荡气回肠的空间景象。

4.4.2　空间的画框——各式牌楼

牌楼多被安置在一组建筑群的最前面，或者立在一座城市的市中心，通衢大道的两头，所以他们的位置都很显著。北京明代十三陵，前有五开间的巨大石牌楼，过了牌楼才进入到陵区。北京颐和园，前有立在通道中央的木牌楼，过牌楼才到东宫门前。古老的北京城里，主要大街如前门外大街，东城、西城市中心，东、西长安街等处都可以见到大型的木牌楼立在马路中间。所以我们通常把牌楼当做是一种标志性建筑，它在城市和建筑群中起到划分和控制空间的作用，同时也增添了建筑群体的艺术表现力。

牌楼的形式由来和建筑群的大门有关。

中国早期建筑群的大门称为“衡门”，即在两根直立的木柱子上加一条横木组成为门，多用作乡间普通建筑的院门，所以古代将简陋的房屋称为“衡门茅屋”。后来为了防雨雪的侵蚀，在衡门的横木上加了屋顶，在宋朝《清明上河图》中可以见到这种门，只不过在门顶出檐的下面已经用上斗栱了。这种简单的院门形式如今在有些地方还能见到。在公元 12 世纪宋廷颁行的《营造法式》中记载着一种乌头门的形式，两根木柱左右立在地上，上有横木，横木下安门扇，但与衡门不同的是两根立柱直冲上天，柱头用乌头装饰，故名为乌头门。不论是衡门还是乌头门，它们都是牌楼的雏形。

牌楼的名称由来和里坊制度密不可分。

里坊，是中国古代城市居住区的基本单位，把城市划分为方形或矩形的里坊，里面整齐地排列着住宅。这种形式在春秋战国时期就形成了，到隋唐时期的长安城已经发展到十分完备的程度。整座长安城设有 110 个坊，每个坊内开有十字形或东西向的横街，街头皆设坊门以供出入。而历史上，门上往往书写坊名，又有将表彰事迹书写于木牌悬挂在坊门的制度。门上既有坊名又有木牌，牌坊之名可能就由此而产生。

后来，牌坊离开里坊而成为独立的一种建筑，但是它原有的大门标志和表彰功德的功能依然保留。在形式上，凡柱子上不加屋顶的称为牌坊，加屋顶的称为牌楼，但是在许多地方，牌坊与牌楼没有严格区分，统称为牌楼或者牌坊。

从建造的材料来看，牌楼可分为木牌楼、石牌楼和琉璃牌楼。琉璃牌楼实际上是用砖筑造，在表面贴以琉璃砖瓦，完全不贴琉璃的砖牌楼偶尔也能见到。不论哪种牌楼，它们的大小规模都是以牌楼的间数、柱数和屋顶的多少（称为楼数）为标志，其中又以柱数与间数为主要标志。例如最简单的是两柱一间的牌楼，但它的顶上也可以做成一楼、二楼（即重檐）或三楼。四柱三间的牌楼最为常见，六柱五间的牌楼可称是大型牌楼了，多用在很宽的道路和墓道上，它们的顶上也有用三楼、四楼、五楼、七楼乃至九楼的区别，可以这么说，在柱数开间相同的情况下，顶数越多，牌楼越复杂，形象也越丰富。牌楼的功能也有多种。

标志性牌楼：这是常见的一种牌楼，它们立在宫殿、陵墓、寺庙等建筑群的前面，作为这组建筑的一个标志，独立存在，牌楼的柱间或门洞不设门扇，可以穿行，也可绕行。例如颐和园万寿山前麓排云殿建筑群最前面的“云辉玉宇”木牌楼，颐和园后山须弥灵境建筑群前面广场的北面及左右两方的木牌楼。老北京在东、西市的十字路口各建有四座牌楼，作为东、西城中心地区的标志，至今人们仍习惯地称这两处为“东四”和“西四”，可见牌楼所形成的标志的长久作用。

大门式牌楼：大门式牌楼是真正属于建筑群的一种院门。颐和园宫廷区的仁寿门，门两边有影壁与院墙相连，大门完全采用牌楼形式，二柱一间一楼，柱间安有门框、门扇。曲阜孔庙的第一座大门是棂星门，采用的是石牌坊形式，四柱三间无顶，柱间设木栅栏门，两边接围墙。这两座牌楼都是建筑群的大门。

纪念与表彰牌楼：利用里坊门上表彰功德的这种做法在牌楼上得到进一步的应用，在各地出现了为纪念和表彰某人某事而专门兴建的牌楼，可称之为纪念性牌楼。山西阳城县黄城村立有一座石牌楼，四柱三间三楼，在正楼主牌上刻着“家宰总宪”四个大字，两边楼各刻着“一门衍泽”和“五世承恩”，中央字牌上刻有陈廷敬的官职功名，同时还刻着皇帝赐给陈父亲、祖父、曾祖父的官职、功名。中国社会自古以来讲究一个家族的资望，称之为“门望”，牌楼可谓体现。这种牌楼的建立有一套严格的程序和制度。

装饰性牌楼：这种牌楼常见的一是用在古代一些店铺的门面上，二是用在寺庙、祠堂等一些重要建筑的大门上。商店门面上的牌楼既不是独立的标志，也不是大门，而是附在店铺门脸上的一种装饰。它们的形式多为一座牌楼紧贴在店铺的外面，但牌楼的上部往往都高出店铺的屋顶，牌楼的梁柱上都满布彩绘，鲜艳夺目，牌楼柱上挑出梁头，悬挂着各式幌子。常见的做法是用砖或石在大门的周围墙上砌筑出牌楼的式样，或双柱或四柱，柱上的梁枋、屋顶和上面的装饰一应俱全，只不过这种牌楼变成了贴在墙面上的一种装饰而不是一座独立的建筑。在一些地方将它们称为“门楼”。这种装饰性牌楼在民间住宅也多有，并有简化。

耸立于城、乡各地的无数牌楼，经过历史的沧桑，如今仍以其特殊的形象点缀着环境，它们使这些城市和乡村更加富有历史和文化的内涵。

4.4.3　空间的抑扬——从各种影壁到九龙壁

影壁是设立在一组建筑群大门里面或者外面的一堵墙壁，它面对着大门，起到屏障的作用。不论是大门里面还是外面的影壁都与进出大门的人打照面，所以影壁又称为照壁。

影壁以其位置来区别，可分为立在门外、立在门内和立在大门两侧的三种类型。

有的影壁立在大门的外面，是和大门有一定距离的一堵墙壁。往往在较大规模的建筑群大门前方有这种影壁，它正对大门，和大门外左右的牌楼或建筑组成了门前的广场，增添了这一组建筑的气势。北京颐和园的东宫门是这座皇家园林的主要入口，最前面有一座牌楼作为人口的前导，然后迎面有一座影壁作为入口的一道屏障，自影壁两边才能进到东宫门前。在这里，影壁、东宫门和左右的配殿组成了门前的广场，过去在这广场中心还布置有一组堆石。

有的影壁与大门有一定距离，对着入口，完全起到一种屏障的作用，避免人们一进门就将院内一览无余。在北京紫禁城皇帝和皇族居住的建筑里，多设有这类影壁。如西路养心殿，是明清两代皇帝的寝宫，在第一道门内，迎面设有一座琉璃影壁。

典型的四合院大门进门以后，迎面也大多是一面照壁，这是一座砖筑的短墙，或者就把面对着大门的厢房山墙当做照壁。照壁之上多有砖雕作装饰，内容以植物花卉居多，也有象征着吉祥、长寿、多福的动物纹样。有的住家还在照壁前布置堆石、花木等盆景，使这里成为进门后第一道景观。

影壁除了起屏障作用外还具有很重要的装饰作用，所以有时也被用在大门的两侧以增添大门的气势。北京紫禁城乾清门是内廷部分的主要入口，自然是一座重要的大门，但它的形制，无论在门的开间大小、台基的高低、屋顶的形式以及在装饰上都不能超过外朝的入口太和门，这是朝廷制度所规定的。所以，乾清门为了增强气势，在门的两侧加设了一道影壁，呈八字形分列在大门的左右与大门组成一个整体。紫禁城东路的宁寿门也同样采用了这种办法，在门的两旁加设影壁，与大门组合成了一座十分有气势的建筑群入口。

按建造材料来区分，影壁可以分为砖影壁、琉璃影壁、木影壁和石影壁几种类型。砖影壁从顶到底全部用砖瓦建造，影壁面上有的抹一层白灰，有的不抹灰。四合院住宅和许多寺庙的影壁都属此类，砖影壁在影壁中占绝大多数。琉璃影壁是在砖造的实体外用琉璃砖瓦包贴，而基座大多用石料建造。全部用石料和木料建造的影壁并不多，尤其是木影壁立于露天，经不起日晒雨淋，容易受到侵蚀破坏，所以在它们的上面多加有出檐的屋顶。由于建造材料的不同，使这些影壁在整体造型和装饰上多带有不同的特点。

北京紫禁城宁寿宫前的九龙壁建于清乾隆三十六年（1771 年），影壁总宽 29.4 米，总高 3.5 米。它是一座扁而长的大型影壁，从上到下分为壁顶、壁身和壁座三个部分，除基座外，在砖筑的壁体外全部都用了琉璃砖瓦拼贴。

九龙壁壁顶最上面是黄色的琉璃瓦顶，采用庑殿顶的形式，在中央正脊的两端各有正吻一只，在长达二十多米的正脊上贴有琉璃烧制的九条行龙，左右各有四条面向中心的龙，它们各自都在追逐一颗宝珠，到正脊的中心是一条正面的坐龙。正脊上的九条行龙龙身皆为绿色，火焰宝珠为白色，周围满布着黄色云朵，十分醒目。壁顶檐口以下，分布有 46 攒斗栱，这些斗栱都是由琉璃烧制的。

壁身是这座影壁的最主要部分。上面有一条通长的额枋承托着斗栱与壁顶，枋子上有三组彩画，彩画花纹也是由琉璃砖拼贴出来的。额枋以下就是巨大的壁身，在这块壁面上安排着 9 条巨龙。从壁面的总体布局来看，9 条龙下面是一层绿色的水浪纹，9 龙之间有 6 组峻峭的山石，壁面底子上满布着蓝色的云纹，9 条巨龙腾跃飞舞于水浪之上和云山之间。9 条龙的姿态都不相同，左右也不对称，有的是龙头在上的升龙，有的是在行进中的行龙，中央是一条黄色的坐龙，龙身皆盘曲自如，既表现了龙体的舒展，充满着动态的力量，又照顾到平面构图的疏密合宜。

九条巨龙采用的是高浮雕手法，尤其是龙头部分，高出壁面达二十厘米之多。龙体之外，六组山石高出壁面也较多，它们把九条龙分隔为五个部分，而大片水浪和云纹则都用浅浮雕作为衬底，在阳光照耀下，九条蟠龙显得最为突出。

壁面上的云纹、水纹用的是色相相近的蓝色和绿色，组成青绿色调的底面。九条蟠龙五种颜色，中央的主龙为黄色，左右各四龙依次为蓝、白、紫、橙，五种颜色在青绿色的底子上都显得比较醒目，8 颗火焰宝珠都是白色和黄色的火焰纹，在青绿底子上也很明显。

九龙壁的壁座是用汉白玉石料制作的须弥座，在基座的各个部分都有石雕的花纹作装饰。不论是白石的须弥座还是彩色的琉璃壁面，都是由一块块石料和琉璃面砖拼接而成的。40 多平方米的壁面共计由 270 块不同的琉璃砖拼成。今天看去，各块琉璃砖之间没有发生错位，龙身、云水、山石的色彩还是那么晶莹和带有光泽，连琉璃釉皮都很少有剥落的。在当时，首先需要有整幅画面的设计和塑造，然后加以精心地分块，每一行左右块与块的接缝上下要错开，还要尽量使每条龙的龙头部位不要落在接缝上以保持龙头的完整。这图案不同、高低有异的 200 块塑面都要涂上色料，送进琉璃砖窑烧制出不同色彩的琉璃砖，然后将它们按次序一一拼贴到壁面上，拼贴时块与块之间、上下左右的花纹要吻合，色彩要一致，连接要牢固。从这里可以看出，乾隆时期我国设计琉璃制品的水平、烧制和安装琉璃砖瓦的技术都已经达到了相当成熟的程度。

本讲小结：

中国建筑艺术之绚丽多彩，如同无尽的长卷，实实在在的建筑营造却构成了恢宏的气韵、诗赋的场景、空间的秩序、无尽的意境。我们欣赏中国建筑，不可能局限在一栋房子、一个视角、而是专注而散漫的展开，在心与身的移动中去体会，那些不是房子的建筑，也是其中不可或缺的，还有丝竹之乐、碧水青山、甚至烟雨朝露，共同构成无穷无尽的诗与画的长卷。

图 4–1　中国河北承德避暑山庄

中国古典园林造园的主旨在于不同层面的全息而不是刻板地模仿自然。巍峨的山峰，奔腾的江河、辽阔的平原、浩渺的湖海、幽深的洞壑，在广袤的中华大地上的锦绣山河都是园林所模拟的原型。如古诗所说："高山仰止，景行行止，虽不能至，而心向往之。"

明清时期是中国古典园林的成熟期，在这一时期，皇家园林和私家园林的建设规模和艺术造诣都达到了历史上的高峰境地。皇家园林在山水构造、建筑布局、植物配置乃至园路的铺设都达到了登峰造极的地步。而私家园林随着封建社会内部资本主义因素的成长，工商业繁荣，也日臻成熟，达到了艺术成就的高峰。

图 4–2　中国安徽黄山

黄山位于安徽省南部，为三山五岳中三山之一，有“天下第一奇山”之美称。

自南北朝起，多年的北方战乱，又使大批士族、士大夫南迁。相应地，文化与技艺也逐渐改变了吴越之地的骁勇之风，世风趋于文雅含蓄。江南一带，在鱼米之乡的经济基础上，中国古典风景园林的杰出代表——江南园林的出现成为自然。而江南园林又反过来，很大程度上影响了北方的私家园林甚至皇家园林。

图 4–3　中国江苏苏州拙政园

苏州园林作为江南园林的翘楚，从五代吴越王之子钱元黎建的南园算起，至今已有一千多年的历史了。苏州园林在我国园林史上享有很高的地位，它集中了江南园林的精华。采用亭台、楼阁、水榭花墙、奇石假山、曲院回廊等组成。顺应江南水乡的自然条件，布局灵活，变化有致；虽经人工创造，又不露斧凿的痕迹，真可谓是“虽由人作，宛自天开”。使整个园林精细、玲珑、典雅多姿，给人以美的享受。

也应该看到，中国古代士大夫的文人情怀并非西方传统的人文理想，更多的是一种个人的情趣与抒怀，是一种个人在抱负与现实间的平衡和超脱。

图 4–4　中国江苏苏州留园

留园在空间组织上，没有今天所谓的人流路线，也不存在图案式的轴线关系。空间秩序按迂回、循环的形式组织。由入口经过曲折、狭长的一系列空间而进到园的中心部分，欲扬先抑，豁然开朗，周有假山、石群、楼、廊、亭、轩错落，池有墨叶苞荷。

留园中心部分经历着一收一放的过程，几经迂回曲折又一次使人顿觉开朗。由这里绕到留园的北部和西部则明显地使人感受到一种田园式的自然风味，最终经闻木樨香轩又意外地回到园的中心部分。

图 4–5　中国山东曲阜孔府重光门

孔府也称圣府，是孔子的后代子孙们居住的地方。历史上，孔子的后代继承人都被称之为“衍圣公”。孔府是孔庙的西邻，规模相当宏大，是我国仅次于明、清皇帝宫室的最大府第。

重光门又称“仪门”或“塞门”，明代建筑，因上悬明嘉靖皇帝朱厚熜御赐“恩赐重光”匾额而得名。平时关闭，只在皇帝驾临、迎接圣旨、祭孔、婚丧等大典活动中才可打开。此门为孔府各建筑中的最高规制。重光门形制独特，不同于垂花门、牌楼、影壁，又兼有秩序限定、轴线节点、空间划分、缓冲视觉等诸多功能，而其最重要的功能是仪式之门。

门，仪式至美，是中国建筑艺术解读的一个重要节点。

图 4–6　中国北京故宫至景山空间序列

整座北京城以皇宫所在的宫城为中心，宫城外面围着皇城，皇城之外围着内城，形成了内外三重城圈。皇城仍在元大都皇城的位置，只是向南扩充了 500 米，而在重新建造宫城建筑群时，为了纠正元大都宫城中轴线被什刹海隔断的缺点，将轴线往东移了约 150 米，使新宫城的轴线可以由皇城外的正阳门经过宫城直接贯通至皇城北面的钟、鼓楼，在加筑外城时又将南面的永定门也坐落在轴线上，如此构成了一条由南至北，贯穿全城的中轴线，从最南的外城永定门开始，纵穿外城，经内城南面的正阳门直抵皇城正门天安门，进入皇城穿过宫城越过横在轴线上的景山，出皇城北门地安门直抵城北的鼓楼与钟楼。

景山是一座人工小山，位于整座内城的中心点上，景山中央的万春亭是其制高点。

第 5 讲 西方建筑艺术解读——光与影的咏唱

从地中海的蓝天，到莱茵河畔的绿茵，从厄尔比斯山的白雪，到北美大陆的辽阔大地，“形”、“体”鲜明的房子宛如散珠又如云聚，而在不同国度、不同地域、不同民族，经过长期的实践和发展，形成各自不同的建筑风格。在希腊、罗马、法兰西、德意志、西班牙、俄罗斯，到今天的北美，都有各自的建筑艺术和建筑风格。西方古代建筑是一部非常恢宏的建筑史书，它记录着人类的智慧，是人类的艺术成就。古代建筑遗迹能够告诉我们先人是怎样生活的，他们是怎样看待美、怎样用复杂的材料完成复杂、精美的工程技术的。西方建筑艺术是“形”与“体”的艺术，在绚丽的阳光下，她化作一曲又一曲光与影的诗唱，深深地吸引着我们。

5.1 空间的华章——古罗马万神庙

如果说希腊建筑更像是精雕细琢的手工雕塑，是凝固的乐章；那么，古罗马建筑则是气势恢宏的群体合唱，是可以享受其中的空间交响。

5.1.1 伟大归于罗马

罗马本是意大利半岛中部西岸的一个小城邦国家，公元前 5 世纪起实行自由民的共和政体。公元前 3 世纪，罗马征服了全意大利，向外扩张，到公元前 1 世纪末，统治了东起小亚细亚和叙利亚，西到西班牙和不列颠的广阔地区。北面包括高卢（相当现在的法国、瑞士的大部以及德国和比利时的一部分），南面包括埃及和北非。公元前 30 年起，罗马成了帝国。公元 3 世纪，佃奴制逐渐代替奴隶制，意大利的经济趋向自然经济，基督教开始传播。公元 4 世纪，罗马分裂为东西两部分。西罗马在 5 世纪中叶被一些经济文化都很落后的民族灭亡，东罗马则发展为封建制的拜占庭帝国，直到 15 世纪中叶。

关于罗马城的起源，有一个传说，一只母狼用自己的乳汁救了一对双生子，后来一个牧羊人把他们带回家抚养。牧羊人还给他们起了名字，一个叫罗慕路斯，一个叫雷慕斯。他们长大后立志报仇，兄弟俩领导亚尔巴龙伽人民起义，推翻了残暴的阿穆留斯。后来他们在昔日遇救的地方建立起新城市，“罗慕路斯”的读音就成了“罗马”。

古罗马时期，在建筑方面的成就是无与伦比的，重大的建筑活动遍及帝国各地，影响之大是任何其他国家的建筑都望尘莫及的，其主要的成就表现在多个方面。

第一，功能多样性，古罗马建筑无法和某种特定的主导建筑类型（例如神庙）联系起来。相反，古罗马时期的建筑中存在着众多的建筑类型，其中的某些部分还是在罗马时代之前还是不为人所知的，例如浴场、各种各样的巴西利卡、圆形竞技场，以及跑马场等一些巨型的结构。这种多样性象征着更加复杂的社会功能和结构，这些建筑也主要是为这些复杂的世俗的现实生活服务的。因此，建筑创作的领域很广，建筑类型多；功能推敲得相当深入，形制研究也很特别、很成熟。

第二，在罗马建筑中，首次出现了宏大的室内空间和复杂的空间组合。这些空间显示出形式的极大多样性，这也是罗马建筑的结构技术十分杰出的重要体现，从而获得了很宽广的、很灵活的内部空间，因此使建筑物有可能满足各种复杂的要求，适应性很强，而且已经有了同拱券结构相应的艺术手法。

第三，艺术手法十分丰富，从处理各种形式的空间和它们复杂的组合，直至装饰细节和与雕刻、绘画的综合。公元 1~3 世纪是古罗马帝国最强大的时期，它统一了地中海沿岸最富饶、最先进的地区，这些地区中有希腊和小亚细亚、叙利亚、埃及等本来文化和建筑就比较发达的地区。这些地区统一之后，很大程度地促进了文化与建筑艺术的交流融合。

第四，很大程度的继承了希腊的建筑形制与造型，还有古希腊柱式规则的完善。古罗马建筑是对古希腊建筑风格及理念的发展，古罗马人是古希腊人最有出息的学生。西方古典文化的符号和形式系统在希腊衰落之后之所以没有走向沉寂，就是因为罗马人继承了他们希腊老师的衣钵，成为地中海文化艺术重心新的代言人。他们在将希腊文化的内涵和形式发扬光大的同时，更于各个领域都完成了相当幅度的伸展。这是古典文化略加喘息之后达到的新高潮，一般地就将古希腊和古罗马时期总称为“古典时期”。

第五，古罗马建筑最大的特色体现就是新技术和新材料的应用，将拱券与穹顶形式用于建筑当中，以及混凝土的使用，可以说这两者与古罗马建筑成就有密不可分的关系。正是由于这些新技术、新材料的使用才使古罗马建筑到了一个新的高度。

罗马拥有古代世界最高的生产力，以致它能够在几个世纪的长时期里，以极大的规模进行建筑活动。古罗马时代是世界建筑史最有创造力的时代之一。古罗马建筑非常讲究实用性，也注重建筑的形象美，精美的柱式和拱券的使用就说明了这点，古罗马建筑是一种将外部形式和内部实用结合在一起的建筑形式。欧洲人有谚语：“光荣归于希腊，伟大归于罗马。”

5.1.2 空间的华章——万神庙

在今天的罗马完好地保存着古罗马建筑的杰作——万神庙。

万神庙（Pantheon）又名潘提翁神庙，意为众神之庙。公元前 27 年，罗马帝国的第一任皇帝奥古斯都打败安东尼和克里奥帕特拉，由他的女婿阿格里巴主持，在罗马城内建造了一座庙（公元 27~25 年），献给“所有的神”，因而叫万神庙。那是一座传统的长方形庙宇，有深深的前廊，公元 80 年被焚毁。后来，喜欢做设计的哈德良皇帝（公元 117~138 年）在位时把他重建（公元 120~124 年），并采用了穹顶覆盖的集中式形制。

万神庙由一圆形的祭神大厅和一矩形的门廊组成，这一形式的组合反映了建筑师综合罗马和希腊神庙精华的匠心。门廊正面是 8 根科林斯式柱子，高 14.15 米，底径为 1.51 米，柱头为白色大理石雕成，柱身为暗红色的花岗岩。檐柱内排列了两行 4 根的列柱，这三列柱组成了颇有节奏的门廊空间，在最后列柱之内便是进入大圆神殿的正门，门两侧有很深的壁龛，放置着奥古斯都和阿克利巴的雕像。

万神庙是单一空间、集中式构图的建筑物的代表，它也是罗马穹顶技术的最高代表。

圆形正殿是神庙的精华。其直径和高度均为 43.43 米，近似一球形。按照当时的观念，穹顶象征天宇。正殿的宗教和艺术的主题正是那近似苍穹的大圆顶，突出了无所不包、众神之神的奉祀主题，它尺度恢宏，造型完整，比例和谐，十分成功地表现了建筑壮丽雄伟的崇高之美。这种美在以柱廊围隔的希腊式神庙的室内空间中，是无法领略到的。

殿内壁面分为两大部分：穹窿下的墙面以黄金分割比例做了两层檐部的线条划分，墙厚达 6.2 米，每浇筑 1 米左右，就砌一层大块的砖，以抵抗上部穹顶传下的向外推力。墙体内沿圆周发八个大券，一个是大门，另外七个下面是深深的壁龛，供着七个星座之神。这一处理增加了实墙面的变化。龛前立一圈科林斯式柱子。基础和墙的混凝土用凝灰岩和灰华石做骨料。内部墙面，下层贴 15 厘米厚的大理石板，以上抹灰。地面也用各色大理石铺成图案。

圆顶巨型的半球形穹窿，其材料有混凝土和砖，混凝土用浮石作骨料，建筑在厚厚的圆环形围墙之上。穹顶的建造过程，大概是先用砖沿球面砌几个大发券，然后浇筑混凝土。这些发券的作用是，可以使混凝土分段浇筑，还能防止混凝土在凝结前下滑，并避免混凝土收缩时出现裂缝。为了减轻穹顶重量，穹顶越往上越薄，下部厚 5.9 米，上部厚 1.5 米。越往上，所选用的填充料也越轻。

穹顶内面做五圈近似方形凹格藻井，每圈 28 个，藻井下大上小，逐排收缩，增加了整个弯面的深远感，并随弧度现出一定的节奏。

5.1.3　万神庙的巨大成就

万神庙内部非常成功，因为用连续的承重墙，所以内部空间是单一的，有限的，但他十分完整，几何形状单纯明确和谐，像宇宙一样开朗、大气。穹顶上的凹格和墙面的划分，形成水平的环，有序而安定。四周的构图连续，不分前后主次，加强了空间的整体感，浑然统一。墙面的划分、地面的图案、壁柱，尺度得宜，使人感觉不到宗教的压抑。万神庙的室内装饰，堪称古罗马时代的建筑珍品。

如此宏大辉煌的神庙建筑营造成功，首先应归功于罗马人娴熟的工程技术和新材料的应用。从公元前 4 世纪开始，罗马人已在建筑上使用砖砌拱券，到公元前 2 世纪已积累了成功的经验，并大量推广，成为罗马建筑结构的特色。与梁柱结构相比，拱券可以跨越很大距离，覆盖较大的空间。在公元前 3 世纪和公元前 2 世纪，罗马人又发明了既耐水又坚固，强度高且可塑性大的混凝土，其成分主要是火山灰、石灰浆和碎石。这样，不仅降低了营建的成本，而且也促进了圆拱形穹窿屋顶结构的诞生。万神庙正是穹顶结构发展到光辉顶点时的作品。

外墙面划分为 3 层，下层贴白大理石，上两层抹灰，第三层可能有薄壁柱作装饰。下两层是墙体，第三层包住穹顶的下部，所以穹顶没有完整地表现出来。这大概是为了：第一，减少穹顶侧推力的影响；第二，把墙加高，体形比较匀称；第三，当时还没有处理饱满的穹顶的艺术经验，也没有这样的审美习惯。穹顶的外面覆一层镀金筒瓦。后由于战争被抢去，直到公元 8 世纪教皇格里高利三世用铅瓦将其覆盖。

审美习惯是长期实践中积累形成的，并不是先验的。一种新的结构，新的材料，新的建筑处理，尽管有巨大艺术造型上的潜力，但是在初期，人们往往不能认识它，不知道如何利用它，这时传统往往会发挥保守性，给新事物穿上陈旧的外衣。

西方世界里很少有建筑能像古罗马万神庙这样引起人们的热情，古罗马万神庙巨大的半球状的穹顶，使后世的人们如法炮制了无数类似建筑物。

万神庙尽管巨大，却没有古埃及庙宇的那种沉闷和压抑感，它是空灵的、向上的、健康的。整个设计意念的表达并不依赖扭曲和夸张，它的艺术主题是通过真实空间的单纯有力，装饰细部的适度和谐，以及结构体系的完整明晰来表达的。所有这些，均表明了万神庙极为宝贵的文化价值和艺术价值，充分表现了结构技术与艺术处理的协调。这座神庙的设计意念与以往的神庙完全不同，他似乎不太注重建筑物的外部造型，而精心塑造极为巨大、极震撼人心的内部空间。

建成之后，万神庙在接下来的一千年内都是世界上最大型的圆顶建筑，也是迄今最大的无钢筋混凝土制造的圆顶建筑。那跨度达 43.43 米的巨型穹窿顶的世界纪录一直到1700年后的近代工业社会才被打破。据说文艺复兴时期的艺术巨匠米开朗琪罗看了这一硕大空间之后曾说：“这不是人是神造的。”

5.2 优美的和弦——交汇与交融

自古希腊和古罗马之后，西方建筑艺术经历了一个漫长的发展阶段。这期间，社会经济、宗教信仰、生产方式、战争纠纷，各方面交织在一起。这个过程，有时是迟缓的，有时是激荡的，有时是血腥的，而在这纷纭复杂中，在不同文化交汇与交融的背景下，人们依然用智慧和劳动，创造了各式各样的建筑。如同优美的和弦，当历史的烟云散去，其建筑艺术的魅力依旧。

5.2.1 圣索菲亚大教堂

公元4世纪，罗马帝国开始衰落，直到5~6世纪，西罗马解体，拜占庭帝国强盛，这时的皇权强大，东正教依附于皇帝。拜占庭文化是一种世俗的文化，适应皇帝、贵族和经济发达的城市的需求，拜占庭文化继承和发扬了古希腊和古罗马的文化，同时汲取了两河流域、叙利亚、亚美尼亚等地的文化特征，并在此基础上形成了自己独有的文化体系。

圣索菲亚大教堂（拉丁语：Sancta Sophia）位于今土耳其伊斯坦布尔，因其巨大的圆顶而闻名于世，在该教堂伫立的地点曾经存在过两座被暴乱摧毁的教堂，公元532年拜占庭皇帝查士丁尼一世下令建造第三所教堂。在拜占庭雄厚的国力支持之下，由物理学家伊西多尔及数学家安提莫斯设计的这所教堂在公元537年便完成了其建造。皇帝与牧首梅纳斯在公元537年12月27日一起参与了盛大的落成仪式。教堂内的马赛克则在查斯丁二世在位时（公元565~578年）才完成。

竣工时的圣索菲亚大教堂是东正教会牧首巴西利卡形制的大教堂，奥斯曼土耳其人在1453年征服君士坦丁堡，苏丹穆罕默德二世下令将大教堂转变为清真寺。随着土耳其共和国的建立，1934年该教堂失去了其宗教意义。1935年，这座历经血雨腥风见证了数个帝国兴盛衰亡的建筑重新以博物馆的身份对世人开放。

拜占庭史学家普罗科匹厄斯在《建筑》一书里描述了建造圣索菲亚大教堂的状况。

其一，空间广阔，结构复杂：教堂正厅之上覆盖着一个最大直径达31.24米、高55.6米的中央圆顶，圆顶直径较万神庙的穹顶直径少了四分之一，但高度却多了四分之一。历经多次维修，圆顶略呈椭圆，其直径介乎31.24米~30.86米之间。整个圆顶共有40个肋组成。圆顶底部每两个肋之间都有一扇窗户，彩色玻璃窗户将光线引入大厅各处，造成神秘光线的效果，使圆顶看起来悬浮在正厅之上，原本就非常雄伟的圆顶因此显得更为美丽。这些独特的设计使圣索菲亚大教堂成为更具特色的建筑物。

与主要使用大理石的希腊建筑以及主要使用混凝土的罗马建筑不同的是，圣索菲亚的主要建筑材料为砖块。

其二，工程浩大，材料丰富：超过一万人参与建造工作，修建教堂被认为是最重要的工程，也展示了建筑师的创造力。石材都是来自远处的采石场，包括埃及的斑岩、色萨利的绿色大理石、博斯普鲁斯海峡地区的黑石及叙利亚的黄石。查士丁尼一世曾下令将巴勒贝克、黎巴嫩的八个科林斯柱式拆卸及运送到君士坦丁堡建造圣索菲亚大教堂。教堂内部一共使用了 107 根柱子，柱头大多采用华丽的科林斯柱式，柱身上还增加了金属环扣以防止开裂。大教堂最大的圆柱高 19 米 ~20 米，直径约 1.5 米，以花岗岩所制，重逾 70 吨。

其三，精湛的马赛克工艺：教堂内部地面铺上了多色大理石、绿白带紫的斑岩以及金色的马赛克，在砖块之上形成外壳。这些覆盖物掩饰了柱墩，同时使外观看起来更加明亮。多个世纪以来，圣索菲亚大教堂的马赛克布置相当华丽。这些马赛克描绘了圣母玛利亚、耶稣、圣人、帝王及皇后，还有其他纯粹装饰性的几何马赛克。

圣索菲亚大教堂的巨大圆顶颇具特色，但在施工过程中出现过问题，砌砖时使用了更多的砂浆，而不是砖块，加之砂浆没有完全干透，因而墙壁较弱，这样直接在墙壁上面架上圆顶，圆顶的重量使墙壁向外弯曲。后来先把内壁重新建好并把圆顶的高度提升了大约 6 米，使侧面的力量减弱，圆顶的重量可以比较容易地卸到墙壁上。

奥斯曼帝国时代，建筑师米马尔·希南在建筑的外部修建了扶壁用以加固。

圣索菲亚大教堂是古代晚期建筑的一大成就，也是拜占庭式建筑的第一个杰作。它在建筑及礼仪方面的影响深远并普及至正教会、天主教会及伊斯兰世界。其马赛克、大理石柱子及装饰等内景布置极具艺术价值。查士丁尼亲自监督着其建造，大教堂的富丽堂皇及精美粉饰令查士丁尼也不禁声称：“所罗门！我已经超越了你！”至塞维利亚主教堂完成，圣索菲亚大教堂保持着最大教堂的地位达一千年之久。

5.2.2　西班牙阿尔罕布拉宫

罗马帝国衰落之后，欧洲经济发展缓慢，文化多样发展。中世纪建筑的风格，主要体现不同政权教会的需求和不同的社会经济特点，呈现出多样性。西班牙在中世纪被信奉伊斯兰教的摩尔人占领，建筑基本上同伊斯兰世界一致。

阿尔罕布拉宫位于西班牙安达鲁西亚的内华达山脚下，是伊斯兰世界保存较好的一座宫殿。阿尔罕布拉宫也被称作“红宫”，由统治格拉纳达的奈斯尔王朝的第一代统治者穆罕穆德一世所建，面积 130 公顷，建造年代为公元 13~14 世纪，是清真寺、宫殿、城堡建筑群。

该宫城是伊斯兰教世俗建筑与造园技艺完美结合的建筑名作，是阿拉伯式宫殿庭院建筑的优秀代表，1232 年在老城改建的基础上逐步形成现存规模。

阿尔罕布拉宫外围有石砌城墙。宫殿绝大部分是平房，用木框架和灰土夯筑而成，有两组主要建筑群：一组为“石榴院”，另一组为“狮子院”。

石榴院两侧是不高的墙，表面平洁。南北两端有纤细的券廊。北端券廊的后面就是正殿。正殿平面大约 324 平方米，高 18 米，沉重地耸立在纤细的券廊背后，衬托着券廊的轻快。廊子里和正殿里，墙面覆满图案，是画在抹灰层上的，以蓝色为主，间杂着金、黄色和红色，模仿伊朗的琉璃贴面。他们在简朴的院墙映衬之下，有一些富丽堂皇，更散发着淡淡的忧郁。院中央是一长条水池，晶莹澄澈，倒影清晰，使院子更柔和明亮一些，也活泼一些。石榴院之西有清真寺，之东有浴室。

狮子院有一圈柱廊，纤细的柱子或一个、或成双、或三个一组，没有规则地排列着，东西两端各形成一个凸出的厦子。装饰纤丽的、精巧的券廊给狮子院以娇媚的性格，它们造成不安定的、强烈的光影变化，使狮子院洋溢着摇曳迷离的气氛。院子的北侧是后妃卧室，后面有一个小花园。从山上引来的泉水分成几路，流经各个卧室，降低炎夏的闷热天气。院子的纵横两条轴线上都有水渠，相交处辟圆形水池，池周围雕着 12 头雄狮，院子由此得名。

两个主要院子的柱子是大理石的，上面的发券用木头做，券以上的壁面镶着用石膏制的装饰，题材是几何纹样和阿拉伯文字，都是彩色。凡石膏块的拼接处都涂深蓝色，以遮掩缝隙，表面涂一层蛋清，作为防水剂。

建造阿尔罕布拉宫的时候，西班牙的伊斯兰教国家力量已经衰败。格兰纳达王国臣服于西班牙天主教君主，屈辱求存。几百年的封建小国，面临着不可挽回的没落，被一种无可奈何的哀愁笼罩着，安逸的生活，追求的是精致的享乐，而不是庄严豪华的排场。但这时候它的农业和手工业都很繁荣，格兰纳达城有人口 40 万之多。经济基础和手工技艺都在，因而宫廷还能以奢侈而工巧的手艺来装点他们最后的日月。这就造成了阿尔罕布拉宫的艺术风格：精致柔美，绚丽忧郁，宛如一丝欲断的清唱，背景是历史的必然和财富的奢靡。

5.2.3　莫斯科华西里教堂

15~18 世纪，俄罗斯的历史很复杂，它的建筑的发展过程也很曲折。

16 世纪的俄罗斯建筑较多地汲取了民间建筑的特点，更多应用传统的木构架。由于长期闭塞，它的建筑直到 17 世纪末还保持着强烈的独特性。而后来社会发生了大变动，向西方打开了门户，其建筑突然变化，从西欧移植了柱式建筑，曾经有过相当高成就的建筑传统中断了，只有一些个别因素渗入柱式建筑，使它具有新的俄罗斯特色。

华西里・伯拉仁诺教堂就是这个历程早期的不朽珍品，并成为世界建筑艺术的瑰宝。

1555 年和 1561 年之间，伊凡四世为纪念其对喀山汗国的征服，建造了华西里教堂（或译作垛上祈祷教堂）。该建筑中有一位俄罗斯东正教圣人华西里・柏拉仁诺之墓。1588 年，费奥多尔・伊万诺维奇沙皇，在华西里之墓以东上方添置了一个小礼堂。此后，该教堂就被人们普遍称为“圣华西里教堂”。

华西里教堂位于红场东南部，对面则是克里姆林宫的斯巴斯卡亚塔。教堂的设计跟随了同时代的穹顶教堂风格，尤其是耶稣升天教堂（1530 年）和施洗约翰教堂（1547 年），是一座多穹顶教堂。它通常被人们看作是俄罗斯在欧洲及亚洲之间独特位置的象征，它独特的形象就来源于俄罗斯民间的木建筑。

华西里教堂建筑主体用红砖砌造，细节用白色的石头，穹顶则以金色和绿色为主，夹杂着黄色和红色。教堂装饰华丽，内部空间狭小，着重外形，色彩强烈，就像一座纪念碑。中央主塔是帐篷顶，高 47 米，由 9 个墩式形体组合而成，中央的一个最高，越来越尖的塔楼顶部又出现了一个小小的穹顶，上面的十字架在阳光的照射下熠熠发光。在高塔的周围，簇拥着 8 个稍小的墩体，它们大小高低不一，但都冠戴圆穹顶，而这些穹顶的花纹又个个不同，它们均被染上了鲜艳的颜色，以金、黄、绿三色为主，螺旋式花纹造成了穹顶强烈的动感。上面各有一个大小不一的穹顶。这九座塔彼此的式样、色彩均不相同，但却十分和谐。该建筑是世界宗教建筑中的珍品，有“用石头描绘的童话”之称。

华西里教堂最初的设想是建造一群小礼堂，每一个礼堂代表一个圣人，寓意每到一个圣人的节日，沙皇就打赢一场战斗。同时，中间的一个单独的塔将所有空间整合成了一个大教堂。教堂斜对着红场，因而充分彰显出它最复杂的形体，它与克里姆林宫的大小宫殿、教堂搭配出一种特别的情调，为整个克里姆林宫增辉添彩。

华西里教堂带有里程碑式的意义。从华西里教堂开始，俄罗斯建筑开始摆脱了对拜占庭文化的追捧，更多的民间传统建筑被发扬光大，形成了独特的民族传统建筑风格。

5.3　经典的旋律——欧洲的辉煌

5.3.1　凡尔赛宫

凡尔赛宫建于1661年~1756年，占地达300公顷，是法国绝对君权的纪念碑。它是集建筑、园林、绘画、雕塑之大成，集中体现了法国 17 世纪、18 世纪光辉的艺术与技术成就。在17世纪下半叶，法国的绝对君权在路易十四统治下达到了最高峰，古典主义建筑达到其极盛时期，巴黎建筑到达了辉煌时期。当时凡尔赛宫修建过程曾动用了3000名建筑工人、6000匹马。

凡尔赛宫园林分为花园、小林园和大林园3部分。由人工运河、瑞士湖和大小特里亚农宫组成，是法国式园林的经典之作。园中古树参天，俯瞰着如茵的草坪和平静祥和的湖水。各式花坛也错落有致，衬托出亭亭玉立的女神雕像。大、小特里亚农宫典雅别致，独具特色，为法国新古典主义建筑艺术的杰作。

太阳是凡尔赛宫装饰常用的题目，因为太阳是路易十四的象征。有时候还和兵器、盔甲一起出现在墙面上。除了用人像装饰室内外，还用狮子、鹰、麒麟等动物形象。有的楼梯栏杆用金属铸造而成，有些金属配件还镀了金，配上各种色彩的大理石，显得十分灿烂。天花板除了像镜厅那样的半圆拱外，还有平的，也有半球形穹顶，顶上除了绘画也有浮雕。

镜厅也称镜廊，是凡尔赛宫最辉煌的部分，并曾被广泛认为是无上权力的象征。1678年路易十四让他的建筑师兼城市规划师芒萨尔为凡尔赛宫设计了最豪华瑰丽的殿堂镜厅。镜厅长76米，宽10米，高13米。厅内长廊一侧是17扇朝花园而开的巨大拱形窗门。另一侧是由483块镜片镶嵌而成的17面落地镜，它们与拱形窗门一一对称，把门窗外的蓝天、景物完全映照出来。同时厅内3排挂烛上32座多支烛台及8座可插150支蜡烛的高烛台所点燃的蜡烛，经镜面反射，形成约3000支烛光，把整个大厅照得金碧辉煌。镜厅内壁用白色和淡黄色大理石钻面，镜板间用科林斯式绿色大理石壁柱隔开，柱头和柱础为铜镀金，柱头上饰以太阳、花环和天使，一律用金色。勒·布朗的巨幅天顶画再现了路易十四执政初期的历史事件，当夜幕降临时，烛光摇曳，整个大厅成为金色的海洋。

当时镜厅是宫廷举行大型招待会和国王接见高级使团的场所，而整个凡尔赛宫则成为国王和贵族、大臣们饮酒作乐，享受豪华奢侈生活的场所。1871年德皇威廉一世在镜厅举行加冕典礼；1919年法国以战胜国的姿态与德国签署《凡尔赛和约》，也是在这里举行。

5.3.2 巴黎军功庙和雄狮凯旋门

法国曾经是欧洲最强大的国家，也是绝对军权制度的典范，法国古典主义建筑的理论和创作影响十分深远，到了法国大革命，继而至拿破仑，调动艺术与建筑，颂扬统治，激励斗志，古罗马风格盛行，形成了“帝国风格”。这些大型建筑物常常照搬罗马帝国建筑的片断，甚至整体。例如，雄狮柱是图拉真记功柱的复制品，凯旋门完全模仿赛维鲁斯凯旋门，而军功庙则俨然是一座罗马围廊式庙宇。

1799 年，拿破仑决定把在革命前已经造完基础的巴黎的抹大拉教堂废掉，在原地造一座陈列战利品的军功庙，指定它“应该是庙而不应该是教堂”，是“可以在雅典见到的那种纪念物，面不是在巴黎可以见到的那种”。于是，设计人维尼翁采用了围廊式庙宇的形制。拿破仑帝国覆灭之后，军功庙改称旧名抹大拉教堂。

军功庙位于协和广场之北，前面一段不长的大道，笔直通过广场北边一对大厦之间，进入广场，形成广场的主轴线，军功庙因此与广场联系成一个建筑群，并且居于主位。军功庙很大，从柱础外侧量度，宽 44.9 米，长 101.5 米。正面 8 棵柱子，侧面 18 棵，罗马科林斯柱式，柱子高 19 米，基座高 7 米。柱间距只有两个柱径，柱高不及底径的 10 倍，很沉重。柱间距完全相等，柱廊后面是大片不加装饰的粗石墙。军功庙的大厅由 3 个扁平的穹顶覆盖，而穹顶是用铸铁做骨架的。这是最早的铸铁结构之一，是工业革命的积极成果，和它同时的粮食交易所也用铸铁做穹顶。巴黎的这批建筑师立意要在形式上模仿古罗马，没有创造新事物的自觉，因此这两座建筑物没有探讨新的形式。而同时，伦敦的英格兰银行却在铁构架上创造了新形式。

1806 年，拿破仑为纪念打败俄奥联军，下令修建雄狮凯旋门。拿破仑被推翻后，工程终止，波旁王朝被推翻后又重新复工，至 1836 年全部竣工。

雄狮凯旋门位于巴黎市中心星形广场（又名戴高乐广场）中央，是世界上最大的一座凯旋门。门高 49.4 米，宽 44.82 米，厚 22.3 米，四面有券门。中央券门高 36.6 米，宽 14.6 米。设计人为 J.F. 查尔格林。雄狮凯旋门建成后，堵塞了交通，在它周围开拓了圆形的广场，12 条 40~80 米宽的大道相接而来，使它成了一个巨大的空间构图中心。这个广场因为放射形的街道而得名为星形广场，拿破仑帝国垮台后，雄狮凯旋门被称作星形广场凯旋门。

5.3.3　圣彼得堡海军部与冬宫

19 世纪上半叶，俄罗斯彼得堡开始大规模建设，建桥、筑路、辟广场、设公园，兴建群体建筑，彼得堡进入一个新的发展时期。海军部大厦，是新建彼得堡市中心的核心。

海军部建造于 1806 年至 1823 年，其东面是冬宫，西面是元老广场，北边的涅瓦河对岸是交易所，设计人萨哈洛夫。海军部平面呈 Π 形，面向城市的一面，设置入口大门、首脑会议厅和办公厅、博物馆，图书馆等，向涅瓦河的一面是生产车间、放样车间及船舰设计室、仓库等。

海军部主立面全长 407 米，侧立面长 163 米，既是陆上建筑群、又是水滨建筑群。如何形成视觉中心，不管从总体布局或立面构图，都带来很大困难。大厦正面中心精心设计了中央尖塔，解决了这个问题。中央尖塔底层是高大的立方体，面阔有 29 米，中间为券门洞，上面是由每边 8 根爱奥尼柱子组成的柱廊，再上为墩式穹项和八角形亭子，亭子上是高达 23 米的尖锋项，顶端托着一艘扬帆的战舰。塔自下而上逐层收小，使人感到稳重而轻快。中央尖塔底层只略高于两翼，使塔身能与长达 190 米的两翼结合成整体。而高高的尖塔，其镀金长针距地高达 72 米，无论从水面或陆地很远的地方都能看到尖塔的垂直轴线。主立面两端做了古典主义典型的五段式划分，中央是 12 根柱子的柱廊，两侧是 6 根，这些列柱与塔上柱廊相呼应。侧立面两端也重复正立面的处理方法。由于缜密构思精心安排，长达 400 多米的海军部大厦，仍成为统一的整体建筑。从城市规划角度看，也是一件极其成功的杰作。

海军部大厦装饰、雕塑，尤其是浮雕应用得十分成功，复杂的群雕和多变的光影与平洁而厚重的墙面产生强烈的对比。

1754 至 1762 年，作为沙皇皇宫的冬宫初建，于 1837 年被大火焚毁，1838~1839 年重建。第二次世界大战期间又遭到破坏，战后修复。冬宫由意大利建筑师拉斯特雷利设计，是 18 世纪中叶俄国巴洛克式建筑的杰出典范。

冬宫是一座三层楼房，长约 230 米，宽 140 米，高 22 米，呈封闭式长方形，占地 9 万平方米，建筑面积超过 4.6 万平方米。最初冬宫共有 1050 个房间，117 个阶梯，1886 扇门，1945 个窗户，飞檐总长近 2 公里。冬宫的四个立面各具特色，但内部设计和装饰风格则严格统一。面向宫殿广场的一面，中央稍突出，有三道拱形铁门，入口处有阿特拉斯巨神群像。宫殿四周有两排柱廊，雄伟壮观。宫殿装饰华丽，许多大厅用各种宝石、孔雀石、碧玉、玛瑙制品装饰，如孔雀大厅就用了 2 吨多孔雀石，拼花地板用了 9 种贵重木材。御座大厅（又称乔治大厅）的御座背后，有用 4.5 万颗彩石镶嵌成的一幅地图。

冬宫广场的气魄和规模宏大，而建筑非常和谐。所有建筑物，是在不同时代、不同建筑师用不同风格建造的。为纪念战胜拿破仑，在广场中央树立了一根亚历山大纪念柱，高 47.5 米，直径 4 米，重 600 吨，用整块花岗石制成，不用任何支撑，只靠自身重量屹立在基石上，它的顶尖上是手持十字架的天使，天使双脚踩着一条蛇，这是战胜敌人的象征。

5.4　时间的慢板与花音——街道与小镇

东西方相异的自然观形成了两种不同的建筑特色，东方建筑外形柔和，性格温存，意在迎合和接受自然。西方古典建筑造型规整，性格硬朗，旨在强调对周围环境以及自然的统领地位。在这种自然观的影响下，东西方的街道也呈现不一样的景象，这种街道空间的不同的几何特征，由于建筑形式、生活习惯、人文风情等的不同所引起的。一些优秀的西方城市街道既为表演提供场所，同时它自身也参与到城市中行为的构建，感受这样的街道犹如感受时间的慢板与花音。

5.4.1　巴黎协和广场与香榭丽舍大街

巴黎协和广场位于巴黎市中心、塞纳河北岸。

协和广场原名为“路易十五广场”，1755 年，时任路易十五宫廷皇家建筑师的雅克・昂日・卡布里耶设计了一个长 360 米，宽 210 米，总面积 84000 平方米的八角形广场，历经二十年，于 1775 年完工，广场为开放式，在此可远眺杜乐丽花园，俯视塞纳河。卡布里耶的另两部杰作，法国海军总部和克里翁大饭店位于广场两端。

广场原来中间铸造的路易十五的骑马雕像，显示着其在位时期的威势。在 1789 年法国大革命时期，雕像被革命人民推倒，并改建了断头台，易名为“革命广场”。国王路易十六及其王后就是在这里被送上了断头台，其后也亦有数千人在此被处决。广场被重建时，为了纪念战争年代的结束，满足人民祈望和平的愿望，“革命广场”更名为“协和广场”。

广场正中心矗立着一座高 23 米，有 3400 多年历史的埃及方尖碑，23 米高，230 吨重，由一块完整的巨形玫瑰色花岗岩雕琢而成，在经历了两年半的海上航行之后于 1836 年 10 月运抵法国。广场周边矗立着八个代表 19 世纪法国最大的八个城市的雕像，西北是鲁昂、布雷斯特，东北是里尔、斯特拉斯堡，西南是波尔多、南特，东南是马赛、里昂。1835 至 1840 年之间，广场上增设了两个场景宏大的喷泉和一些装饰华丽的纪念碑。北边是河神喷泉，南边是海神喷泉，体现当时法国高超的航海及航运技术，仿制罗马的圣彼得广场喷泉，纪念碑以船首图案装饰。雕塑家库斯图最初为路易十四的离宫花园所雕造的骏马矗立于香榭丽舍田园大道入口处。

香榭丽舍大街（爱丽舍田园大街），是巴黎城一条著名的大街，爱丽舍田园大街取自希腊神话“神话中的仙景”之意，法国人形容她为“世界上美丽的大街”。

1616 年，当时的皇后玛丽・德・梅德西斯决定把卢浮宫外一处到处是沼泽的田地改造成一条绿树成荫的大道，在那个时代被称为“皇后林荫大道”。1667 年，皇家园艺师勒诺特为拓展土伊勒里花园的视野，把这个皇家花园的东西中轴线向西延伸至圆点广场，1709 年两旁植满了榆树的中心步行街勾勒出了香榭丽舍的最初雏形。这条街道也成了当时巴黎城举行庆典和集会的主要场所。1724 年，昂丹公爵和玛雷尼侯爵接手了皇家园林的建设管理，完成了香榭丽舍的规划工作，从此香榭丽舍开始成为巴黎独具魅力的一条街道。18 世纪末，香榭丽舍所在的田园水泽分属不同的所有者，还零星建有一些房屋和商店。1828 年，这条大道的所有权全部收归市政所有，设计师希托夫和阿尔方德改变了最初的规划方案，为香榭丽舍添加了喷泉、人行道和煤气路灯，使之成为法国城市发展史上第一条名副其实的林荫大道。

第二帝国时期，拿破仑三世委任塞纳省省长奥斯曼主持，耗时 18 年

（1851~1869 年）扩建巴黎。奥斯曼把交叉路口的广场改为交通枢纽，为此扩建了许多街头广场，如星形广场、巴士底广场等。连接各大广场路口的是笔直宽敞的梧桐树大道，两旁是豪华的五六层建筑；远景中，每条大道都通往一处纪念性建筑物。这种格局使城市气势恢宏，车流通畅，当时世界许多大都市纷纷效仿。

正是这次扩建工程，使香榭丽舍大道真正成为“法兰西第一大道”。奥斯曼将星形广场原有的 5 条大道拓宽，又增建 7 条，使广场成为 12 条呈辐射状大道的中心。香榭丽舍大道则从圆点广场延长至星形广场，成为 12 条大道中的一条。香榭丽舍大街建设不断，开设了富有法国特色的时装店、化妆品店等，银行、轿车行、夜总会等也纷纷进驻。在 19 世纪法国资本主义飞速发展的“美好年代”，香榭丽舍西段成为重要的商业大道，同时保留了法国式的优雅情调。

1992 年 2 月，在“香榭丽舍委员会”推动下，巴黎市政府启动整修工程，主旨在于恢复散步大道。内容主要有，取消路边停车侧道，兴建一个拥有 850 个车位的地下五层停车场，把腾出的 4 公顷路面拓为人行道；重铺人行道路面，用浅灰色间有小蓝点的花岗石铺设，给人以宁静沉稳；拓宽人行道后，再种两排梧桐树木，这样大道两侧就有了 4 排树木，营造绿树掩映的散步大道景观；给大道重新安装路灯、长椅、公共汽车候车亭、海报柱、报亭等设施，设施基调为灰黑色，配以发亮的深色铸铁，保持着典雅庄重的风格，融现代风格与古典情调于一体。经过两年多的整修，香榭丽舍工程于 1994 年 9 月竣工。

经过 300 多年的演变，香榭丽舍大道成为法国最具景观效应和人文内涵的大道。

今天的香榭丽舍大道东起巴黎的协和广场西至星形广场（即戴高乐广场）凯旋门，地势西高东低，其间起伏凹凸，全长约 1800 米，宽 100 米，与塞纳河的一段几乎是平行的，从大道向南便可到达塞纳河，是巴黎大街中心的女王。它以圆点广场（Rond-point des Champs Elysees）为界分成两部分：东段是条约 700 米长的林荫大道，以自然风光为主，两侧是草坪平整，绿树成行，是闹市中一块不可多得的清幽之处。西段是长约 1200 米的高级商业区，是全球世界名牌最密集的地方，靠近凯旋门一段高级商店最多。香榭丽大道大街气度非凡，每年的法国国庆，都在这条大道上庆祝。

5.4.2 坡屋顶与小栅栏

同样在欧洲，与广场和大道形成鲜明对比的，是各地各有风情的乡村民宅，其总体布局如图案般规则又有变化，其街道曲折而充满趣味，其坡屋顶与小栅栏，更是独具特色。

法国在西欧，既属于南部又属于北部，地理与历史造就了其乡村建筑装饰造型的多样性，几乎没有一个简单的理念可以确切地将其概括。每一个省，乃至每一个小镇，都有它自己的风格。如在东南部地区，地中海风情浓郁，在普罗旺斯，小镇民宅用石灰石碎石砌筑外墙，表面抹灰，并使用泥土的颜色和沙石制成的颜料，玫瑰色、褐色、紫藤色、赭石色，装点着白色的建筑物立面，与百叶窗的颜色形成对照，情调明快。又如在东北地区，在阿尔萨斯，住宅的风格又与附近的德国住宅相似，色彩多样偏重装饰。这些迥异风格形成一个整体特征，那就是所谓的“法国乡村风格”。

英国乡村住宅的历史也十分悠久。在中世纪，英国的乡村住宅是一个家庭权势和威望的见证，家族成员世世代代居住在这一个住宅里。住宅里有代表性地悬挂着家庭成员、有权势的朋友、王室成员和古代英雄的肖像。文艺复兴时期后，年轻绅士所受教育中最重要的一部分就是遍游欧洲大陆，并在此期间收集大量的物品和家具，返回英国的时候，这些物品便成了他的旅行纪念品。这些纪念品精心挑选，别具一格，有古典胸像、风景油画、镶嵌大理石的桌子、挂毯地毯家具、青花瓷器，还有参照设计自己庄园的建筑图纸，等等。

工业革命带来了经济和社会的巨大变革，导致了都市化的出现和中产阶级的大量产生。19 世纪中期，乡村住宅又成了人们逃避伦敦快节奏生活的避风港，打猎钓鱼、写生绘画、欣赏音乐、进行文学创作、游戏、餐饮、享用有小点心和果酱的下午茶、猎狐、马球比赛都是在乡村住宅进行的典型活动。

欧洲乡村的坡屋顶与小栅栏，在今天依然与人们的生活息息相关。

5.4.3　小镇中的大学

英国的剑桥大学是一个散布于小镇的大学典范。而在美国，也有一个剑桥。

美国的剑桥市实际上也是一个小镇，与大城市波士顿一河之隔。这在美国建国史上地位十分重要，自 1630 年从英格兰渡海而来的移民在查尔斯河北岸建立家园，独立战争时期华盛顿曾经在此驻军。剑桥市面积不到 1700 公顷，人口约 12 万人，同时拥有两座国际知名的高等教育学府——哈佛大学和麻省理工学院。

哈佛大学于 1636 年经马萨诸塞湾殖民地大法庭投票通过而建立。哈佛校名来自于学校第一位赞助人，马萨诸塞州查尔斯城的约翰·哈佛，这位年轻的牧师在 1638 年去世时，将他的图书馆及一半遗产捐赠给这所新学院，大法庭于 1639 年决定将这所学院定名为哈佛大学。一般人所称的哈佛大学系指剑桥区的哈佛园及其周围建筑群，哈佛广场是这里的中心，学生、街头艺术家、旅客及流浪汉让此处充满了旺盛的生命力。老校园里有一座约翰·哈佛雕像，于 1884 年铸造。马萨诸塞楼建于 1720 年，是全校最老的建筑。现在一至三楼作为校长、副校长、教务长及其他学校职员的办公室，而其他高楼层则作为一年级新生宿舍。科学中心于 1972 年由何赛鲁易斯·塞特（Jose Luis Sert）设计。

麻省理工学院创立于 1865 年 2 月 20 日，当时的学生人数仅有 15 人。该校的创建与查尔斯河关系密切，1830 年代因为波士顿地区的工业发展以及都市污水造成后湾地区河道淤积，而迫使波士顿政府展开了长达 25 年的河道整治计划，当时的州长提倡将新生地作为教育使用，于是切合当时社会工业科学发展需求的麻省理工学院因此应运而生，校区位于查尔斯河南岸波士顿市。

后来校地发展受限，1910 年初麦克劳伦校长（1870~1920 年）致力于将校园由波士顿校区迁建至剑桥市，在河北岸购置校地，1913 年新校园动土，1916 年开学时学生人数 1900 人，教职员工 300 人。麦克劳伦米大圆顶是麻省理工学院最具历史及代表性的一栋建筑，为迁校剑桥校园后的第一栋综合性建筑，由建筑师包斯沃斯所设计，包括两栋向南延伸的长形建筑，以及被其包被而成的前庭广场与一座类似罗马万神殿的圆顶，用以代表人类无上的创造力。为了纪念麦克劳伦校长的功绩，建筑群以其为名。

麻省理工学院早于迁校之时即有完整的校园规划观念，学校于 1958 年成立校园规划室，结合建筑委员会、空间规划委员会及设计顾问共同负责校园规划及建筑事务，并于 1960 年完成校园主要计划，作为校园长期发展的指导原则。建筑强调使用功能，既符合学生上课教学及各式实验的需求，又考虑到剑桥市酷寒的冬季气候，所以形成了极具特色的“无尽的长廊”，各栋建筑以长廊相连，长廊两侧配置实验室、办公室与教室等，学生、教授及职员可以通过长廊轻易来回于各栋建筑之间，各栋建筑亦以数字编号作为代表，极具特色。

本讲小结：

纵观西方建筑艺术，阳光的普照、色彩与阴影、这些逻辑的认识与创造，不仅仅是在外部，还拓展并在内部发挥到极致，黄金的光芒在玫瑰的艳丽和绿草的簇拥中，交织着咏唱，而这咏唱沿着地中海回旋并升华，旋律不是唯一的，地域在拓展，辐射在消长，多个典型的形式美都发展到了各自的巅峰，并形成了交错而优美的和弦。

图 5–1　意大利罗马万神庙

罗马万神庙最著名的就是其最大的罗马式圆顶。圆顶的顶端有一个圆形的开口，称为圆顶的眼（拉丁语：oculus）。眼可以使阳光透进神庙内部，同时改善通风。它中央开一个直径 8.92 米的圆洞，成为整个建筑的唯一进光口，也寓意神的世界和人的世界的联系。从圆洞进来柔和的漫射光，照亮空阔的内部，有一种宗教的宁谧气息。通过这个窗口，可以看到蔚蓝的天空，阳光也通过它，成束状照射到殿堂内。随着太阳方位角的转换光线也产生明暗、强弱和方向上的变化，底下壁龛中的神像也依次呈现出明亮和晦暗的交替，祈奉的人们犹如身在苍穹之下，与天国和众神产生神秘的感应。

图 5–2　法国巴黎凡尔赛宫外立面

凡尔赛宫宫殿为古典主义风格建筑，立面为标准的古典主义三段式处理，即将立面划分为纵、横三段，建筑左右对称，造型轮廓整齐、庄重雄伟，被称为是理性美的代表。其内部装潢则以巴洛克风格为主，少数厅堂为洛可可风格。凡尔赛宫外观宏伟壮观。

凡尔赛宫的内部陈设及装潢就更富于艺术魅力，室内装饰极其豪华富丽。500 余间大殿小厅处处金碧辉煌，豪华非凡，内壁装饰以雕刻、巨幅油画及挂毯为主，配有 17、18 世纪造型超绝、工艺精湛的家具，大理石院和镜厅是其中最为突出的两处。

图 5–3　法国巴黎凡尔赛宫花园

凡尔赛正宫前面就是风格独特的“法兰西式”的大花园，园内树木花草别具匠心，与中国古典的皇家园林有着截然不同的风格。它完全是人工雕琢的，极其讲究对称和几何图形化，以绿毯大道为中心大道，连接着公众的喷泉、水池与雕像。其中最具特色的是喷泉瀑布。每当国王在花园里散步时，奴仆们就要操纵水力设施，使 1400 只喷头喷水。在夏夜喷泉开放时，五颜六色的灯光遥相辉映，使花园呈现出一派辉煌的景象。

图 5-4　法国巴黎雄狮凯旋门

雄狮凯旋门非常巨大，但却采取了最简单的构图，方方的，除了檐部、墙身和基座，此外没有别的分划。没有柱子和壁柱，也没有线脚。在凯旋门两面门墩的墙面上，有 4 组以战争为题材的大型浮雕："马赛曲"、"1810 年的胜利"、"和平"、"抵抗"。凯旋门墙上的浮雕，同样也是尺度非常大，一个人就有 5、6 米那么高，它距离协和广场 2700 米，绿树成荫的香榭丽舍大道从协和广场向西直奔而来，在中途有一个凹地，而凯旋门就在高地上，因此造就了格外庄重、雄伟的艺术力量。它的浑厚的重量感更增加了这份力量。

凯旋门正对香榭丽舍大街的一面是 1920 年 11 月 11 日设立的无名战士墓。如今，凯旋门的上部是一个博物馆，陈列着反映拿破仑生平事迹的文献资料。

图 5–5　法国巴黎德方斯巨门

德方斯巨门是 1989 年法国为了庆祝法国大革命胜利 200 周年所建工程之一，是丹麦建筑师斯朴瑞克森 · 安德鲁主持设计。该门高 110 米，与雄狮凯旋门在一条轴线上。

德方斯巨门与雄狮凯旋门有两个共同点，表面为石材，体型巨大为方形。而这两个共同点决定了其对于巨大城市轴线的共同控制。除此之外，从决策者到设计者实施者并没有过分强调具体形式的一致，而是共同致力于对新的建筑形象的积极探索和共识。

西方建筑艺术的发展，往往集中体现在其极少量的“明星”建筑形式的不断创新上。

图 5–6　英国剑桥

西方知名大学的规模往往很大，而有些大学所依托的并非大城市，而是具有悠久历史和深厚文化积淀的小镇。与小镇息息相关的大学，大学的历史也是小镇的历史。英国的剑桥大学就是这样一个典范。剑桥是英文 Cambridge 音译与意译合成的地名，就是剑河之桥的意思。剑桥的确有一条剑河，在市内兜了一个弧形大圈向东北流去。河上修建了许多桥梁，所以把这座小镇命名为剑桥。

第6讲　中国建筑材料解读

中国地域辽阔，民族众多，历史、文化、生活不尽相同，地质、地貌、气候、水文条件变化也很大。各地各民族使用不同的建筑材料——土、木、石、砖、瓦、竹、琉璃等，建造不同样式的建筑，木构建筑为主，而砖房、竹楼、毡包、土坯房、生土窑洞等，各具特色。中国木构建筑分布最广，数量最多，且多有变化，在平面组成、外观造型等方面多姿多彩。木构建筑是我国古代建筑成就的主要代表，数千年来，帝王的宫殿、坛庙、陵墓以及官署、佛寺、道观、祠庙等也普遍采用木构建筑。

同时，在漫长的历史发展中，以血缘关系为纽带、以等级秩序为核心，以伦理道德为本位的思想体系和社会制度较早成熟并日益完备。基于"礼"的需要而形成的建筑制度，从建筑群体组合、单体形式，到用料规格形制、装饰材料选用等方面都有严格规定，形成了中国古代建筑材料使用的一个鲜明特色。

6.1　木及木构架

6.1.1　木构架的基本演变

以木构架为主要结构方式的中国建筑体系，几千年前已经颇具规模，经过几千年的发展，由简陋到成熟、复杂，再趋向简化，演变过程清晰。

秦汉时期，中国建筑木构架的结构技术渐趋完善。两种主要结构形式——抬梁式和穿斗式都已发展成熟，并衍生出一些变体。在两晋、南北朝时期，木结构形成了完善而成熟的结构体系与造型风格。隋唐时期，建筑各个构件已有一定的比例关系，木构技术达到很高的水平，其标志是斗栱日臻成熟并创造出绚丽的空间艺术。

到了五代、宋初，为适应建筑功能的要求以及技术上的发展，木构技术开始了新的变化。《营造法式》规定的结构方式和唐代、辽代遗物的对照表明，宋朝建筑已开始结构简化，其中最重要的一个特点就是斗栱机能已经开始减弱，在楼阁建筑方面已经放弃了在腰檐、平坐内部设暗层的做法。这种上下层直接相通的做法，到元朝后继续发展，后来成为了明清时期的主要结构方式。

至明朝，官式建筑已经高度标准化、定型化，而清朝颁布的《工程做法则例》则进一步予以制度化。标准化标志着高度成熟化，同时也不可避免地导致一定的僵化。

明清两代在大木用材方面有显著差别。

明代使用木材多而巨大，兴建重大建筑工程都要在各地采办大量木材，如楠木、樟木、柏木、松木、椴木、榆木、槐木等。宫殿、陵寝和坛庙等建筑，常用楠木制作梁、柱、门窗装修，用柏木（或楠木、樟木）制作斗栱等。明初曾使用了许多大尺度的材料，例如天安门和端门的明间跨度长达 8.5 米以上。

入清以后，宫廷工程由于缺乏巨大的木材，转而用小块木料拼接成柱子和梁，外加铁箍拼合成材，这是一种经济有效的施工方法。营造大项工程，因缺乏楠木，转而大量使用黄松作为主要建筑材料。明清建筑技术改革，在大木作施工中，广泛使用各种铁活，这对于加强建筑结构的刚度和整体性都卓有成效。较之金元，明清时期的官式木结构建筑，构架的整体性加强，却缺失了金元时期处理空间和构件的灵活，趋于死板僵化，而梁断面比例由 3 ∶ 2 改为 5 ∶ 4，不尽合理，梁本身静荷载增加。

木材被长期广泛地作为一种主流建筑材料加以使用，必然有其内在优势。

其一，取材方便。中国古代大多地域气候温润，广袤的土地上遍布茂密的森林。

其二，易于加工。中国古代青铜技术成熟较早，随着青铜工具以及后来铁质工具的使用，木结构的技术水平迅速提高，由此形成了中国独特的、成熟的建筑技术和艺术体系。

其三，适应性强。中国传统木构建筑是由柱、梁、檩、枋等构件形成的框架结构，房屋内部可较自由地分割，使用的灵活性大，适应性强，无论是水乡、山区还是寒带、热带，都能满足使用要求。

其四，抗震性能较强。我国木构建筑的组成采用榫卯结合，木材本身具有的柔性加上榫卯节点有一定程度的可活动性，使整个木构架在消减地震力的破坏方面具备很大的潜力，有“墙倒屋不塌”之说。

其五，施工速度快，便于修缮和搬迁。木材加工比石头快得多。在唐宋时期，各种木构件式样的定型化，使得不同木构件可同时加工，制成后再组合拼装。欧洲古代的一些石作大教堂往往要花上百余年才能建成，而明成祖兴建北京宫殿建筑群仅用十几年就完成了。同时，由于榫卯节点的可卸性，替换某种构件或整座房屋拆卸搬迁，都比较容易做到。

中国古代的主流建筑，如帝王的宫殿、苑囿，政府衙署与各种不同等级的住宅，都是为现世的人建造的，不求永恒与久远。着眼现世的中国建筑，采用了有诸多方便的木结构。

另外，古人讲求阴阳五行，五行中的五种物质——金、木、水、火、土，对应五个方位（西、东、北、南、中）。土代表中央，代表负载万物、养育万物的大地；木代表春天，代表东方，象征生命与生长的力量。土、木为中国人所崇尚。中国古代建筑的基本材料就是“土木”，人之居所的理想所在就是土（台基）之上，木（柱子、梁架）之中。

综上所述，一直到 19 世纪末 20 世纪初，传统木构建筑仍然牢牢占据中国建筑的主流。

6.1.2　空间延展造型绝美——南禅寺正殿和佛光寺大殿

唐朝是我国封建社会的鼎盛时代，经济、文化和艺术都得到了空前发展。此时期艺术的各个门类，建筑、绘画、雕塑、书法等，都达到了极高的水平。史籍中对唐代各类艺术的记载颇多，但现存的实物，尤其是建筑实物，已十分罕见。保存着同期塑像和壁画的寺庙更是凤毛麟角。

现今保留较完好的两座唐代的古朴典雅的艺术宫殿——南禅寺正殿、佛光寺大殿用料大，出檐深远，空间延展，造型绝美，是我国古代劳动人民在建筑、彩塑、石雕、绘画等方面智慧的结晶，弥足珍贵，充分体现了当时中国木构建筑艺术的辉煌，是我国光辉灿烂的历史文化中的两朵奇葩。

南禅寺正殿建于唐大中十一年（782 年）。大殿屋顶铺瓦，举折平缓，出檐深远，是全国现存古建中屋顶最平缓的一座。屋顶总举高为前后撩檐槫之间距离的 1/5.15，即 19.4%。出檐部分仅施檐椽一层，不加飞椽。翼角处大角梁通达内外，无子角梁，平直古朴。

殿内无柱，亦无天花。殿内“凹”字形佛坛宽大，约占室内面积的 1/2。坛上彩塑为唐物，各像比例适度，面形丰满，衣饰华丽，神态自如，体形较六朝柔和。正中为释迦牟尼塑像，庄严肃穆，总高近 4 米，是现存唐代塑像的杰出作品。与敦煌唐塑相较，如出一辙，是中国现存寺观彩塑中的珍品。

南禅寺正殿虽不大，但其舒缓延展的屋顶，硕大有力的斗栱，简洁雄浑的构图，雍容典雅，质朴爽朗，气度不凡。它是我国古建筑中的一颗璀璨夺目的明珠。

佛光寺大殿建于唐建中三年（857 年）。佛光寺大殿也是我国现存唐代殿堂型木构架建筑的珍贵实物，且规模较大，更为典型。佛光寺大殿被誉为“亚洲佛光”。它与殿内唐代雕塑、唐代壁画、唐代题记一起，被人们称为“唐代四绝”。

大殿殿身的檐柱和内柱各一周，承托着殿顶屋架的重量。大殿在脊檩下仅用叉手，四周檐柱，上端皆向内倾，制成侧角，角柱较平柱高，用以增强建筑的稳固力。柱高 5 米，直径 54 厘米。柱头边沿形如覆盆，卷杀和缓，柱础为石墩。内柱础石朴实无华，檐柱础石雕宝座莲花，图案明朗，雕工精细，为唐代佳作。大殿两尽间有直棂窗，山墙左右辟有高窗。

大殿前檐中五间装板门和立颊的背后，均有唐人墨书题记，当为唐代遗物。殿内置有天花，将梁架分隔为明栿（露明梁架）和草袱（隐蔽梁架）两个部分。天花下的明栿都做成月梁式，轮廓秀美。三面包围佛坛，宽及五间。坛上有唐代彩塑三十五尊。其中，释迦牟尼佛、弥勒佛、阿弥陀佛、普贤菩萨、文殊菩萨及胁侍菩萨、金刚等塑像三十三尊，高 1.95 米至 5.3 米不等。另有两尊塑像，一尊是大殿施主的，一尊是大殿住持的。这两尊塑像虽比那三十三尊像小些，形态却很生动。大殿西侧和后部，还有众多明代塑造的罗汉像。墙壁上有唐代壁画十余平方米，为佛教故事，人物、饰物、衣纹描画细腻、生动、飘逸、潇洒，颇具风韵。

佛光寺大殿平面简练，空间艺术丰富，造型古朴雄壮，技艺精巧细致，表现了结构和艺术的统一，堪称我国唐代建筑的杰作。

南禅寺正殿、佛光寺大殿是中国古代劳动人民对木材娴熟掌握、利用的突出例证，是中国古代智慧把材料营造艺术高度统一的杰出典范，是中国木结构建筑的宝贵实物，更是全世界的珍贵文物，也为研究我国古代建筑史提供了弥足珍贵的实物资料。

6.1.3 登高远眺静立苍穹——山西应县佛宫寺释迦塔

中国木结构建筑之空间成就不仅在于水平空间的延展，还在于竖向空间的发展。中国古代智慧对于木材性能做到了恰当把握和极致应用，所营造的木塔高大而宁静、雄伟而安详，其中以山西应县佛宫寺释迦塔为典范。

山西应县佛宫寺释迦塔以巨大的规模和巍峨的高度而闻名于世，是国内现存最古老、最完整的木塔。它位于山西应县城内西北佛宫寺内，俗称应州塔，建于辽清宁二年（1056 年），金明昌六年（1195 年）增修完毕，距今已有超过 950 年历史。

佛宫寺布局属前塔后殿，释迦塔位于寺南北中轴线上的山门与大殿之间，建造在 4 米高的台基上，塔身平面呈八角形，底直径为 30 米。高 9 层，67.31 米，八角攒尖顶，刹高 9.91 米。塔基由大小不等的石块砌成。台基和月台的角石上都雕有伏狮，现存 17 块。角石伏狮造型古朴，大气浑厚，具有明显的汉唐遗风，是现存为数不多的辽代石刻精品。

释迦塔的塔身是中国传统楼阁式建筑，整体造型稳定，比例得当，雄伟壮观，瑰丽精巧，体态和谐，雍容大方。其艺术构图几何关系严密，其结构成就复杂而和谐至极。

粗略统计，整个木塔共用红松木料 3000 立方米，约 2600 多吨重。

檐柱外设有回廊，即《营造法式》里的“副阶周匝”，供登临眺望，一览远方。

塔刹由两大部分组成，下部为砖砌一层仰莲，高 2 米，直径约 3.65 米，上部由复钵、相轮、仰月、宝珠等五个部分的铁质部件组成，整个塔刹外形浓缩了印度佛塔外形。铁质部件通体均为镂空图案花纹，这些花纹变化丰富，各不相同，至少也有上百种形式。

自塔前六七十米处缓步前瞻，释迦塔崛地擎天、巍峨宏伟，近看，朵朵斗栱犹如天宫盛开的莲花，让人流连忘返，如古人诗云：“远观擎天柱，近似百尺莲。”释迦塔六层外檐八角上皆悬风铃，每层共计大小 16 个，因为历代都有修补更换，现存风铃多达 9 种形制。清风徐来，古朴的风铃随风叮咚，星星碎碎，廖然空荡。

山西应县佛宫寺释迦塔是中国古代智慧的瑰丽结晶，它体现了古代劳动人民对木材性能的极致利用、空间结构的有力创新、技术营造与美好理念的完美融合。

6.2　砖瓦土石

中国古代建筑的基本材料是“土木”，而土的形式，既有沿用至今的生土窑洞，更有几千年前就趋于成熟的烧结方式——砖瓦。石头，作为一种普遍使用的材料，在中国建筑中也大量存在。

6.2.1　秦砖汉瓦

商代早期，中国就开始了建筑陶器的烧造和使用，迄今发现最早的建筑陶器是陶水管。西周初期，出现了板瓦、筒瓦等建筑陶器。

战国时期，中原地区出现了空心砖，被用作宫殿、官署或陵园建筑，长方形空心砖用作踏步或砌于壁面。砖面有模印或阴线，有几何形花纹，龙纹凤纹，也有射猎、宴客等场面。

秦始皇统一中国，至汉，中原地区各民族广泛交流，生产力长足发展，手工业突飞猛进，制陶业的生产规模、烧造技术、数量和质量都超过了以往任何时代。秦代万里长城的修筑，其工程之大，用砖之多，举世罕见。

秦代，造砖已经十分成熟，其砖素称“铅砖”，可见其加工精密、坚硬均匀。在秦都咸阳宫殿建筑遗址以及陕西临潼、凤翔等地发现众多的秦代画像砖和铺地青砖。除铺地青砖为素面外，大多数砖面饰有太阳纹、米格纹、小方格纹、平行线纹等，有的秦砖上刻有文字，字体瘦劲古朴。

到西汉时期，空心砖的制作又有了新的发展，画像砖的制作更为普遍。砖面上的纹饰图案，题材广泛，构图简练，形象生动，线条劲健，内容也愈加丰富，有各种人物、车马、桑园，有反映各种生产活动的播种、收割、舂米、酿造、盐井、探矿等，有描写社会风俗的市集、宴乐、游戏、杂技、驯兽、乐舞、贵族家庭生活等，还有车骑出行、狩猎郊游、阙门建筑、神话故事等。

砖既作为日常建筑材料，更大量用来建造砖墓。东汉初期，画像空心砖的应用从中原地区扩展到四川一带，到东汉后期，中原地区空心画像砖为小砖所替代，而四川则延续到蜀汉时期。这一时期的画像砖内容更为丰富，这些画像砖是当时社会生活、生产的真实写照，在历史研究、科学研究及艺术上有着重大价值。

瓦的烧造大约起源于西周时期，在陕西扶风、岐山一带的西周宫殿建筑遗址中大量出土。瓦有筒瓦和板瓦两种，用泥条盘筑成类似陶水管的圆筒形坯，再切割成两半，为两个半圆形筒瓦，如果切割成三等分，即成为板瓦。瓦当即筒瓦之头，瓦坯制成后，在筒瓦前端再安上圆形或半圆形瓦当，主要起保护屋檐不被风雨侵蚀的作用，同时又富有装饰效果，使建筑更加绚丽辉煌。

秦汉瓦当，多为圆形带纹饰，主要有卷云纹、植物纹、动物纹、四神纹、文字纹五种。

卷云纹瓦当：在边轮范围内，用弦纹把瓦当正面分为两圈，外圈四等分，内填以各种云纹，内圈则饰方格纹、网纹、点纹、四叶纹或树叶纹等。其变化比较多，或四面对称，中间以直线相隔，形成曲线与直线的对比，或作同向旋转，富有节奏感。

植物纹瓦当：主要饰花叶纹等，植物纹中有叶纹、莲瓣纹和葵花纹。

动物纹瓦当：主要饰有奔鹿、豹纹、立鸟、昆虫、鱼纹、燕纹等。

四神纹瓦当：这类瓦当上饰有四神纹，即青龙、白虎、朱雀、玄武。

文字类瓦当：这类瓦当巧妙地用文字作为装饰，如“羽阳千秋”、“千秋利君”等，字体多是较典型的小篆体，极具图案之美。

秦宫遗址出土的巨型瓦当饰以动物变形图案，与铜器、玉器风格相近。

汉代瓦当纹饰更为精美，画面仪态生动，以四神纹最为优秀。汉代认为四神具有辟邪、致富的精神功能，汉代四神瓦当，在圆形构图中表现几种动物形象，非常生动自然，刚健有力。王莽时期的青龙、白虎、朱雀、玄武四神瓦当，形神兼备，力度超凡。汉代云纹瓦居多，文字纹数量最大，在形制上分区划界，中心是乳钉与联珠，给铭文安排一个固定模式，在此范围内作上下左右的变化，文字数目不定，最长可达十多个字，例如“千秋万岁”、“长乐未央”、“万寿无疆”、“天地相方与民世世中正永安”等，字体有小篆、鸟虫篆、隶书等，布局疏密相间，用笔粗犷，章法茂美，质朴醇厚，表现出了独特的中国文字之美。汉代瓦当纹饰中，还有各种动物、植物纹样，有兔、鹿、牛、马、龟、蚊、豹、鹤、花、叶纹等。

秦汉瓦的制作有一个清晰的演变过程。秦至西汉初期，带圆形瓦当的筒瓦，先从瓦筒上横切到一半，再向下纵切成筒瓦。半瓦当，从中央连瓦筒一起切开，瓦的背面留有明显切痕。到西汉中期，瓦的制法采用一次范成，瓦筒则仅做半筒，瓦背没有刀切之痕迹。此外，秦代带纹饰的圆形瓦当，中央无大圆柱，而汉代的则必有圆柱。秦代瓦当边狭，用手捏成，宽窄不匀，汉代瓦当的边轮整齐。秦瓦面积不大，汉瓦面积小者也较秦瓦略大。

当砖的产量和用砖的结构技术达到一定水平的时候，用砖来代替木材建塔也是一种趋势。中国古代建筑中也有一些砖石建筑，但数量不多，砖墓和砖塔则较多。宫殿往往用花砖铺地，民间建筑也普遍使用砖瓦。同时，瓦的种类也逐渐增多，有灰瓦、黑瓦和琉璃瓦等。

战国至秦汉的以烧造为核心技术的砖瓦建筑材料，可以统称为“秦砖汉瓦”。

6.2.2 夯土与窑洞

人类赖以生存的各种食物，无不与土有直接的关系。同时，从洞居、穴居到各种房屋，土作为一种建筑材料，在中国建筑营造中使用已久。

窑洞的前身是原始社会穴居中的横穴。《易经》里说，中国的早期居民“上古穴居而野处，后世圣人易之以宫室，上栋下宇，以蔽风雨”。远在 4000 多年前，生活在陕西省北部黄土高原上的人们就有挖穴而居的习俗。窑洞大都依山而建，在天然土壁上水平向里凿土挖洞，施工简便，便于自建，造价低廉，而且住在里面冬暖夏凉。

从战国至秦汉，除了木材砖石之外，夯土作为可靠的、简便的、经济的建筑材料被广泛采用。台基、墙壁、城墙、城门等大都是夯土筑成的。在一些大体量的夯土构筑物，如宫室的墩台、城门、城墙中，为了加固，还在土中加水平方向的木骨。这种做法自汉长安城开始，至南北朝、唐、宋，到后来还在使用。汉代西部边城有的还在夯土中加芦苇。直到今天，一些盐碱地区，还在夯土中加芦苇层以隔碱。

隋唐时期是中国封建社会的鼎盛时期，也是中国古代建筑发展成熟的时期。这一时期的建筑，在继承两汉以来成就的基础上，吸收融合了外来建筑的影响，形成一个完整的建筑体系，在建筑材料、技术和建筑艺术方面都取得了前所未有的辉煌成熟。夯土技术在前代经验的基础上继续发展，除了一般城墙和地基外，长安宫殿的墙壁也用夯土筑造。此外，在新疆发现这个时期用土坯砌筑的半圆形穹顶直径在 10 米以上，其技术成就之高超令人惊异。

宋代建筑的基础构造也有较大的进步，大建筑的地基一般用夯土筑成，当土质较差时，往往从别处调换好土，打桩从而增加基础密度和强度的方法也多有记载和实例。

夯土技术发展到明清时期有了更高的成就。福建、四川、陕西等地有若干建于清朝中叶的三、四层楼房，采用夯土墙承重，虽经地震，仍很坚实。明清时期的宫殿、陵寝、坛庙和桥梁的地基工程，一般都用黄土和白灰夯筑基础，先挖深槽，下柏木地丁（柏木桩），夯筑中掺入一定数量的江米汁，筑夯得非常坚固。1874 年所建湖北荆门县赵穴闸过水坝系用黏土夯筑而成，用灰土做护面层，虽经多年自然风化和水流冲刷，基本上仍完好屹立。这充分证明我国传统的夯土建筑物在防震、防水方面具有很大的优越性。

直到今天，窑洞式房屋还广泛分布在黄土高原上，居住人口达几千万。

陕西窑洞民居从建筑布局上分为三种类型：

靠崖窑：在天然的黄土崖壁上向内开凿横洞，常常是数个窑洞相连，成排并列，或台阶层次，上下相差。其中最简单的是在窑洞口加一道门即成。较讲究的，则在洞内衬砌砖拱券或石拱券，或在洞外砌砖或砌石为护墙。也有在窑外接上一段石窑或砖窑的，称为咬口窑。规模较大的则在黄土崖外面建房，组成院落，称为靠崖院。

下沉式窑洞：或称地下天井窑。大多建在大片的黄土塬上，一个个地下天井式窑洞的居民点星罗棋布，分布其中。人们称之为地下四合院的形式，一户一院，往往是夫妇和老人住正窑，子女住西窑，厨房、仓库等安排在东窑，厕所、猎圈、出入口置于南面。

土坯拱窑：采用上坯或砖石砌成拱券窑顶和墙身，上面用土加以覆盖（厚度1~5米）筑成的。这类上拱窑洞有半埋式的，也有筑在地上的。

陕西窑洞平面，“一”字形平面是基本形，两三个孔的窑洞以“一”字形布置是典型布置。由于地形变化而变体形成退错、凹凸、折斜、正反曲线等形式，有时在山坳转折处还产生“L”形和“丁”字形。陕西窑洞横剖面呈现出的拱形曲线，可归纳为五种类型：双心拱呈两铰拱的形式，比半圆拱略尖些，民间用得最多；三心拱，与双心拱类似；半圆拱，用于石拱、砖拱居多，从力学上讲，半圆拱最好；抛物线与尖拱；平头三心拱。

窑洞系在原状土中掏出的空间，热能散失最小，保温效能好，冬暖夏凉，是天然节能建筑。其外形融于自然，一定程度上也是保持生态平衡、保护环境地貌的选择。同时，窑洞有其潮湿、通风差、坚固程度差的问题，有待进一步改进。

陕西窑洞是在黄土高原天然黄土层下孕育而生的，是先民与自然和谐相处的典型。

6.2.3 以木结构之美为最高标准

我国建筑营造用材以土木为主，经过几千年的建筑实践积累，中国古代建筑在材料方面取得了系统的发展和完善。中国古代建筑材料，包括土、木、石、砖、瓦、琉璃、石灰、竹、铜、铁、纸、麻、各种植物产品、矿物颜料、油漆等，这些材料的应用技术都已达到很熟练的程度，取得了非凡的成就。

石头是一种自重较大的材料，石头能够经历时间长河而不失自身固有光彩的特点，使其大量应用在世界各地的陵墓、纪念物和其他重要的建筑中。在中国古代，石材的应用在建筑中也很多见，既有石建筑基础、细部、小品，又有更多的石雕、石窟，而以石头为基本结构主体的大型建筑物并不多见。

石材在中国传统建筑中的应用可分为四类。

单体建筑：塔、堂、亭、桥等均属此类，代表性实物如泉州开元寺宋代双塔、孝堂山汉代石祠、赵州隋代安济桥和庐山宋代石亭。

附属建筑和建筑小品：阙、牌坊、华表、石幢、碑碣、石座、石兽、石灯等均属此类，著名实物如渤海国石灯、明代长陵石坊、宋代赵县的陀罗尼经幢等。

建筑细部构件及铺装：有柱础、台基、栏杆、铺地等，这一类使用量较大。

石窟：石凿洞窟工程是古代中国最重要，也是最庞大的石材建筑活动，最为著名的有山西大同云冈石窟、敦煌莫高窟、洛阳龙门石窟和麦积山石窟等。

南京灵谷寺无梁殿是中国传统砖石建筑的典范。南京灵谷寺原有大雄宝殿、大道觉堂、观音宝阁、藏经楼、弥勒殿、祖堂等建筑。其西为无梁殿。无梁殿创建于明洪武年间，嘉庆年间（1796~1820 年）、道光十一年（1831 年）均曾修葺。太平天国时期，寺内建筑均毁于兵火，仅有砖结构的无梁殿保存下来。1928 年，国民政府在灵谷寺旧址上建阵亡将士公墓，修葺无梁殿作为墓前享殿，名“正气堂”，在殿前建大门、石坊，殿后辟墓园，建纪念馆和纪念塔，现已辟为灵谷寺公园。其特点有三：

其一，形制较大，部分模仿木作。无梁殿坐北朝南，五楹三进，殿堂前有宽敞的月台，面阔五间，东西长 53.8 米，进深三间，南北长 37.85 米，高 22 米。重檐歇山顶铺灰瓦，脊饰有正吻、角兽和仙人。模仿木作，有殿檐斗栱，民国年间维修时改为水泥制作。

其二，拱券结构，浑厚坚固。实际上，无梁殿结构为中国传统砖石拱券结构，没有梁柱，不用寸木寸钉，自基至顶，明代大砖垒砌成券洞穹隆顶，故名无梁殿。殿墙均采用砌筑，殿前檐墙开三门二窗，后墙设三门，两侧各有窗四个，均采用拱券，外贴水磨砖。无梁殿结构清晰，前后檐墙皆厚近 4 米，十分坚固，历时 600 余年风雨硝烟，岿然不动。

其三，并列拱券，内外相通。屋顶正脊中部置三个白色琉璃喇嘛塔，当中一个最大，塔座中空作八角形，并与殿内藻井相通。殿内东西横向并列三个通长拱券，中券最大，跨径 11.5 米，净高 14 米，前后两券的跨度各为 5 米，高 7.4 米。中券明间正上方藻井顶部留有一八角形孔洞，与正脊喇嘛塔相通且可漏光。

另外，山西定襄关帝庙无梁殿、苏州开元寺无梁殿、无锡保安寺无梁殿等几处砖石结构建筑也都很有特色。

除了木、石、砖瓦等建筑材料，琉璃是中国古代建筑营造中独特的材料。

琉璃，又称流离，为以铅硝为助熔剂烧成的带色釉的陶器，是一种高级而复杂的烧结材料，是一种独特的带色陶器，也常用作砖瓦，是中国传统建筑中的重要实用构件和装饰构件，通常用于宫殿、庙宇、陵寝等重要建筑，也应用于其他艺术装饰。它既精致细腻，又流光溢彩、变幻瑰丽。

5 世纪中叶，北魏平城宫殿开始用琉璃瓦，至 6 世纪中期，北齐宫殿有少数黄、绿琉璃瓦，隋唐时期，出现了蓝色的琉璃瓦。后来，琉璃瓦的色彩更多了，又增加了桃红、孔雀蓝、葡萄紫等更华丽的釉色。琉璃瓦的颜色和装饰题材，在使用上受到封建社会等级制度的严格限制，其中，黄色琉璃瓦仅用于宫殿、陵寝和最尊贵的祠庙。这时期内，贴面材料的琉璃砖多用于佛塔、牌坊、照壁、门、看面墙等处。

随着琉璃工艺的发展，琉璃牌楼的出现实为水到渠成的事。明、清两代的琉璃制品已经发展到了顶峰，这两代的木牌楼顶部多用琉璃瓦。为突出皇家或寺庙的显贵，有时完全用华丽的琉璃建造出整体的琉璃建筑来。琉璃牌楼因其厚重的造型和绚丽而端庄的色彩，最适合建在庄严肃穆的庙宇前面。琉璃牌楼营造昂贵，全国有数的几座琉璃牌楼除在承德避暑山庄外，大都集中在皇都北京，其中以东岳庙牌楼为大。

东岳庙琉璃牌楼始建于明万历三十五年（1607 年），是一座三间四柱七楼（一正楼，两次楼，两夹楼，两边楼）黄绿琉璃牌楼，高约 13 米，宽 20.2 米。牌楼下部为城台状，砖石砌筑。券洞用 11 厘米厚的青砖发券，进深 4 米，中门高 4 米，宽 3.9 米，左右两侧门高 3.1 米，宽 3.25 米，四角边柱为截面 0.51 米 ×0.49 米的青石柱，中柱为砖砌，每根柱下置长 1.08 米，宽 0.41 米，高 1.53 米的夹杆石。牌楼雄峙若城阙，歇山顶，正楼和次楼的正脊两端饰螭吻，楼顶正中饰火焰宝珠。正楼、次楼的大小额枋间分布 11 块花板，南北两面各有一石匾，宽 2.8 米，高 0.9 米。北面石匾撰“永延帝祚”，南面刻“秩祀岱宗”，意为江山永固，国运绵延。东岳庙琉璃牌楼的顶部模仿木作营造，斗栱构架一应俱全。

中国砖石建筑有自身的结构体系，但多以木作形式为楷模和最高规格。砖石琉璃建筑仿木作是中国建筑营造的一个规律，且技艺杰出，可见木作在中国建筑中的重要地位始终是不可代替的。也应该看到，中国作为一个幅员辽阔的统一的多民族大国，砖石建筑也有杰出的典范，这些典范积极主动地把砖石结构体系加以提升和完善，更真实地体现出砖石材料的结构与构造特点，探索出了一系列砖石建筑做法，并表现为独特的砖石建筑之美。

6.3 等级与叠加

在中国建筑营造过程中，逐步形成固定化、程式化的审美取向和社会秩序、等级观念，对材料的使用有很大的影响。

6.3.1 黄肠题凑、楠木大柱、千年红墙

“礼”是中国奴隶社会和封建社会的政治制度和道德规范，它对古代建筑产生了深刻的影响。礼制规范着建筑，建筑体现着礼制，中国古代的城市布局和建筑形制有严格的等级之分，带有浓厚的礼制色彩。由礼制秩序所确定的尊卑等级制度不仅体现在人们在世时生存的空间上，而且体现在人去世后灵魂存在的空间上。

西汉时期，由木材层层叠垒的“黄肠题凑”的用材及形制就深刻体现了我国古代的等级制度。这种等级的叠加是复杂的、高级的，而非简单的、无内涵的叠加。

黄肠题凑是陵寝椁室四周用柏木堆垒成的框形结构，始于上古，多见于汉代，汉以后很少再用。“黄肠”即柏木之心，其色黄而质地致密，亦称“刚柏”。“题凑”即以木条木块累叠互嵌，其端皆内向聚合，椁上成屋，为皇帝及诸侯特用葬具。从已有的汉代考古材料可知，“题凑”在结构上的基本特点：一是层层平铺、叠垒，一般不用榫卯；二是“木头皆内向”，即题凑四壁所垒筑的枋木（或木条）全与同侧椁室壁板呈垂直方向，若从内侧看，四壁都只见枋木的端头，题凑的名称便是由这种特定的方式衍生出来的。

使用“黄肠题凑”，一方面在于表示墓主人的身份和地位，另一方面也有利于保护棺木，使之不受损坏。

根据汉代的礼制，黄肠题凑与梓宫、便房、外藏椁同属帝王陵墓中的重要组成部分。天子以下的诸侯、大夫、士也可用题凑，但一般不能用柏木，而用松木及杂木等。经朝廷特赐，个别勋臣贵戚也可使用，如汉代霍光死后，汉宣帝“赐给梓宫、便房、黄肠题凑各一具”。

“黄肠题凑”墓穴的重要代表就是位于扬州的“扬州天山汉墓”，北京大葆台广阳王刘建与王后合葬墓规格最高，最宏大。大葆台汉墓的“黄肠题凑”由10厘米 ×10厘米 ×90厘米的柏木14000余根叠成，约合木材122立方米。柏木堆成的木墙高3米，厚0.9米，总长42米多。排列方式上，南北两端为南北向纵垒，东西两侧为东西向横垒。四角连接处，南北壁黄肠木两头直接顶靠在东西壁黄肠木上，从内侧看，四壁均为木头。

“黄肠题凑”是一种具有形式上的叠加和等级上的叠加的综合含义的材料使用，它不是狭义上的建筑营造，但有助于我们理解中国建筑营造材料的等级与叠加。

十三陵陵恩殿的楠木大柱是典型的建筑材料的等级秩序的体现。

十三陵陵恩殿在北京昌平县天寿山南麓，建于明成祖永乐十三年（1415年）。十三陵陵恩殿坐落在三层汉白玉石栏杆围绕的须弥座式台基上，是目前中国为数不多的大型楠木殿宇，规模大，等级高，用料十分考究。其顶部为中国古建最高等级的重檐庑殿式，面阔九间（通阔66.56米），进深五间（通深29.12米），象征着皇帝的“九五”之位。支撑殿顶的60根楠木大柱子十分粗壮，其中有12根金丝楠木柱，最粗的一根重檐金柱，高12.58米，底径达到1.124米，这样的楠木大柱在皇家殿宇中也罕见，其规格不仅当时独一无二，也使其后世子孙不可企及，足以见得使用者至高无上之地位。

土可以用来夯筑台基，建造房屋，还可以用作涂料，有装饰保护、丰富建筑色彩之用。

在原始社会，我国建筑已用红土、白土与蚌壳作为涂料，并基本体现材料的本色，人为的加工并不多。此时的红色与黑、白、赭石色成为最早有意识使用的建筑颜色。

在奴隶制社会，青、赤、白、黑、黄，被认为是代表东、南、西、北、中和木、金、水、土、火的五方正色。夏朝流行黑色，殷商时期流行白色，周朝流行红色，并给了红色正统地位。周代规定青、赤、黄、白、黑五色为正色。周天子的宫殿中，柱、墙、台基和某些用具都要涂成红色。随着建筑色彩的使用和演绎，建筑装饰色彩逐渐被有意识地规范使用。春秋时期礼制要求“楹，天子丹，诸侯黝，大夫苍，士黈（黄色）”。汉代宫殿和官署中也大体这样，当时的赋文中有不少关于“丹做”、“朱阙”等的描写。

汉代除使用上述单色外，还在建筑中使用几种色彩相互对比或穿插的形式。

前者如“彤轩紫柱”，后者除使用外，还对构成的图案予以明确的定义：“青与赤谓之文，赤与白谓之章，白与黑谓之黼，黑与青谓之黻，五彩备谓之绣。”

北魏时在壁画中使用了“晕”，这是在同一种颜色中用由深到浅（称为退晕）或由浅到深（称为对晕）的手法，使颜色形成更多的变化。宋代在其基础上继续发展，规定晕从深到浅划分为三层，到明、清又简化为两层。

在封建时代，黄色标志着神圣、权威、庄严，是智慧和文明的象征，并逐步成为皇帝的专用色彩，任何庶人都不许穿黄衣服。红色在等级上退居黄色之后，但仍然是最高贵的色彩之一，历代宫垣、庙城刷土朱色，达官权贵使用朱门。

据说，在明朝，国家兴起于南方，南方表火，为朱雀，所以在当时，国家政治和文化都提倡使用象征火的红色，这也是故宫红墙红柱的来历之一。这进一步强化了红色对中国的影响。渐渐地，红色文化渗透到了中国的各个方面，成了民族的代表。有千年之史的红色大墙，一定程度上成了中国建筑的象征。

6.3.2 雕梁画栋——太和殿装饰与颐和园长廊彩绘

彩绘，在中国自古有之，被称为丹青。原是为木结构防潮、防腐、防蛀而用，随着社会的发展，彩绘由简单到复杂、由低级到高级发展，应用逐渐广泛、成熟。

彩绘的运用和发明可以追溯到2000多年前，早在春秋时期就已经有在木结构建筑上施红色涂料的记载；秦汉时期，在宫殿的柱子上涂丹色，在斗栱、梁架、天花等处施以彩绘，其装饰图案多用龙纹、云纹，并且逐渐采用了锦纹；南北朝时期，由于受佛教艺术的影响，又产生了新的建筑装饰图案。

宋代以后，彩画已成为宫殿不可缺少的装饰艺术。宋代彩画多用叠晕画法，使颜色由浅到深或由深到浅，变化柔和，没有生硬感，表现出了淡雅的风格。元代又出现了旋子彩画，但此时还不成熟。到了明、清时期，彩画发展到了它的鼎盛时期，在继承传统的基础上，取材和制作方面又有了新的变化与发展，集历代彩画之精华，新品种不断涌现，题材不断扩大，表现手段不断丰富，法式、规矩更加严密规范，等级层次更加严明、清晰。这时期的彩画，可分为官式做法和地方做法两种，以官式做法最为讲究。

彩画一般分为三类：旋子彩画、和玺彩画及苏式彩画。在中国古代建筑上的彩绘主要绘于梁和枋、柱头、窗棂、门扇、雀替、斗栱、墙壁、天花、瓜筒、角梁、椽子、栏杆等建筑木构件上，以梁、枋部位为主，“雕梁画栋”由此而来。

清代的官式彩画是按照当时的等级制度组织工匠制作的一种定型彩画，它的服务对象是皇家御用建筑、王公大臣府第、衙门等。地方彩画是民间工匠在不违背当时等级制度的前提下施绘于地方衙署、庙宇和居民建筑上的一类活泼、自然、不拘泥于程式的彩画。官式彩画非常丰富，从纹饰的主体框架构图和题材方面分类，可分五种。

故宫太和殿的和玺彩画、颐和园长廊的苏式彩画是彩画中的精品。

北京故宫太和殿，在明代名为奉天殿、皇极殿，清代称太和殿，俗称金銮殿，因在朝政大典中的独特功用而成了紫禁城三大殿的中心。太和殿面阔九间，外加回廊共计十一间。其梁枋、暗柱、内檐额枋、横竖梁枋之间的井口天花上皆绘有彩画龙纹，为中国彩绘等级之最高。

颐和园长廊是颐和园中匠心独运的一大手笔，以其精美的建筑、曲折多变和极丰富的彩画而负盛名。长廊代表了中国园林建筑的高超水平，是颐和园内的建筑经典。

颐和园长廊在万寿山南麓沿昆明湖北岸构筑，始建于清代乾隆十五年（1750 年），1860 年被英法联军焚毁后，于 1888 年重新建造。长廊全长 728 米，共 273 间，东起邀月门，西至石丈亭，中间穿过排云门，两侧对称点缀着留佳、寄澜、秋水、清遥四座重檐八角攒尖亭，象征春、夏、秋、冬四季。长廊东西两边的南向各有伸向湖岸的一段短廊，衔接着对鸥舫和鱼藻轩两座临水建筑。西部北面又有一段短廊，接着一座八面三层的建筑，山色湖光共一楼。

长廊向两边延伸，碧柱朱栏，绚丽夺目，宛如一道彩虹，体现了皇家的气派，是北方宫苑中少见的宏构，以它的长与佛香阁的高遥相呼应。这座精心打造的游廊，雍容华贵，融合吸收了南方廊的典雅，皇家气度威严。

长廊把万寿山前分散的景点建筑连缀在了一起，无论外界是风是雨，长廊总是以最安适的方式呈现给人们颐和园不同的美，漫步其中，步移景换，每每映入眼帘的，都像是精心构造的引领人们去欣赏的山水图画。 长廊对丰富园林景色起着突出的作用，形成了一条风雨无阻的观景线。它既是园林建筑之间的联系路线，或者说是园林中的脉络，又与各样建筑组成空间层次多变的园林艺术空间。

颐和园长廊是一条丰富多彩的画廊，廊间的每根梁枋上都绘有彩画，共 8000 余幅，色彩鲜明，富丽堂皇，内容有园中牡丹、池上荷花、林中飞鸟、池下游鱼、亭台楼榭、湖光山色，跃然梁上。绘制的 500 多只仙鹤画，形态各异，栩栩如生。

长廊彩绘属于“苏式彩画”，主要画面被括在大半圆的括线内（称为“包袱”），无固定结构，全凭画工发挥，同一题材可创作出不尽相同的画面。长廊彩画题材广泛，山林、花鸟、景物、人物均有入画，而其中最引人入胜的当数构图生动、形态逼真的人物故事画。其时间跨度很大，从远古的三皇五帝到最后一个封建王朝，上下绵延五千年，取材范围颇广，有历史故事、民间传说、古典小说、戏曲神话、诗词典故。

长廊彩绘是一部史书，一卷长轴。

6.3.3　精致趋极——砖雕与木雕

雕刻依形式分有浮雕和圆雕，依材料分有石、砖、木等。中国古代建筑雕刻艺术不逊于壁画和彩画，在我国古代也是历史悠久、技艺精湛，具有很高的艺术性、实用性和装饰性，具有独特的民族风格与地区特色。

石雕，现遗留的古代建筑石刻以汉代为早，如石室、石田、石墓中各种仿木建筑的雕刻，还有南北朝时期石窟的柱廊、壁面的浮雕、内部的柱塔以及陵墓前的石兽、纪念柱等，唐、宋以后遗留的石塔、经幢、桥亭、牌坊等。木雕是以各种木材及树根为材料进行雕刻，是传统雕刻工艺中的重要门类，木雕可以分为立体圆雕、根雕、浮雕三大类。木雕的历史非常悠久，在浙江余姚河姆渡文化遗址就有木雕鱼出土，这是我国木雕史上最早的实物。河南信阳战国大墓出土的木雕镇木兽，湖北云梦汉墓出土的彩雕俑均为我国早期木雕作品。

徽州砖雕历史悠久，雕刻精致，独具一格，是明清以来兴起的徽派建筑艺术的重要组成部分。砖雕用料、制作极为考究，一般采用经特殊技艺烧制、掷地有声、色泽纯青的青砖，先细磨成坯，在上面勾勒出画面的部位，凿出物象的深浅，确定画面的远近层次，然后再根据各个部位的轮廓进行精心刻画，局部“出细”，使事先设计好的图案凸显出来。砖雕在歙县、黟县、婺源、休宁、屯溪诸地随处可见。

砖雕遍及明、清时期的古建筑祠堂、大厅、寺庙、书院和民居中，广泛应用于门楼、门罩、八字墙、镂窗、屋檐、屋顶及旌表牌坊、神位龛座等，使建筑物典雅、庄重，富有立体效果。青灰色的屋脊和屋顶，雪白的粉墙，水磨青砖的门罩、门楼和飞檐，门槛和屋脚（升高地面一二尺）皆用青石或麻石，砖雕装嵌其中，和谐、协调。“门罩迷藻悦，照壁变雕墙”是砖雕应用的真实写照。古老民居、祠堂、庙宇等建筑物上镶嵌的砖雕，虽经岁月的磨砺、风雨的剥蚀，依然玲珑剔透，耐人寻味。徽州砖雕的代表作有《郭子仪上寿》、《百子图》等。

徽州木雕，也是传统“徽州四雕”之一。徽州木雕多用于建筑物屏风、窗棂、栏柱，家庭日常使用的床、桌、椅、案和文具用品。

徽州木雕题材广泛，有人物、山水、花卉、禽兽、鱼虫、云头、回纹、八宝博古、文字锡联以及各种吉祥图案等。以人物为主的有名人轶事、文学故事、戏曲唱本、宗教神话、民俗风情、民间传说和社会生活等；以山水为素材的，主要是徽州名胜，如黄山、新安江及徽州各县具有代表性的山水风光；以动物、花木图案为内容的，一般呈连续图样形式，亦能独立成画。各种木雕故事潜移默化地转播着以儒家文化为主体的传统文化。

木雕代表作品有黟县的承志堂里的木雕“百子闹元宵”等。

本讲小结：

中国古代建筑具有悠久的传统和光辉的艺术成就，在世界建筑史上自成系统，独树一帜，这与中国古代建筑材料的丰富繁多密不可分。中国古代能工巧匠用自己的双手，用土、木、石、砖瓦、琉璃等建筑材料描绘了无尽的历史长卷。中国古代建筑材料以木为主，但绝不局限于木材。同时，中国古代建筑装饰充分利用材料的质感和工艺特点，用壁画、雕刻、图案乃至绘画、书法、匾额、对联等多种艺术形式，通过象征、寓意等手法，将伦理和审美结合起来，从而提升建筑的文化内涵。

图 6–1　中国山西五台山佛光寺大殿

佛光寺大殿是佛光寺的主殿，位居寺内东部的最高处，又名东大殿。大殿背东面西，居高临下，雄视全寺。大殿为中型殿堂，面阔七间，通长 34.08 米，进深四间，17.66 米，单檐庑殿顶。佛光寺大殿斗栱硕大，形制古朴，结构严谨。经测量，斗栱断面尺寸为 210 厘米 ×300 厘米，是晚清斗栱断面的 10 倍。出檐深远，有 3.96 米，这在宋以后的木结构建筑中也是找不到的。梁思成先生称之“斗栱雄大，出檐深远”，是典型的唐代建筑。殿顶比较平缓，用每块长 50 厘米、宽 30 厘米、厚 2 厘米多的青瓦铺就。殿顶脊兽用黄、绿色琉璃烧制，造型生动，色泽鲜艳。

图 6–2　中国山西应县佛宫寺释迦塔

释迦塔第一层立面为重檐，以上各层立面均为单檐，整体外观为五层六檐。各层间夹设暗层，实为九层。释迦塔塔身各层均用内、外两圈木柱支撑。内、外柱的排列，如佛光寺大殿的“金箱斗底槽”。每层外有 24 根柱子，内有 8 根，木柱之间使用了许多斜撑、梁、枋和短柱，组成不同方向的复梁式木架。各层檐柱与其下暗层檐柱结合处使用叉柱造。上层暗层檐柱比下层檐柱内收半柱径，其交接方式为缠柱造，外观形成逐层向内递收的轮廓，底层的内外两圈柱包砌在厚达 1 米的土坯墙内。位于各楼层间的平坐暗层，在结构上增加了柱梁间的斜向支撑，使塔的刚性有很大的改善。虽经多次地震，释迦塔仍旧安然无恙。

图 6–3　中国河北正定隆兴寺摩尼殿观音雕塑

摩尼殿坐落在中轴线前部，始建于宋仁宗皇祐四年（1052 年），距今已有九百多年历史，总面积为 1400 平方米。殿内正中佛坛上塑有释迦牟尼、文殊、普贤、阿难、迦叶像，其中一佛（释迦牟尼）、二弟子（阿难、迦叶）像为宋代原塑。檐墙及围绕佛坛的扇面墙上均有明代成化年间绘制的壁画，题材内容为佛传故事。壁画色彩艳丽，线条流畅。

摩尼殿扇面墙背面塑有玲珑别致的须弥山，山间塑有罗汉、狮、象等，中部有一尊明代彩塑观音坐像，头戴宝冠，肩披璎珞飘带，胸臂裸露圆润，一足踏莲，一足踞起，双手抚膝，鼻梁微高，柳叶细眉，面容恬静安详，姿态优雅端庄，为我国古代彩塑杰作。

图 6–4　中国河北正定天宁寺凌霄塔

凌霄塔位于正定隆兴寺之西大众街北侧原天宁寺内，因巍峨高崇而得名。凌霄塔是一座砖木结构的九层楼阁式塔，平面呈八角形，高 41 米，矗立于八角形台基之上。塔身一至四层是宋代在唐塔残址上重修的，全砖结构，其上各层则为金代重建，砖木结构。每层正面各辟拱形洞门或直棂窗。四层至九层，斗栱、飞檐皆为木制。从第五层开始，各层高度逐层递减，外部轮廓亦逐层收缩，给人以轻盈挺秀之感。

凌霄塔既有宋代全砖结构，也有金代砖木结构，其和谐之处在于皆以木作形式为楷模。

图 6–5　中国故宫太和殿局部

故宫太和殿将和玺彩画应用到了极致，其寓意突出之处就是以象征皇权的龙纹图案为主题，运用这些图案表现所装饰建筑的等级、地位。和玺彩画分为龙和玺、龙凤和玺、龙草和玺。龙和玺用于皇帝登基、理政、居住的殿堂及皇家苑囿中的重要建筑，上面所绘的即和玺彩画。龙和玺还用于乾清宫、养心殿、颐和园中的佛香阁等。太和殿梁枋布满了形态各异的龙纹。大的梁枋上面要绘制一二十条龙，整座建筑的龙纹数目不胜枚举，再加上木雕上面的龙纹、石雕上面的龙纹、琉璃上面的龙纹，组成了一个龙的世界，太和殿被装点成了一座万龙拱卫的金銮宝殿，这座宝殿的主人就是真龙天子——皇帝。

图 6-6　中国安徽亳州花戏楼山门局部

花戏楼，一称大关帝庙，山陕会馆。在安徽亳州城北关隅咸宁街，因戏楼内遍布戏文，彩绘鲜丽，俗称花戏楼，整个建筑建于清康熙十五年（1676 年），分为戏楼、钟楼、鼓楼、座楼和关帝大殿 5 个部分，是安徽省内保存比较完好的古代建筑群之一。砖雕是由东周瓦当、空心砖和汉代画像砖发展而来的，是在青砖上雕刻出人物、山水、花卉等图案，是中国古建筑中很重要的一种艺术形式。砖雕常常置于牌坊、门楼、照壁、墙头、门头、栏杆、须弥座之上或墓之中。明代砖雕的风格粗犷、朴素，到了清代后期，砖雕趋向繁缛细巧。

勤奋劳动创造了财富，精于经营形成了财富集中，严苛的营造制度，三者共同促进了明清建筑对砖木这些基本的建筑材料的精筛细选和精雕细刻。

第 7 讲　西方建筑材料解读

法国文学巨匠雨果说："人类没有任何一种重要思想不被写在石头上"，并断言："建筑是一部石头写成的史书。"一个普遍性的事实是，从最早的古希腊建筑到欧洲中世纪城堡、教堂等各式建筑，基本都采用石头建造。西方建筑体系基本是以砖石为主要建筑材料来营造的。西方建筑对于石头的选择，除自然因素外，也是文化理念导致的结果，这两种因素相辅相成，使其产生了以哥特教堂为典型代表的辉煌的石头史诗。一定程度上，西方建筑的历史就是用石头写就的史书。

自古罗马时代，西方建筑中就出现了对天然混凝土的大量应用，自文艺复兴至工业革命，西方建筑主体结构材料发生了巨大的变化。这些，都与以木为结构主体、木作世代相传的中国建筑材料形成了鲜明的对比。

直至今天，西方建筑依然致力于对于建筑新材料的探寻和应用。同时，西方建筑对于传统建筑材料的新体系的探索和系统开发，也取得了巨大成就。

7.1　石头的赞美诗——哥特教堂

7.1.1　哥特的含义

哥特艺术或者哥特建筑的概念没有准确限定的历史时段或地理范围，其形式、技术以及造型的特征也并非一成不变。

首先，哥特（Goth）包含多种意思，这个特定的词汇原先的意思是西欧的曾入侵罗马帝国的一支日耳曼部族，后来延伸到 12~16 世纪流行于西欧的一种建筑风格、18 世纪的一种文学风格和其他社会艺术领域。逐渐地，它成为了一大类建筑与艺术风格的专有名词。

在 15 世纪和 16 世纪，意大利作家使用"哥特"这个概念来描述当时的西欧艺术与建筑，相对于处于萌芽时期的文艺复兴而言，如同一幕野蛮的序曲。根据他们的观点，所谓德意志风格或哥特风格是两个与他们推崇的古代传统相对立的名称。因此，当"哥特"这一概念在 17 世纪被再次提出并被一致接受时，这一词语带有轻蔑的含义。法国剧作家莫里哀写道："哥特装饰无聊的趣味，一个无知时代的令人作呕的畸形怪物，由野蛮的狂潮造就。"

18 世纪开始了第一次对中世纪艺术的重新评价，一些评论家给了哥特这个词一个积极的，甚至带有赞美意味的内涵。先是那些力图保存废墟的古文物研究者，继而又有建筑学家，如奥古斯塔斯·查尔斯·普金（1768~1832 年）以及宗教复兴运动者，如其子奥古斯塔斯·维比·诺思莫尔·普金（1812~1852 年），后者在 1841 年创作的《尖拱与基督教建筑原理》一书中认为，该风格为当时的社会及文化危机寻求到了答案。一年后，于 13 世纪开工的科隆大教堂的修建进行到了尾声。在接下来的几十年间，在整个欧洲又兴建了上百座以复兴的哥特风格为特色的教堂、学校乃至工厂。

在 19 世纪和 20 世纪，这一词语如何使用又引起了关注。大量的德国学者在德国大诗人、作家、思想家歌德的带领下，认为这种形式是德国精神的表现，他们称之为“德意志建筑”。法国学者则打算把这种艺术形式的标签换成“法国形式”。继而，法国、英国以及德国的建筑历史学家均宣称，他们的国家才是哥特风格的发源地。这种带有民族主义色彩的争论平息下去之后，“哥特”这个词便开始被广泛地接受了。

从 18 世纪开始，就有人试图用一种简练的语言来描述哥特风格的那些主要的特征。通过对大量哥特教堂的对比研究，归纳出在古典时期或中世纪早期艺术中不存在的特征，这些特征包括束柱、尖塔、山花、多叶式的玫瑰窗和分隔成尖叶状的门窗。这些形式的组合变化标志着哥特建筑的民族或地区属性以及它所处的发展阶段。还有一些特定名称，如辐射式、火焰式、英格兰风、垂直式风格等，形容窗棂、柱子、线脚等建筑构件。

哥特建筑的流行地法国、英国、德国、西班牙北部和意大利北部，都曾在古罗马帝国的版图里，都曾经受到光辉的古罗马建筑的影响，继承了古罗马建筑的某些遗产。但是对于古罗马建筑而言，哥特建筑则是完全原创的、崭新的，有自己的发展历程，在不同的阶段有不同的建筑特征，主要有法国哥特式和英国哥特式。

法国哥特式教堂的主要代表作品有圣·丹尼斯大教堂、巴黎圣母院、沙特尔主教堂、兰斯大教堂、亚眠大教堂、博韦主教堂。

英国哥特式教堂的典型代表有坎特伯雷教堂唱诗班席厅、林肯大教堂、索尔兹伯里大教堂、威斯敏斯特教堂。

7.1.2 石头最精美的结构组织

哥特建筑的结构体系是中世纪工匠的伟大成就，是富有创造性的结构组织，是对石头结构特性的极致运用，是可以与古希腊的优雅和古罗马的辉煌相媲美的伟大成就，达到了形式美的又一个高峰。当时，石匠、木匠、铁匠、焊接匠、抹灰匠、彩画匠、玻璃匠等划分很细，术业有专攻。同时，从石匠中产生了类似专业的建筑师和工程师，因此，在整个建筑工程组织中，既与其他的工匠保持密切的联系，又能够突破本身狭隘的眼界，综合运用几何数学的构图规则，绘制平面、立面、剖面和细部的大致图样，进一步体现石材建筑的艺术特点。

哥特建筑结构体系中的哥特教堂是最精美的结构组织，是用石头写就的赞美诗，其结构体系完善集中了各地后期罗曼式教堂的十字拱、骨架券、两圆心尖拱、尖券等做法和利用扶壁抵挡拱顶侧推力的尝试，加以发展，并进行艺术上的处理从而形成成熟的风格。其结构上有三大成就：

其一，使用骨架券作为拱顶的承重构件，十字拱成为框架式，其余填充围护部分就减薄到 25~30 厘米左右，拱顶大为减轻，材料省了，侧推力也小多了，连带着垂直承重的墩子也细了。同时，骨架券使各种形状复杂的平面都可以用拱顶覆盖，祭坛外环廊和小礼拜室的拱顶的技术难题迎刃而解。巴黎的圣・丹尼斯教堂是第一个使用骨架券建造的，轰动一时，它的工匠被各处争相延聘，对新结构的推广，起了重大的作用。

其二，骨架券把拱顶荷载集中到每间十字拱的四角，因而可以用独立的飞券在两侧凌空越过侧廊上方，在中厅每间十字拱四角的起脚抵住它的侧推力。飞券落脚在侧廊外侧一片片横向的墙垛上，飞券较早用在巴黎圣母院上，它和骨架券一起使整个教堂的结构接近于框架式，支撑飞券的墙垛凸出于侧廊之外很宽。侧廊的拱顶不必负担中厅拱顶的侧推力，可以大大降低高度，使中厅可以有很大的侧高窗，侧廊外墙也因为卸去了荷载而可以窗子大开。结构进一步减轻，材料进一步节省。为了最大限度地扩大中厅的侧高窗，同时使教堂规模扩大而无需在楼层上容纳信徒，侧廊的楼层起初退化为狭小的走廊，后来完全消失。13 世纪后，在支承飞券的墙垛之间造了小祈祷室，教堂的横厅在两侧伸出变少。教堂的拉丁十字形主要靠高起的中厅表现。

其三，全部使用两圆心的尖券和尖拱。尖券和尖拱的侧推力比较小，有利于减轻结构受重力，而且不同跨度的两圆心券和拱可以一样高，因此，十字拱顶的对角线骨架券不必高于四边的，成排连续的十字拱不致逐间隆起。甚至，十字拱的间也不必是正方形的了。12 世纪，中厅还沿用正方形的间，每间中用骨架券横分一下，与侧廊的拱顶呼应，因而柱墩大小相间。到 13 世纪，中厅的间就采用同侧廊的一样进深，不再横分，于是，中厅两侧大小柱墩交替和大小开间套叠的现象完全消失了。内部空间的形象因此整齐、单纯、统一，不仅在结构上，而且在装饰、华盖、壁龛等一切地方、一切细部，尖券都代替了半圆券，教堂建筑的风格完全统一了。

哥特式教堂的结构技术是非常光辉的成就。它的施工水平也非常高。它创造了许多新的纪录，到这时期之末，哥特建筑的结构已经有了初步的理论基础，有专门的行会把结构理论和计算方法记录下来。新的结构方式直接为教堂的艺术风格带来了全新的因素，教会力求把它们同神学理念结合起来，工匠们则力求把它们同自己的审美理想结合起来。

哥特主教堂的形制基本是拉丁十字式的。

在法国，东端的小礼拜室比较多，自从解决了结构难题之后，布局更加复杂。外轮廓是半圆的，西端有一对塔。横厅的两个尽端都开门，有小塔作装饰。

英国的主教堂，正厅很长，通常有两个横厅。钟塔只有一个在偏东的纵横两个中厅的交点之上，西面如有双塔，也比中央的小，处于次要的地位。侧廊的楼层没有了，但保留着一条小小的廊，它朝向中厅的一面，每间用一套轻巧的三联券敞开。东端很简单，大多是方的。

意大利北部一些哥特式主教堂，侧廊的高度接近于中厅，结构比较保守。

7.1.3 生的渴望和死的宁静——巴黎圣母院

雨果在他的名著《巴黎圣母院》中写道："这座可敬的历史性建筑的每一个侧面，每一块石头，都不仅仅是我国历史的一页，而且是科学史和艺术史的一页。"多数人应当还是通过法国文豪雨果的同名小说知道巴黎圣母院的大名的，并且想到热情的吉普赛少女以及善良的驼背敲钟人，把教堂与他们生的渴望和死的宁静联系起来。

巴黎圣母院始建于 1163 年，由教皇亚历山大三世和法王路易七世奠基，工程持续时间长达 182 年，直到 1345 年方告落成。它位于横贯首都巴黎的塞纳河中的西岱岛上，位置是全城的核心，也是法国的最高枢机教堂和法王的加冕教堂，拿破仑也曾在此为自己加上皇冠，无数的历史事件都以其为背景舞台。

在三扇大门的尖拱券上，排列着天国的飞翔天使，拱门中央的三角墙壁上有精致的浮雕，表现的是"末日审判"、"圣母加冕"和"圣安娜生平"，两侧的壁柱上则是圣徒、先知、主教和古代君王像。大门上方的额枋中有浮雕饰带，其中排列着 28 尊古犹太国王雕像，称为"国王回廊"。圣母院立面的主要装饰元素也是各种雕刻装饰，在整个建筑体上布满了各式各样的装饰，并且各个体块的雕刻都围绕着不同的主题而设，丰富而有序。

巴黎圣母院平面上的特点是横厅两翼很短而且不突出。其内共有五个纵厅，一中四侧。巴黎圣母院采用传统的拉丁十字形平面，长宽比例相对较大，教堂大厅长 130 米，宽 48 米，高 32.5 米，其中可容纳 9000 人，大厅的高度在当时是极具震撼力的，说明了哥特式结构创新所具有的迷人魅力。

巴黎圣母院属于早期哥特式教堂，其风格已十分纯粹，圆拱元素已经消失，细部都采用尖塔或尖拱。整体造型没有巨大的钟楼尖顶，但在包括扶垛顶端的立面外缘顶部位置上都设置小型棘矛状尖塔，直刺天空。扶拱垛不但纵向上有两层，而且在横向上有两重，递次架在两道侧厅上面。后殿回廊有两重，内部的尖拱廊窗、尖顶的十字肋拱，形成失重般的升腾感，透露着追求天国神秘意象的动机。其建构层次繁复、勾连错落，处处皆是凌空飞跨的优美曲线，造就了非常精美的复合效果。

7.2　钢铁的巨擘——埃菲尔铁塔

埃菲尔铁塔位于法国巴黎战神广场上，是一座于 1889 年建成的镂空结构铁塔，高 300 米，天线高 24 米，总高 324 米。埃菲尔铁塔得名于设计它的桥梁工程师居斯塔夫・埃菲尔。

7.2.1　巴黎博览会的标志

从 1840 年第一座蒸汽机使用开始，工业革命带来的影响正在被人们所接受，新的建筑形式也逐渐得到人们的认同。工业化大生产带来的新建筑材料、新结构技术、新设备、新施工方法等，为建筑师提供了现代建筑探索的先决条件。

世界博览会（Universal Expo，Expo 是 Exposition 的缩写）是一个富有特色的世界平台，它鼓励发挥创造性和主动性，把科学性和情感结合起来，将有助于人类发展的新概念、新观点、新技术展现在世人面前。其特点是举办时间长，展出规模大，参展国家多，影响深远。因此，世博会在一定程度上是人类精神文明与物质文明的一个浓缩，无论是展品还是展馆都代表着人类当时的技术与理念，被誉为世界经济、科技、文化的“奥林匹克”盛会。

世博会在某种意义上也是世界建筑博览会，几乎所有世博会的国家馆都是由当时有影响力的建筑师设计，因此，这些建筑一定程度上代表了当时的建筑成果，也影响了建筑的发展。其中，建筑材料的发展和应用是与结构体系和造型体系密切相关的。从 1851 年第一届伦敦世博会开始，世博会大多数建筑都用过即拆，也有极少数保留下来，流传后世，不仅成为了此届世博会留给人类的文化遗产，更成为了举办城市的代表性建筑。巴黎的埃菲尔铁塔就是一个这样的典范，这个庞然大物正是诞生于 1889 年巴黎世博会。

在 19 世纪末，人们对新材料的探索热情高涨，巴黎是艺术之都，而艺术之都的基础是社会经济和技术的空前繁荣，埃菲尔铁塔就是巴黎城市交响的高潮乐章，其材料、设计、施工都具有鲜明的时代特色和探索精神，因而也是世界上独一无二的纪念性建筑。

法国人一直想建造一个超过英国“水晶宫”（1851 年第一届伦敦世博会）的博览会建筑，于 1886 年开始举行设计竞赛方案征集，其宗旨为“创作一件能象征 19 世纪技术成果的作品”，应征作品达到了 700 件。

53 岁的亚历山大・古斯塔夫・埃菲尔是当时欧洲有名的建筑设计师，也是一位天才的企业家，他的职业生涯恰逢法国冶金业、钢结构和铁路建设的大发展期。他于 1832 年 12 月 15 日出生于法国，20 岁进入艺术与制造学院。他在法国西南部工作了数年，负责大波尔多铁路大桥的工作。32 岁时，埃菲尔已把自己定位为一个“建造者”，他在法国、欧洲、北美、中东建造了数以百计的桥梁、高架桥、建筑设施等。他建议法国当局建造一座高度两倍于当时世界上最高建筑物——胡夫金字塔、科隆大教堂和乌尔姆大教堂的铁塔，建造一座 1000 英尺高的铁塔，并于 1886 年 6 月向 1889 年博览会总委员会提交了图纸和计算结果，1887 年 1 月 8 日中标。其实施营造正值法国大革命爆发 100 周年之际，法国人希望借举办世博会之机留给世人深刻的印象。

19 世纪的巴黎依然是仿文艺复兴古典主义的风格，体现于建筑上是恢复穹隆顶的风尚，埃菲尔设计的铁塔反了传统。当时巴黎的文化人士知道这个计划之后发表了抗议信："该清楚地认识到我们在追求什么了，该想象一下这个奇怪可笑的铁塔了。它如同一个巨大的黑色的工厂烟囱，耸立在巴黎的上空。这个庞然大物将会掩盖巴黎圣母院、军功庙、凯旋门等著名的建筑物。这根由钢铁铆接起来的丑陋的柱子将会给这座有着数百年气息的古城投下令人厌恶的影子。"

7.2.2 饱含美的钢铁结构与钢铁时代的美学宣言

1884 年 6 月，埃菲尔设计事务所的两位主要工程师就有了设计一座超高塔的思想。初步的设计像一个巨大的塔架，有四个由巨型梁架构成的支腿，分立支撑在基础上并在塔顶收在一起，其间布置等间距横梁。当时钢铁工业蓬勃兴盛，而钢筋混凝土在那时尚未出现，钢铁是可以选择的最佳材料。

经过多次改进，埃菲尔铁塔的结构体系变得直观又简洁。

其一，三维对称体系。埃菲尔铁塔的整个塔体结构高耸伟岸，上窄下宽，给人以平衡稳定的美感。大到整个塔体，小至每一个部件，在三维坐标系中均呈对称性。

其二，严谨而规范的造型单元。在基本造型元素的基础上，经过简单的加工（包括加法构成和减法构成）形成了造型单元，类似于结构基本构件的概念。在结构造型设计中，以造型单元为基本构件进行组合从而产生结构整体形态的方法就是单元造型法。造型单元的选取应当符合结构的要求，并尽量与结构的基本构件相统一。基本的造型单元不宜过多，否则会导致视觉上的混乱。确定了几类基本的造型单元，结构的各个组成构件就可以将这些基本造型单元作为模板，按具体的结构要求进行尺度、比例的变化，并最终构成结构整体。埃菲尔铁塔的基本造型单元有两类：抛物线形立柱和水平横梁，而这两者又都是由三种基本桁架元构成的。塔体众多的杆件按照力学构图规律进行有序排列与组合，同时三种桁架元的使用顺序也是由下至上，逐渐简化、轻巧，合理分配结构构件的刚度和强度，并与内力分布相一致。这是结构与美的完美统一。

其三，力学与力感完美结合。第一平台底部四个连接倾斜柱墩的巨型拱起初是为装饰用的，有人认为这四个拱破坏了塔结构的直线性、简洁性和诚实性，也损害了塔身的美观，但事实上四个拱是塔身外形的一个基本组成部分，巨型拱的设置把塔柱统一到了铁塔这一整体中来，而且巨型拱的曲线线形与塔柱的曲线线形也很协调。同时，连接下部斜塔柱与水平横梁的装饰拱也具有一定的结构功能，虽然拱不承担塔柱向下传递的竖向荷载，但却使塔柱与横梁的连接加强，并使水平荷载作用下横梁与斜塔柱间的力流更加顺畅。从铁塔的初步设计图中可以看出，下横梁和塔柱的连接也表现出接头处曲线过渡的想法，只是在建筑师的建议下，通过不断的优化，使结构表现更加充分，整体形式更加统一。

塔柱不仅具有高扬的精神动势，而且还要具备抵抗强大竖向重力荷载和水平风荷载的力感。结合力学原理与数学计算的结果，塔柱具有上陡下缓的曲线构形。以水平直线为主的横梁的作用是加强塔柱的联系，同时其上设置平台以提供人们的活动空间。在下横梁处，塔柱已经张得很开，因而横梁的跨度也相应增大，其联系的功能相对减弱而跨越的效果有所体现。为了进一步加强塔柱和横梁的联系并使之统一为一个整体，同时充分体现塔底因塔柱叉开而产生的跨越效果，设计布置一组巨型拱门是非常合适的。

7.2.3　与材料匹配的精湛营造

铁塔在有资金保障的情况下以创纪录的速度修建，几十名建筑师与工程师绘制草图 5300 多张，全图 1700 张。工人制造了 18000 个巨型部件，由 259 万枚铆钉连接。1887 年 1 月 27 日开工，1887 年 7 月 1 日组装好四个支腿，1887 年 12 月 7 日第一层平台合拢，1888 年 8 月 14 日到达第二层平台，1889 年 3 月 31 日整个塔身完工。

埃菲尔遇到的第一个难题是怎样才能把所有构件安装就位。埃菲尔限制每个构件的重量不超过 3 吨，使第一批底柱构件能够采用蒸汽动力起重机吊装；当这种起重机的运输距离达不到时，就引入爬行吊起重机，爬行吊吊臂可旋转 360 度，覆盖整个底部支墩的面积。第一平台建成后，就用卷扬机将其他构件运上去，用类似方法搭建第二平台。为了将构件运到塔顶，他还用一个能沿中柱（即到顶层电梯的导轨）爬行的中央爬行吊完成最后的吊装任务。埃菲尔在制造和安装这些钢铁巨构时，只用了 250 名工人。

埃菲尔遇到的第二个难题是怎样保证每个铆钉孔位置的偏差在允许范围内。为此，他在底座四个巨型斜角墩座处，用临时支架支撑和设置装满细砂的钢筒，用漏砂的方法调整斜角墩座的倾斜度和标高，保证第一平台的高度和水平度达到足够的精度，再在四个斜角墩座底部设置四个水压千斤顶（它们是这个工程的闪光点，在升降千斤顶后，可使上部各个构件的铆钉孔对准）。

埃菲尔允诺在 1889 年巴黎展览会开幕前完工，结果用了两年两个月零五天按时竣工。他预计造价 150 万美元，完工时竟节约了预算资金的 5%。1889 年 5 月 15 日，为给世界博览会开幕式剪彩，埃菲尔亲手将法国国旗升上铁塔的 300 米高空。人们为了纪念埃菲尔对法国和巴黎的贡献，还特别在塔下为他塑造了一座半身铜像。

铁塔每隔 7 年油漆一次，每次用漆 52 吨。

埃菲尔铁塔这一庞然大物显示了资本主义初期工业生产的强大威力。

铁塔的营造过程，与其说是建造，不如叫做装配更为恰当。在设计、分解、生产零件、组装到修整的过程中，又反过来促使人们总结出一套科学、经济、有效的方法，进一步提升营造理念，这就是埃菲尔铁塔的更大意义，也是钢铁这种建筑材料应用的巨大的时代意义。

7.3 天然混凝土、玻璃和金属、格栅木结构

7.3.1 天然混凝土与罗马拱券

古罗马建设和建筑的伟大成就，得力于它的拱券结构，更得力于它的混凝土工程技术。混凝土技术和拱券结构的结合，简化了建造技术，降低了建造成本，加快了建造速度，使大规模、大空间多功能建筑营造成为可能，使古罗马建筑突破了古希腊建筑，有了大幅度创新。

维特鲁威在《建筑十书》第二书第六节“火山灰”里说：“有一种粉末在自然状态下就能产生惊人的效果，它生产于巴伊埃附近和维苏威山周围各城镇的管辖区之内。这种粉末，在与石灰和砾石拌在一起时，不仅可使建筑物坚固，而且在海中筑堤也可在水下硬化。”《建筑十书》中说的正是混凝土这种崭新的建筑材料的诞生。

混凝土随模板而成形，用混凝土做拱券，充分利用它在凝固前的可塑性，各种复杂形状的拱券都可以比较容易地得到，施工远比砍凿方方正正的石块简便，从而节省了大量需要高技术的工作，所需的技术简单得多，这就为大量使用奴隶开了方便之门，广泛使用。

罗马人善于运用拱券技术，并大大发展了这种技术，使之更为完善和精美。古罗马天然混凝土拱券结构在建筑营造上的意义有三个：

其一，高水平的拱券结构，创造出宽阔的内部空间，空间上形成了壮伟的立体布局。空间的突破是古罗马建筑营造最直接、最大的进步，也是古罗马辉煌建筑成就的基石。古罗马的拱券结构主要有四种形式：筒拱、交叉拱、十字拱和穹隆。筒拱是一个拱券呈直线或者连续铺开形成的；交叉拱是由两个筒拱垂直交叉形成的，它的内部空间开阔，并有利于采光；两个跨度相同的筒拱相交而成十字拱，拱顶的重量由四角的墩子承担，不需承重墙，空间因此更为开敞；穹隆由拱旋转一圈而成，空间更为宏大。古罗马在神庙、会堂、角斗场、剧场、浴场、凯旋门等建筑中大量使用拱券结构。

其二，集中采用拱券结构，在建筑物上组成新的立面设计，使建筑立面更为壮观。罗马人巧妙地以方形的柱式因素为基础，组成了连续券和券柱式，构图很丰富，适应性很强，从单跨的凯旋门到有 240 个券洞的大角斗场。与立面的变

化相应的是平面的崭新形式，这在建筑空间组织上又是一个巨大的突破。

其三，拱券结构深刻改造了城市建设。城市建设的第一个步骤是选址，其首要因素之一是供水，所以，城市一般都在天然水源充足的地方发展起来。天然水的供应量又决定了城市的人口规模。但是，自从有了成熟的拱券技术，古罗马有些军事城市就造在天然水源并不充足而在战略上重要的地方。他们用长达十几或者几十公里的输水道从远处引水供应军队和居民。这些输水道都高高地架在连续的发券上。最长的一条输水道长达 60 公里，有 20 公里架在连续的券列上。它们每天向罗马城提供 160 万吨的清水。输水道进城后，分散为许多细支直达各个居民点，在尽端造水池，全城一共有 1000 多个。17 世纪，教皇为美化罗马城，把其中一部分用雕像、大理石落水盘等装饰起来，成了罗马城的重要景观。

使用拱券技术的输水道给了古罗马人在选择城址时很大的自由，也保证了城市的规模几乎不受供水的限制。自此，古罗马人开创了新的城市供水方式，满足了城市所需求的供水量，古罗马建筑师运用拱券技术创造了古代建筑的奇迹，用拱券架起的引水道从附近山区的山泉引到了水。

古罗马天然混凝土拱券结构在建筑艺术上也带来了突破。

其一，拱券结构给了古罗马建筑崭新的艺术形象，首先是给了它新的造型因素：券洞。这种圆弧形的造型因素大大不同于古希腊梁柱结构的方形造型因素。

其二，发展了古希腊的柱式构图，创造出了柱式拱券的组合技术，以希腊古典柱子列于拱门两边，古典檐部置于拱门之上，让柱式成为拱门的框边，增强了适应性。

其三，券洞、拱顶和穹顶把圆球和圆拱这些曲线造型因素带进了建筑，大大丰富了建筑造型。由于对曲线的熟稔，后来罗马人又把它引进了平面形式中，造成了活泼多变的建筑体形，这种手法对 17 世纪意大利的巴洛克建筑起了诱发借鉴作用。

拱券技术对欧洲乃至全世界有着巨大的影响。

西罗马帝国灭亡之后，500 年左右的时间里，欧洲似乎遗忘了拱券技术。10 世纪起，法国的中部渐渐复活了拱券技术，主要用于修道院教堂。此后，拱券技术在欧洲重新普遍使用，12 世纪，法国北部的哥特式主教堂又把它大大推进了一步。直到 19 世纪末，欧洲大型建筑的基本结构方式都是砖石的拱券，它是欧洲建筑取得重大成就的基础。

东罗马帝国和它以后的伊斯兰建筑也使用拱券结构。它们或许有自己独特的起源，而且与西罗马的颇为不同。但拜占庭的一些结构方式后来对西欧建筑也有很大的影响。

7.3.2　玻璃的水晶大教堂、金属的迪士尼音乐厅

玻璃，随着工业化的大批量、高质量生产，由昂贵的装饰品，变成了建筑普

遍采用的围护结构。发展到一定阶段，在一些范例中，玻璃摆脱了传统的立面或屋顶的一部分的角色，成为了包容整个巨大空间的“五个立面”综合一体的表皮。实际上，1980 年建成的美国水晶大教堂，已经以其娴熟而经典的建筑营造，把“表皮”这个词诠释得十分精彩。

水晶大教堂位于美国加利福尼亚州洛杉矶市南面的橙县，于 1968 年开始兴建，1980 年竣工，历时 12 年，耗资 2000 多万美元，由菲利普·约翰逊与他的伙伴约翰·布尔吉设计。

水晶大教堂有 10000 多盏柔和的银色玻璃窗，他们被安装在不锈钢制作的钢体框架上。此外，还有两座 90 尺高的电动大门，可以在讲坛后打开，以便在阳光明媚、微风拂煦的日子里烘托朝拜圣礼。

进入教堂内部，有一架巨大无比、高可及顶的大型管风琴。它是世界五大管风琴之一。圣堂可容纳 2890 人就座，并可满足一千多名歌手和乐器演奏家在此进行表演。大教堂中央广场的平台可容纳不断扩大的音乐讲道，在这里，可提供电视录制，有房间提供给基督教级别培训，还有高级的声音演播室及电视演播室来播放讲道的情况，祭坛和道坛由花岗石制成。

水晶大教堂以其透明、与所在地的完美融合以及对约翰逊从历史出发但富有创新意味的建筑观点的反映而成为现代设计中的经典之作。它是一件完整的艺术与建筑作品。

菲利普·约翰逊，美国建筑师，于 1906 年 7 月 8 日出生于美国俄亥俄州克利夫兰，2005 年 1 月 25 日去世。菲利普·约翰逊一生都在求变，引领潮流，他设计的波士顿公共图书馆、加利福尼亚州的“水晶教堂”、纽约的美国电话电报公司大楼和匹兹堡平板玻璃公司大厦、耶鲁微生物教学楼、休斯敦银行大厦等，都是建筑史上无法忽略的经典之作。无论怎样变化，他对材料都有敏锐的洞察和娴熟的应用。这也是西方建筑师乃至整个西方建筑营造的一个鲜明特点。

如果说水晶大教堂菱形的平面经典地丰富了“五个立面”综合一体的内涵，那么，洛杉矶迪士尼音乐厅则是另外一种似乎更新、更丰富，直至颠覆三维向度的建筑，其鲜明特点是以新技术金属材料为多维度表皮。

沃尔特·迪士尼音乐厅位于美国加州洛杉矶，是洛杉矶音乐中心的第四座建筑物，由弗兰克·盖里在 1991 年完成设计，工程于 1992 年开始施工，至 2003 年 10 月 23 日，经历 16 年的波折，耗资 2.74 亿美元，沃尔特·迪士尼音乐厅在洛杉矶市中心正式落成。

从正门拾级而上，穿过一个在巨型块状建筑包围下的圆形小广场，就可进入迪士尼音乐厅，这里可容纳 2265 名听众。为使在不同位置的听众都能得到同样的充分的音乐享受，音乐厅内没有阳台式包厢，全部采用阶梯式环形座位，坐在任何位置都没有遮挡视线的感觉。舞台背后设计了一个 12 米高的巨型落地窗提供自然采光，白天的音乐会则如同在露天举行，窗外的行人过客也可驻足欣赏音乐厅内的演奏，室内室外融为一体。盖里运用丰富的波浪线条设计了顶棚，营造了一个华丽的环形音乐殿堂。迪士尼音乐厅南部附设一个可容纳 120 人的小厅，另外还有一个可容纳 600 人的儿童露天剧场。

弗兰克·盖里于 1929 年 2 月 28 日生于加拿大多伦多，17 岁后移民美国，成为当代著名的解构主义建筑师，以设计具有奇特不规则曲线造型雕塑般外观的建筑而著称。盖里的设计风格源自于晚期现代主义，其建筑向来以前卫、大胆著称，其反叛性的设计风格颠覆了几乎全部经典建筑美学原则。盖里早期的建筑锐意探讨铁丝网、波形板、加工粗糙的金属板等廉价材料在建筑上的运用，并采取拼贴、混杂、并置、错位、模糊边界、去中心化、非等级化、无向度性等各种手段，挑战人们既定的建筑价值观和被捆缚的想象力。1989 年，60 岁的弗兰克·盖里荣获了国际建筑界的顶级大奖——普利茨克建筑奖。

7.3.3　从独木到格栅受力体系的改变——美国 HOUSE

木材是世界上最古老的建筑材料之一，从过去到现在，西方建筑中使用木材的大都是住宅建筑。但是，在西方，特别是在北美大量民宅的建筑营造中，木头的结构体系从过去到现在已经发生了深刻的变化，因而有了较大的发展。

其一，从独木到格栅受力体系的改变。

传统中木建筑的结构体系是木桁架系统。所谓桁架，就是以特定的方式构成方形或者三角形的一组构件（如梁、杆、条），用以构成一个刚性构架，可以在大面积上支承荷载，当桁架受到外力时，如果没有一个或更多的构件变形，整个结构就不会变形。传统的建筑方式采用的原料一般是独木，先用结实粗大的木料搭起房屋的骨架，这就对木料的质量有很高的要求，一般用橡树或者冷杉，因为其木质坚硬，树干笔直挺拔，便于加工。

1833 年，美国芝加哥发明了一种被称为“芝加哥房屋”的轻质木框架房屋，采用的是格栅体系，材料也逐渐开始用速生林木。房屋使用 38 米厚的木材作为墙骨、地板梁、天花梁、屋顶椽子。骨架间用大量生产的长钉连接，顶部也通过钉子连接加固。这种木结构房屋由于结构可靠，构件合理，施工简便，使用舒适并且经久耐用，成为最主要的低层住宅、多层住宅、宿舍、旅馆、老年公寓等的木结构方式。

1865 年，美国开始大批量生产这种轻质框架式房屋，这种骨架可以通过圆锯迅速地加工而成。采用这种预先制好的规格材，这种骨架框架只需很短的时间就可建好。同时，师徒传承的习俗也随之消失，只需会使用简单材料和工具的技术工人即可完成这种建造工作。因此，房屋建造从一种手工艺转变成工业，木匠演变成为体力工人。

受力体系从独木结构到木桁架格栅体系，最初的轻型木桁架体系是在施工现场用钉子和胶合板把木构架连接而成的，这些桁架满足了对跨度的要求，但费时、费工。

1997 年，美国共建单体别墅约 113.8 万栋，其中 90%采用木结构，另外所建的 33.8 万栋多层住宅中，绝大多数也采用木结构。实际上，如果使用得当，木材是一种非常稳定、寿命长、耐久性强的天然可再生无污染材料。

其二，速生木材与结构体系的防火处理。

在北美，一百多年来，日臻成熟的格栅受力体系、逐步完善的速生林循环种植，这两方面的巨大变化使似乎面临困境的木结构体系变成一种可持续的建筑营造。同时，大量成熟的木结构体系防火技术，使速生木材房屋的营造日趋安全。

木材是可燃材料，但是它燃烧时产生的炭化层有助于保护木材，并保持内部材质的强度和结构完整性，这对于逃生至关重要。木结构体系经过防火处理可达 90~120 分钟的耐火极限。钢材也经过防火处理，通常用防火涂料、混凝土保护层等来延长钢材在火中失效的时间，而保温材料和装饰材料的防火是一个综合问题。

其三,一系列的配套技术。

用来建造美式木屋的木材的平均含水率只有 17%，再加上严格、独特的施工技术，能保证建筑材料的干燥，结构中还加入单向呼吸纸及防潮技术，木结构成为了既能有效防潮，透气性能又十分优秀的房子。还有防止凝结、防虫处理，木结构真正做到了冬暖夏凉，具有环保性。

本讲小结：

纵观西方建筑材料，探寻材料的结构特性极限，大胆使用创新材料并与结构创新相结合，材料的艺术表现与结构形式创新一致，新的结构方式与对材料的重新认识，这些可以归纳为西方建筑材料的四个总体特点。

自古希腊至中世纪，对神庙与教堂的热情营造，把石头的美和结构性能发挥到了极致，而对天然混凝土技术的熟练掌握与应用，是古罗马建筑成就的材料基础。

在今天，西方建筑营造对于新材料的探索和应用非常积极，而其大量的建筑营造绝非单纯追求材料的“新”与“旧”。对于木结构组织方式的改变、发展、体系化，使木材这种传统的建筑材料，在西方，尤其是北美，成为了一种可持续的用于建筑主体结构、围护、装饰的普遍材料，这值得我们认真思考。

现代主义对于钢筋混凝土的娴熟与巨量使用，是西方建筑材料发展的又一个鲜明特色，更是轰轰烈烈地贯穿着 20 世纪整个世界的建筑营造，在下面将进一步阐述。

图 7–1　法国巴黎圣母院

巴黎圣母院不是最大的哥特式教堂，却无疑是最有魅力的一座，从整体布局到周边布局，一丝不苟，光彩照人。圣母院最具吸引力的地方在于大教堂的西立面，虽然由于种种原因，西立面两边的尖塔没有建成，只完成了塔基部分，但建成的部分也足以体现其独特的建筑词汇。整个立面有着严谨的规划，垂直方向和水平方向都划分为三大部分，分别是三座尖拱大门、拱花窗和柱廊，两座高约 66 米的没有塔尖的钟楼被融合在立面之内，并立在顶端，拥有一种庄严、稳重的气质。如第一座哥特教堂圣·丹尼斯主教堂一样，圣母院也采用了层层递进的尖拱门和巨大的玫瑰窗。

图 7–2　法国巴黎圣母院玫瑰窗

玫瑰窗是整个立面最大的亮点之一，三个巨型玫瑰花窗是 13 世纪的杰作。其正立面玫瑰窗直径约 10 米，四周布满了各种精美的雕饰。除了主殿之外，南北耳堂上也设置了玫瑰窗，其中北立面玫瑰窗的玻璃上描绘着以旧约故事为题材的圣母、圣婴为中心的画面，非常华美。光线通过彩色玻璃射入室内，变得斑斓莫测，建筑上部笼罩在色彩包围之中，而较为昏暗的底部加入同样有限的人工灯光，使得整个教堂扑朔迷离，强调出了神秘的宗教色彩。四周布置的各种雕塑更给内部增添了几分神圣感。

图 7–3　法国巴黎埃菲尔铁塔

埃菲尔铁塔出现在一个变革的时期，铁塔是体现时代材料与理念的钢铁结构建筑，自从“水晶宫”作为历史上第一个利用玻璃、钢铁和木材建造出的大型建筑物开创了现代建筑的源头之后，又一个更具时代意义而一直屹立的建筑巨造掀开了帷幕。

铁塔总重约为 11500 吨，承担这些重量的是四个坚固的、直伸至下卧持力土层的沉箱基础。地上可以看到的是分布在每边长 128 米的底座上的 4 个巨型倾斜柱墩，倾角 54°，由 57.63 米高度处的第一层平台联系支承；第一层平台和 115.73 米高度处的第二层平台之间是 4 个微曲的立柱；再向上，四个立柱转化为几乎垂直的、刚度很大的方尖塔，其间在 276.13 米高度处设有第三层平台；在 300.65 米高度处是塔顶平台，布置有电视天线。

图 7–4　英国伦敦劳埃德大厦节点细部

劳埃德大厦位于伦敦金融区的中心，是劳埃德保险集团公司的办公大楼。

这是其诸多楼梯中的一座楼梯扶手的细部，透露出关于材料的三个内容：

其一，高品质的钢铁，精细的加工，使建筑达到了工业产品的制造精度，由此而至美。

其二，如此精密加工的细部，在一整座建筑里俯拾皆是，体现了从材料初加工到细加工到打磨的整个过程有序而高效的劳动组织，这是西方建筑材料与营造的结合点。

其三，钢铁作为广泛应用的基础建筑营造材料，其品质和数量都达到了一个相当高的水准，这是西方建筑发展的基本物质基础。

图 7–5　罗马大斗兽场拱券

罗马当时有许多的活火山，喷出的火山灰里含有丰富的火山灰硅酸盐。这种天然火山灰相当于当今的水泥，水化拌匀之后再凝固起来，耐压的强度很高。它所用的骨料有碎石、断砖和沙子。用不同的骨料可以制成强度和容重不同的混凝土，用于不同的位置，例如在多层建筑中，底层用凝灰石作骨料，二层用灰华石，上层则用火山喷发时产生的玻璃质多孔浮石，因此建筑越往下越结实，越往上则越轻。罗马城里的大角斗场和万神庙的墙体就是按这样的配料建造的。当时，混凝土墙和拱券的做法主要有以下几种：在木模板中浇筑混凝土；砌肋架券后浇筑混凝土拱；方锥石块、乱石块、薄砖、大理石板砌贴墙表面等。

图 7–6　美国加利福尼亚洛杉矶水晶大教堂新钟塔

水晶大教堂位于美国加利福尼亚州洛杉矶市南面的橙县，于 1968 年开始兴建，1980 年竣工，历时 12 年，耗资 2000 多万美元。

在大教堂成立十周年之际，教堂的钟塔落成。钟塔中包含了许多高刨光不锈钢棱镜，并收藏了一个带有 52 个钟的钟乐器用以对阿维拉舒乐表示敬意。为纪念约翰和多纳·克林，尖塔被命名为克林塔。尖塔的底部是一座名叫玛丽屋的小礼拜堂，在它的大理石墙上刻着这样一句话："此屋应称为——为所有人祈祷之屋。"里面的一切都是用不同颜色的圆形石柱围砌的，静谧，高贵，神圣。

图 7-7　美国加州洛杉矶 Disney Halls

音乐厅具有解构主义建筑的重要特征以及强烈的盖里金属片状表皮风格。这些凹凸的抛光不锈钢板，在日照强烈时，会聚焦反射炙热的阳光，因而，对于容易造成不利于聚焦折射光线的部分抛光不锈钢板，使用喷砂的方式将其亮度减低。这座超现代且超级时髦和震撼的大型建筑成为了洛杉矶爱乐乐团的新家，它将以其动人心魄的独特外表成为美国第二大城市洛杉矶的新地标。迪士尼音乐厅的配套设施也很完备，音乐厅内部设有小卖部、咖啡厅和餐厅，还设有一个有 2000 个泊车位的地下停车场。其独特的外观，使其成为了洛杉矶市中心南方大道上的重要地标。

图 7–8　美国 HOUSE——格栅受力体系

今天，HOUSE 的建造十分便捷，完全采用工业化流程。现场浇筑混凝土结构地基，安装基础衬垫和经防水和防白蚁等特殊处理的底木，建造房屋的结构框架。主体空间的木头格栅结构将已经做好的构件现场装配，用方木或胶合木做梁、椽子及墙体龙骨，木质人造板做盖板，构件之间多采用钉连接，梁和承重墙体之间用金属件连接，再进行装修，安装管线。在外墙面饰以人造挂板或其他材料，而内墙面和顶面用石膏板作装饰基层。

几十个人砌砖搭梁的景象早已消失，就连最经典的"家"的标志——壁炉，也成了一个摆设，一个批量生产的有防火隔热层的装配品。

第 8 讲　中国建筑营造解读

中国古代的建筑技术与艺术成就的辉煌灿烂是独特的，中国建筑营造有着自己原创的一种运行机制，并且这种机制以鲜明的木结构之规范特色传播出去。同时，中国建筑营造有着鲜明的与环境和谐对话的特色。

8.1　在多次毁灭中一脉相承的行业标准

中国历史上每一次的朝代更替，总会带来建筑上的浩劫。唐代著名诗人杜牧的《阿房宫赋》在写尽阿房宫规模之巨大，气势之雄伟，奢靡之无比之后写道："楚人一炬，可怜焦土！"以木结构为主的中国古代宫殿建筑，在连连战火中屡屡被焚，是一个普遍现象。

然而，纵观中国历史，改朝换代，毁灭的是前代宫阙，但建筑的形制与成就却一脉相承，其光辉并未消亡或黯淡，而是在前者的基础上继承和发展，直到今天，为我们留下了许多宝贵的建筑及技艺。那么中国的建筑营造是怎么传承的呢？主要有以下几个方面：

其一，以文献书籍方式奠定了规范基础，明确了营造做法。中国古代文献中，从《营造法原》、《鲁班经》、《鲁班营造正式》到《营造法式》、《工部工程做法》等著作一脉相承，记载相关匠艺。其中《鲁班经》在民间流传较广，至今民间还有多个版本。在此，我们深刻认识到，文字的统一，光照千秋，惠及各业。

其二，各个层次和范围的劳动族群的口口相传。实际上，中国古代建筑营造劳动族群的构成是非常完备而封闭的，技术的传授并不仅仅依赖书本，更多的是言传身教，即口口相传，在实践过程中进行。

其三，历朝历代对于建筑营造的正统与高效要求与社会整体发展的互动。"正统"的政治目的，使得大型建筑营造在形式上没有必要进行根本变革。高效反映在时间上，关键是对既有材料的掌握和组织实施，这就使得中国建筑营造对于木结构的应用愈加娴熟至炉火纯青，其成就令后人难望其项背。

8.1.1　宋《营造法式》简介与天津蓟县独乐寺

宋《营造法式》确定了我国木构建筑古典的模数制度，确立了匠人的设计和施工标准。

曾有《元祐法式》于元祐六年（1091 年）编成，但因为没有规定模数制，也就是“材”的用法，而不能对构建比例、用料作出严格的规定，建筑设计、施工仍具有很大的随意性。李诫奉命重新编著，他在两浙工匠喻皓的《木经》的基础上，在熙宁年间（1068~1077 年）编成《营造法式》，成书于元符三年（1100 年），刊行于宋崇宁二年（1103 年）。《营造法式》是北宋官方颁布的一部建筑设计、施工的规范书，是当时建筑设计与施工经验的集合与总结，是我国古代最完整的建筑技术书籍，标志着中国古代建筑已经发展到了较高阶段，对后世产生深远影响。

全书 357 篇，3555 条，共计 34 卷，分为 5 个部分：释名、各作制度、功限、料例和图样，前面还有“看样”和目录各 1 卷。看样主要是说明各种以前的固定数据和做法规定及做法来由，如屋顶曲线的做法。

纵观《营造法式》，其内容有五大特点：

其一，制定和采用模数制。书中详细说明了“材分制”，材的高度分为 15 分，而以 10 分为其厚。斗栱的两层栱之间的高度定为 6 分，为“栔”，大木作的一切构件均以“材”、“分”、“栔”来确定。其实，这种做法在唐初的佛光寺、南禅寺中早有运用，《营造法式》第一次有明确用“材分制”即模数制的文字记载，后来被清工部《工程做法则例》的斗口制代替。

其二，设计的灵活性。各种制度虽都有严格规定，但未死板规定组群建筑的布局和单体建筑的平面尺寸，各种制度的条文下亦往往附有“随宜加减”的小注，因此设计人可按具体条件，在总原则下，对构件的比例尺度发挥自己的创造性。

其三，总结了大量技术经验。如根据传统的木构架结构规定凡立柱都有“侧角”及柱“升起”，这样使整个构架向内倾斜，增加构架的稳定性；在横梁与立柱交接处，用斗栱承托以减少梁端的剪力；叙述了砖、瓦、琉璃的配料和烧制方法以及各种彩画颜料的配色方法。

其四，装饰与结构的统一。该书对石作、砖作、小木作、彩画作等都有详细的条文和图样记载，对于柱、梁、斗栱等构件，在规定它们在结构上所需要的大小、构造方法的同时，也规定了它们的艺术加工方法，如梁、柱、斗栱、椽头等构件的轮廓和曲线，即用“卷杀”的方法制作的。该手法充分结合构件加以适当加工，作为艺术装饰，成为了中国古典建筑的特征之一。

其五，严格了施工的管理。全书 34 卷，用 13 卷来说明各种用料用途，如何确定劳动定额及运输、加工等所耗时间，对于编造预算、施工组织都有严格规定。

辽是我国历史上与北宋同时存在的朝代。天津蓟县独乐寺内现存山门及观音阁，为辽代建筑，保留唐代风格较显著。

独乐寺始建于唐太宗贞观十年（636 年），辽代统和二年（984 年）重建，明万历，清顺治、乾隆、光绪年间维修，乾隆十八年（1753 年）增砌照壁，增设观音阁重檐上下各四根擎檐柱，并建寺东行宫。

独乐寺占地总面积 1.6 万平方米，建筑分为东、中、西三部分，东部、西部分别为僧房和行宫，中部是寺庙的主要建筑物，由山门、观音阁、东西配殿等组成，山门与大殿之间，用回廊相连接。这些都反映出了唐、辽时期佛寺建筑布局的特点。

独乐寺山门是我国现存最早、最尊贵的庑殿顶山门。山门坐北朝南，面阔三间，进深两间，上下为两层，中间设平座暗层为穿堂，前两稍间是两尊辽代彩色泥塑金刚力士像，后两稍间是清代绘制的“四大天王”彩色壁画。山门梁柱粗壮，斗栱雄硕，布置疏朗，高度约为柱高之半，“升起”和“侧脚”明显。屋顶为庑殿顶，五脊四面坡，又称“四阿大顶”，出檐深远而曲缓，檐角如飞翼，正脊两端的鸱吻造型生动古朴，为辽代原物。

独乐寺观音阁是我国现存最古老的木结构楼阁，与山门同在一个中轴线上，位于山门以北，台基为石基，低矮，前有月台，面阔五间，进深四间，上下两层，中间设平座暗层，通高 23 米。观音阁的设计别具匠心，28 根立柱，做里外两圈升起，用梁桁斗栱连接成一个整体，赋予建筑巨大的抗震能力。斗栱繁简各异，共计 24 种，152 朵，其大小形状，无论是衬托塑像，还是装修建筑，处理得都很协调，使建筑既庄严凝重，又挺拔轩昂，显示出了辽代木结构建筑技术的卓越成就。三层楼阁，中间做成暗层，省去一层瓦檐，避免了拥簇之感，暗层的里边和外边修回转平台，供认礼佛和凭栏远眺，既实用又美观。

8.1.2　清工部《工程做法》简介与故宫太和殿

继北宋《营造法式》之后，中国建筑史上的又一部巨著——清工部《工程做法则例》（简称《工程做法》）于清乾隆十二年（1734 年）年由清工部颁布。

清工部颁布的《工程做法》共 74 卷，作为控制官工预算、做法、工料的依据。书中包括有土木瓦石、搭材起重、油画裱糊等 17 个专业的内容和 27 种典型建筑的设计实例。它的构成主要可以分为做法和估算两大部分。从大的方面来看，可分为大木（建筑构架，卷 1~ 卷 27）、斗科（卷 28~ 卷 40）、装修（卷 41）、基础（卷 42~ 卷 47）。估算由用材（材料估算，卷 48~ 卷 60），用工（工数估算，卷 61~ 卷 74）所组成。

清工部《工程做法》使得明清官式建筑用料、建筑技术标准化、样式化，对建筑工程管理、建筑工匠转型和建筑产业发展三个方面都产生了巨大的影响。

其一，官式建筑的样式设计体系已经完备，并形成了一整套备料、建造的工艺程序，进而确定了一套用工、用料的固定算法，不但给建筑工程承办者提供了内部经济核算的依据，也为工程营造初期编制预算定额提供了基础，使建筑的预算达到最大的节约和高效，工程营造活动各个阶段都有一定之规，成为了有案可查、有章可循的规则和定例，使政府能准确控制和监督建筑工程营造的各个阶段。

其二，官式则例流向民间，促进了民间建筑工匠专业的分工化。《工程做法》的“工限”部分，反映出了建筑业内部的工种分工情况。其中明文提到的工匠名称就有石匠、木匠、锯匠、安装木匠、盘头砍尖木匠、菱花匠等 25 种，说明当时建筑施工分工之细。这些工种处于建筑施工的不同程序之中，而每个工种里面还有若干子工种。

其三，建筑工料预算的标准化为建筑材料的大规模生产提供了依据，同时，这些材料大量集中采购,也促进了建筑的产业化发展。《工程做法》及《营造算例》表现了斗栱演变过程的最终形态，并以斗口为模数，使建筑设计模数化，进而使建筑的整体构成达到了高度的模数化。

北宋《营造法式》和清工部《工程做法》是由官方颁布的关于建筑标准的仅有的两部古籍，在中国古代建筑史上有重要地位，建筑学家梁思成先生将这两部建筑典籍称为“中国建筑的两部文法课本”。

故宫太和殿是中国现存的最大的木结构大殿，俗称“金銮殿”，位于北京紫禁城南北主轴线的显要位置，明永乐十八年（1420 年）建成，称奉天殿，明嘉靖四十一年（1562 年）改称皇极殿，清顺治二年（1645 年）改今名。太和殿曾屡遭焚毁，多次重建。

太和殿面阔十一间，进深五间，建筑面积 2377 平方米，高 26.92 米，连同台基通高 35.05 米，上承重檐庑殿顶，下坐 3 层汉白玉台基，采用金龙和玺彩画，屋顶仙人走兽达 11 件，均采用最高形制，为紫禁城内规模最大的殿宇。太和殿殿前有宽阔的平台，称为丹陛，俗称月台。月台上陈设日晷、嘉量各一，铜龟、铜鹤各一对，铜鼎 18 座。

太和殿共有 72 根大柱支撑大殿全部重量，其中顶梁大柱最粗、最高，直径为 1.06 米，高为 12.7 米。这些木柱，在明代用的是楠木，采自川、广、云、贵等地，清代重建后，用的是东北的松木。檐下施以密集的斗栱，室内外梁枋上饰以级别最高的和玺彩画。太和殿装饰豪华，门窗上部嵌成菱花格纹，下部浮雕云龙图案，接榫处安有镌刻龙纹的鎏金铜叶。殿内地面共铺二尺见方的大金砖 4718 块。金砖并非用黄金制成,而是在苏州特制的砖,金砖表面淡黑、油润、光亮、不涩不滑。

太和殿现存为清康熙三十四年（1695 年）重建，是紫禁城内体量最大等级最高的建筑。

8.1.3 灵活的模数制与结构体系

中国建筑营造模数制是一个严谨而灵活的体系，它与木材料大框架的结构体系相辅相成，成果辉煌，反映了先人卓越的智慧和高超的技艺水平。

《营造法式》中“以材为祖”这句话高度概括了中国建筑的模数制。所谓“以材为祖”，就是木结构中的许多尺寸“皆以所用材之分，以为制度焉”，即这些尺寸是根据设计时对该建筑所选用某一等级的“材”及其相关尺寸为依据来确定的。“材”在宋代包含了三方面的内容：其一，设计时选用的制约整个建筑主要尺寸的木构件的等级；其二，反映该等级的标准断面；其三，以该标准断面杆件为基础的木构件。到了清代，清《工程做法则例》、晚清的《营造算例》和江南的《营造法原》都记载了构件断面多以某种基本模数（如斗口、柱径）为计算依据。

成熟的中国木建筑营造模数制兼备体系完备、运用灵活、构架方正三大特点。

其一，一整套以等级为核心的各要素互动的体系。其特点是各个等级上构件用材的规定相同，而间数和等级相关联，即高等级的建筑不等同于低等级建筑的按比例放大。模数制直接为礼制所要求的等级制服务，通过提高材等，加大建筑的安全系数来提高建筑等级。

其二，为设计者和施工者保留了充分的灵活性。灵活性主要反映为对构件断面作出规定，而对构件长度不作规定或很少规定。宋《营造法式》只提及副阶及廊舍柱高不越间，一架椽平不过六尺，殿阁可加五寸至一尺五寸。对于间，既允许远近皆匀，也允许不匀。

其三，构架方正。木结构在受外力作用后如何维持纵向和横向的稳定是一个重要的问题，早期木结构中存在着不少斜向构件，但在传统的四象概念、礼制中的方正概念、施工中的层叠式铺设等的综合影响下，斜向构件一方面隐藏在墙体或暗层中，一方面又逐渐退化而以别样的构造措施替代。

中国木建筑营造模数制既忠实地完成了礼制任务，也在很大程度上显示了其实用理性主义的特点，礼教秩序与实用营造相互交织，成就辉煌。

8.2 没有建筑师的“匠人营国”

《周礼・考工记》：“匠人营国，方九里，旁三门。国中九经九纬，经涂九轨，左祖右社，面朝后市，市朝一夫……”

中国古代有特殊的工官制度与建筑营造机制，没有对应于西方的建筑师制度，而是有强有力的国家力量，等级清晰的营造队伍，有规可循的营造规范，高效的集体管理机制，特别是有应对特殊问题和突然变化的高度智慧和整体系统。

在中国古代，许多建筑营造的具体劳动者没有政治地位，很少被列入史籍而扬名于后世。古代匠人没有留下名字，也没有对应西方建筑营造的职业，他们默默劳作，竭尽全力，其创造的成就光芒四射，是物质与精神的双重瑰宝。

8.2.1 元大都与明清北京城

北京有着 3000 余年的建城史和 850 余年的建都史，最初见于记载的名字为“蓟”。它荟萃了元、明、清以来的中华文化，拥有众多名胜古迹和人文景观，是世界上拥有世界文化遗产最多的城市，名称先后为蓟城、燕都、燕京、涿郡、幽州、南京、中都、大都、京师、顺天府、北平、北京等。

元大都，又称大都，蒙古文称“汗八里”，意为“大汗之居处”，自元世祖忽必烈元四年（1267 年）至元顺帝至正二十八年（1368 年），为元朝国都。其城址在今北京市市区，北至元大都土城遗址，南至长安街，东、西至二环路。

建成后的元大都平面呈东西短、南北长的矩形，城墙全长60里又240步，辟十一门，南、东、西三面各三门，北面二门，被附会为哪吒“三头六臂两足”。它是以宫城和皇城为中心布置的，因地势平坦，又是新建，所以道路系统规整笔直，成方格网，城的轮廓接近于方形。城市的中轴线就是宫城的中轴线，平面的几何中心在中心台（今北京鼓楼西侧，积水潭东岸）。元大都的道路为土路，全城分干道和“胡同”两类，干道宽约25米，胡同6~7米。胡同以东西向为主，在两胡同间的地段上划分住宅基地。建城时在城市主干道两侧设置了排水明沟，用条石砌筑。明朝之后，许多明沟被加盖覆盖，变为暗沟。

元大都的空间布局形式既符合《周礼·考工记》中的城市规划格局，同时，具体细节按照蒙古人的生活习惯又有自己的创新——“逐水而居”，皇城并非以大内宫城轴线为基准、东西对称，而是以太液池为中心，四周布置三座宫殿——大内、隆福宫和兴圣宫，这种布局与传统宫殿布置手法迥异，反映了蒙古人“逐水而居”的特点，形成了新的宫殿布局手法。同时，棋格式的布局形式奠定了后来北京城市的基本格局。

明灭元后，大都改称北平。明成祖朱棣为了迁都北京，从永乐四年（1406年）起开始营造北京宫殿，其主要设计者是蒯祥（1397~1481年，字廷瑞，苏州人）。永乐十八年宫殿建成，遂正式迁都北平，之后南京便成为了明朝的陪都。具体而言，明清北京城主要有以下特点：

其一，明代的北京城是元大都城的改建。明清一脉相承，首先，明代北京城是利用元大都原有的城市改建的，北退五里，南进一里，加筑外城，呈凸字形平面。内城的街道坊巷仍沿用元大都的规划系统。清代则沿用明代旧宫，规模没有再扩充，城的轮廓也不再改变，主要是营造苑囿和修建宫殿，总体布局仍大体保持明代旧貌，且至今还有不少殿宇是明代遗物。

其二，总体布局强调礼教正统。明北京城的布局以皇城为中心。皇城平面呈不规则的方形，位于全城南北中轴线上，四向开门，南面的正门就是承天门（清改称天安门）。天安门之南还有一座皇城的前门，明称大明门（清改名大清门）。皇城之内建有内容庞杂、数量众多的各类建筑，包括宫殿、苑圃、坛庙、衙署、寺观、作坊、仓库等。

作为皇城核心部分的宫城（紫禁城），位居全城中心部位，是在元大都宫城（大内）的旧址上重建的（稍向南移），但布局方式仿照南京宫殿，只是规模比南京更为严整宏伟。它的四面都有高大的城门，城的四角建有华丽的角楼，城外围以护城河。从大明门起，经紫禁城直达北安门（清改称地安门），这一轴线完全被帝王宫廷建筑所占据。按照传统的宗法礼制思想，又于宫城前的左侧（东）建太庙，右侧（西）建社稷（祭土、谷之神），并在内城外四面建造天坛（南）、地坛（北）、日坛（东）、月坛（西）。天安门前左右两翼为五府六部等衙署。

其三，城池体系的防卫意识。明攻占元大都后，蒙古贵族已退走漠北，但仍伺机南侵，明朝驻军为了便于防守，将大都北墙向南缩了 5 里，南墙向南展出 2 里，成为东西向的长方形，重建了宫城和皇城。制度虽仿造南京，但壮丽宏伟过之。嘉靖三十二年（1553 年），又修筑外城，由于当时财力不足，只把城南天坛、先农坛及稠密的民居包围起来，而西、北、东三面的外墙没有修筑，于是北京的城墙平面就成了凸字形。至此，北京城的基本轮廓已经构成，即宫城、皇城、内城和外城。

明北京外城东西长 7950 米，南北长 3100 米。南面三座门，东西各一座门，北面共五座门，中央三门就是内城的南门，东、西两角门则通城外。内城东西长 6650 米，南北长 5350 米，南面三座门（即外城北面的门），东、北、西各两座门。这些城门都有瓮城，建有城楼。内城的东南和西南两个城角建有角楼。

其四，城市生活发达。北京的市肆共 132 行，相对集中在皇城四侧，并形成四个商业中心：城北鼓楼一带，城东、城西各以东、西四牌楼为中心以及城南正阳门外的商业区。各行业有“行”的组织，通常集中在以该行业为名的坊巷里，如羊市、马市、呆子市、巾帽胡同、盆儿胡同、豆瓣胡同之类，其中很多是纯粹为统治阶级生活服务的，如珠宝市、银碗胡同、象牙胡同、金鱼胡同等。

其五，巨大的、综合的空间艺术成就。其次是城市更为规整，中轴进一步强调。北京全城有一条全长约 7.5 公里的中轴线贯穿南北，轴线以外城的南门——永定门作为起点，经过内城的南门——正阳门、皇城的天安门、端门以及紫禁城的午门，然后穿过大小 6 座门、7 座殿，出神武门，越过景山中峰和地安门而止于北端的鼓楼和钟楼。轴线两旁布置了天坛、先农坛、太庙和社稷坛等建筑群，体量宏伟，色彩鲜明，与一般市民的青灰瓦顶式住房形成强烈的对比。从城市规划和建筑设计上强调封建帝王的权威和至尊无上的地位。

明清北京城建筑的对称布局、院落组合、空间安排、单体建筑、建筑装修、室内外陈设、屋顶形式以及建筑色彩等，都体现出了中国建筑营造的独特特征，城市规划的基本格局取得了极高的艺术成就。在建筑色彩运用方面，明清北京城也堪称典范。紫禁城的色彩设计中广泛地应用对比手法，造成了极其鲜明和富丽堂皇的总体色彩效果。人们经由天安门、午门进入宫城时，沿途呈现的蓝天与黄瓦、青绿彩画与朱红门窗、白色台基与深色地面的鲜明对比，给人以强烈的艺术感染。

8.2.2　北海琼华岛与团城

在北京城的营造中，水是一个重要的内容。自元，历明，至清，北京形成了一个庞大的兼有运输、生活、安全、景观意义的综合水系。

元代时北京的太液池是现在北海与中海的总称。明成祖定都北京后，从 1406 年起营造新的皇宫，明朝宫城在元朝宫殿的位置基础上向南移动，因此皇城城墙也随之南移，为丰富皇城园林景观，开挖了南海，挖出的土方和开凿筒子河的土方堆成了万岁山（即景山）。北海、中海、南海统称“太液池”，属于皇城西苑。

北海位于景山西侧，面积约 71 公顷，水面约占 39 公顷，陆地约占 32 公顷。这里原有辽、金、元宫殿，明、清辟为帝王御苑，是中国保留下来的最悠久、最完整的皇家园林。

琼华岛上建筑精美，依山傍势，错落有致，掩映分布于苍松翠柏之中。南面以永安寺为主体，黄瓦红墙，色彩绚丽。西面为悦心殿、庆霄楼等。东面建筑不多，但林木成荫，景色幽静，别具一格。北面山麓沿岸一排双层 60 间的临水游廊像一条彩带将整个琼岛拦腰束起，回廊、山峰和白塔倒映水中，景色如画。

琼华岛建筑群，是清代皇家园林移植江南胜景的典范，扩充了“蓬莱仙境”的原型内涵，吸纳了金山寺“寺包山”创作手法的佛教底蕴，与佛教“曼荼罗”图式相结合，塑造了琼华岛北坡体现大一统意念的“众星拱月”的象征景观，使之相称于作为清北京景观核心的重要地位。

团城位于北海南门西侧，既是北海公园的一部分，又是一个独立的小园林。团城，元代时为一小屿，明代重修时筑城墙，并将东、南两处水面填为平地，基本上形成了现在的规模和四周环境。清康熙十九年（1680 年）重建承光殿，将原半圆殿改成十字形平面。乾隆年间进行较大的修建，增建了玉瓮亭，形成了现存形制。

团城平面呈圆形，是一座周砌城砖的小城。城台高出地坪 4.6 米，周长 276 米，面积 4553 平方米。东、西两侧城墙下各有随墙门一座，上建门楼，东为昭景，西为衍祥，入门可沿蹬道登至城顶台面。蹬道处各设罩门，城台上建筑布局采取对称中兼有园林的布局手法，有古树、殿亭、廊庑，它的主体建筑是承光殿。

团城整座城台黄瓦红墙，金碧辉煌的古建群间遍植了数十株苍松翠柏。其松柏以“古”、“名”而著称，树龄 300 年以上的古树有 17 棵，植被茂盛，郁郁葱葱，是镶嵌在古典皇家园林北海和中南海之间的一颗绿色明珠。

8.2.3 样式雷简介及烫样

中国建筑营造有自己的一整套设计方式，远在春秋战国时期已用图画表示，汉朝初期已使用图样。7 世纪初，隋朝使用 1 ∶ 100 比例尺的图样。到了清朝，皇室的具体建筑设计人为家族世袭，被称为“样式雷”，他们不仅绘制图纸，而且制作烫样供给皇上御览。

在 17 世纪末年，一个祖籍江西永修的南方匠人雷发达来北京参加营造宫殿的工作，因其技术高超，很快就被提升，担任设计工作。从第一代雷发达于康熙年间由江宁来到北京，到第七代雷廷昌在光绪末年逝世，共七代人在长达二百多年间实际主持着皇家建筑营造，包括宫殿、苑囿、陵寝以及衙署、庙宇等的设计和修建工程。因为雷家几代都是清廷“样式房”的掌案头目人，又是制作烫样的名家，即被世人尊称为“样式雷”，也有“样子雷”的叫法。

雷发达在很长时间内被认为是样式雷的鼻祖，在样式雷家族中，声誉最好，名气最大。雷式家族成员有着多重的身份，在主持建筑设计的同时，雷氏家族还兼办内檐装修，包揽从材料购置、设计到制作的全部工程。其工作与西方建筑师很不同，实际上远远超过了西方建筑师，或许称之为营造师更合适。雷氏开办了自家的营造厂，是承担光绪十一年至十八年（1885~1892 年）西苑大修工程的十六家厂商之一。雷氏家族负责及参与过的实际工程有北京故宫、三海、圆明园、颐和园、静宜园、承德避暑山庄、清东陵和西陵等重要工程。

烫样是中国古建筑营造特有的一种表达方式，是为了给皇上及大臣御览而制造的。制作烫样是完成建筑设计的重要步骤，是不可或缺的一个环节，可以理解为小尺寸的建筑模型。

因制作过程中的主要工序需要熨烫，所以称烫样。烫样主要是用纸张、秫秸和木头等加工制作的。所用的纸张多为元书纸、麻呈文纸、高丽纸和东昌纸。木头则多用质地松软、较易加工的红、白松之类。有簇刀、剪子、毛笔、蜡板等简单工具，还有特制的小型烙铁，以便熨烫成型，制作烫样的粘合剂主要是水胶。模型用纸板热压制成，其台基、瓦顶、柱枋、门窗以及床榻桌椅、屏风纱橱等也按比例制成。

烫样的制作根据建筑物的设计情况按比例制作，分为底盘、墙体、屋顶及附属的杂项部分。它与图纸、做法说明一起表达建筑设计，而三者各有分工侧重。烫样侧重于建筑的结构和外观以及院落和小范围的组群布局，包括彩画、装修和室内陈设，是当时建筑设计中的关键步骤。烫样的制作比例，根据需要分为五分样、寸样、二寸样、四寸样和五寸样等数种。以五分样为例，其烫样尺寸之清营造尺的五分，相当于建筑实物的一仗，即烫样与实物比例为 1 ∶ 200。寸样，每一寸相当于一仗，比例尺为 1 ∶ 100。二寸样为 1 ∶ 50，以此类推。

雷氏家族在进行建筑设计时，大多按一定比例制作烫样进呈内廷，以供审定，其留存于世的烫样多存于北京故宫。

中国建筑营造以其独特的内容与形式自成一体。没有建筑师，却又有大至法式、小至烫样的完备体系，匠人营国，木匠造房，劳动人民的智慧与技艺在建筑营造上成果累累。

8.3　体系与创新——讲究与说法

中国古代建筑营造运行的主要因素有材料技艺、模数体系、工官制度，还有建筑匠人、风水理论等，有许多的讲究与说法，形成一个以木构架为核心的半开放体系，其中也不乏突破性的创新，而这种创新在外象上又与诸多已有的约定俗成保持一致。

8.3.1 木匠——中国建筑营造的多重角色

20 世纪之前，中国还没有和现代的建筑师、结构工程师等名称与内容一致的职业。我国古代建筑以木构为主，木工掌作则称为“都料匠”。实际上从事设计绘图、主持工程施工的正是以木匠为核心的能工巧匠。在宫廷营造上，对应有前述样式雷家族。在民间，就是一名木匠。中国古代建筑营造中的木匠有以下丰富含义。

其一，尊鲁班为祖师爷。鲁班，春秋时期木匠鼻祖，鲁国人，既是工匠也是营造大家。他筑宫室台榭，造云梯勾墙等攻城器械，创造机关备具的木马车，发明曲尺、墨斗等木作工具，还发明磨子、碾子等生活用品，他是勤劳机巧的工匠的化身，是中国古代天才加全才式的营造大家，称之为圣。几千年来，他一直被奉为木工、石工、泥瓦匠等诸工匠之共同祖师，称为“鲁班爷”。

其二，匠籍管理与民间工匠。以木匠为核心的工匠职业存在有两种方式。在官方，很早就有管理工匠的官职和工匠制度，在清初废除“匠籍”制度以前，工匠都受政府“匠户”和“军户”等户籍制度的严格限制，职业世袭，毕业终生。工匠自己的组织很晚才兴起，发展程度不高，有内部相互交流的语言。在民间，有大量的各类工匠，有的持木匠手艺以此为生，有的以农耕为主，而有的是纯粹的乡民，在需要时又可成为在熟练工匠指导下的初级工匠。

其三，民间的营造师。在民间建造房屋时，如果经济条件只允许请一位师傅，那么请的必定是木匠师傅。此时的木匠承担相地选址、工程设计、材料选购、组织施工、控制进度、掌握仪式、交工验收等多重角色。如果经济条件稍好，还要单独请一位风水先生。

中国建筑营造的一个事实就是：木匠，是从宫廷到民间的建筑师，或者说营造师更确切。

8.3.2 传统建筑的讲究与风水

风水是中国古代的一种有关建筑环境的基地选择与设计的理论，又称“堪舆学”，曾经是盛行于宫廷到民间的关于村镇、建筑、墓地及其环境选择与营造的指导理论。风水文化大体上分为两部分，一部分是阴宅文化，一部分是阳宅文化。

中国建筑营造进程中，营造本身重视的是此材料与人力技艺的协调，造园则重视意境情调的创造，而风水重视的是意义吉凶，在自然（阴阳）和社会（人伦）中的定位和认同。

中国建筑营造进程中，风水观念主要在以下三方面有影响：

其一，选址。选址，是城镇聚落和建筑的首要问题。风水理论关于选址的基本原则之一，叫做“相形取胜”，即选用山川地貌、地形地势等自然景观方面的优胜之地。

其二，施工。风水发展到后期，不仅仅指导着建筑的选址和设计，也影响着营造施工，如民间的营造施工的一些构件尺寸。在木匠手册《鲁班经》中，有两把尺，一为曲尺，一为直尺。曲尺分为十段，直尺分为八段，分别有吉凶含义。在一些地方，木匠在具体操作中，尽量将构件尺寸落在尺上吉的分段，尤以宅门的宽度最为讲究。

其三，方位。风水方位的含义很丰富，有建筑朝向与周边环境的方位、建筑布局与外在景物的方位、建筑内部诸物品及家具的方位，乃至建筑物的细部装修和庭院中的花木的栽植等。这些在风水中都有很多的讲究和说法。

风水的起源，或许始于远古，而其渊源之交汇，也不仅仅局限于建筑营造，内容丰富而庞杂。许多的讲究和说法，既有生活经验的提炼，更有自然和谐的理念，还有刻意的穿凿附会。解读中国建筑营造，可以对其有一些浅显了解。事实上，中国人很早就形成了一整套人与自然环境和谐存在的观念，并将之应用于建筑营造的实践，这或许是“风水”更大的含义，也应该是今天的一个出发点。

8.3.3　出奇创新——山西浑源悬空寺

中国建筑营造，也不乏出奇创新之作，其中悬空寺就是一处典范。

山西浑源悬空寺是中国现存最早、保存最完好的高空木构摩崖建筑，始建于北魏末期（约 6 世纪），后历经兴毁，现存大小殿阁 13 座，多为明清以来重建，是我国古代劳动人民充分发挥智慧，集建筑学、力学、美学、宗教学等为一体的伟大建筑，有悬、空、和三大特点。

其一，悬，悬空寺在结构主体实践上有巨大创新。悬空寺位于浑源县城城南 5 公里处北岳恒山下，金龙口西崖峭壁间，下离地面约四五十米，依托险峻地形悬空而立。其殿宇插梁为基，在陡峭的崖壁上，洞凿坚硬岩石，内形似直角梯形，插入飞梁，打入倒楔，使其与直角梯形锐角部分充分接近，利用力学原理，以飞梁形成飞悬出挑的空中地基。所用的木料是当地的特产铁杉木，用桐油浸过，防腐防蚁。建成时，人们所看到的悬空寺似乎没有任何支撑，为了让人们放心，在寺底下安置了些木柱，表面看上去支撑主体的是十几根碗口粗的木柱，其实多数木柱根本不受力。

其二，空，指其选址的三维定位与时间轮回的精妙结合。远望悬空寺，像一尊玲珑剔透的浮雕，镶嵌在万仞峭壁间，近看悬空寺，大有凌空欲飞之势。同时，悬空寺处于深山峡谷的一个小盆地内，主体悬挂于石崖中间，石崖顶峰凸出部分好像一把伞，使古寺免受雨水冲刷。山下的洪水泛滥时，也免于被淹。特别是四周的大山减少了阳光的照射时间。优越的地理位置的选择造就了第二环境的干湿相宜，是悬空寺能完好保存的重要原因之一。

其三，和，悬空寺是国内现存的惟一的佛、道、儒三教合一的寺观庙一体建筑。悬空寺南向，殿宇背西朝东，沿崖壁向北一字排开，高低错落，布局紧凑。入山门为韦驮殿，内接庭院，钟、鼓两楼对峙。后为三佛殿、太乙殿、关帝殿、地藏殿、大悲殿，各奉塑像。这一组建筑多为单檐歇山顶，分置庭院两侧，颇为对称。北侧有高阁两座，均为三层歇山顶，悬空插梁，下施倚柱，是寺院的主体建筑。两阁之间，中隔断崖，飞架栈道相通。南阁三层，各作之殿，即纯阳宫、三宫殿、雷音殿，塑像中部分具有明代风格。北阁三层，亦作三殿，为五佛殿、三大士殿、三教殿。

悬空寺的三教殿是全寺位置最高的殿宇，殿内奉祀佛教之圣释迦牟尼像、道教之祖老子像、儒家之尊孔子像，分别居中、左、右。三家汇聚一寺，同堂共室，可谓集中国古代宗教信仰、思想文化之大成，反映了明代以来“三教归一”宗教思想的发展。

8.4 整体营造——安徽宏村水系

安徽徽州宏村经过一代又一代人的营造，八百多年后的今天它已被列为世界文化遗产。该村落最具特色的水系统的构造与营造，得益于先辈的察天相地的选址安排，又借助了自然界河流改道的良好机遇，聚落民众团结一心，以宗族未来的生存与空间营造发展的大目标为己任，世代劳作，辛勤耕耘，经商致富之后，又精心地造屋、理水。即使在今天，居者有其乐，观者有所悟。

8.4.1 宏村聚落空间和水系统营造历程

徽州宏村聚落空间和水系统营造历程大致有四个阶段。

其一，起始阶段，择水而居。宏村的营造源自 1085~1151 年由汪彦济（汪氏六十六世祖，彦济公）捧祖像，怀家谱，率妻孥，携老幼，迁居雷岗之阳，购地数亩，营造了四幢院落民居，共计有 13 间房屋开始，之后汪氏家族世代在此安居乐业，不断繁衍生息。在生产生活中，对西溪河水的巧妙利用，贯穿了整个宏村聚落空间营造的历史，形成了自己独特的建筑空间。

其二，力创阶段，消纳合法。明永乐初年（1403 年），汪氏后代汪思齐已近而立之年，他就开始筹划在离村中心出泉水的地方（今月沼之地）建造祠堂——乐叙堂，并将风水先生的评说记录在族谱里。思齐公夫人胡重，自幼聪慧好学、品德高尚，管理族中家务，纲纪肃然，领导族人“凿水圳，掘水沼，建祠堂，葬祖坟”，于 1410 年前后的二十余年里取得了很多的建设成就。在胡重夫人主持挖掘营造月沼水系中心之后，也吸引了外姓家族一同来宏村生活。

其三，拓展阶段，月沼南湖。月沼和南湖的修建属于宏村水利工程的拓展期，起先是月沼的挖掘，它是当时徽州传统聚落景观与水利改造规模很大的工程。明永乐前二十年间，宏村人在族人的带领下挖掘修建了村中心的池塘月沼，月沼位于村中心偏西位置，呈不规则的半圆形，其直边全部朝北，长约 50 米，实际面积约 1200 多平方米。其后，在明万历三十五年（1607 年），由宏村汪奎光（汪氏 81 世祖）等 17 人主事，历时 3 年，完成了掘筑南湖工程。

其四，不断完善，持续营造。宏村民众在聚落发展的各阶段，很好地把握了自己的命运。族人的通力辛勤劳作与乡土精英的才智相互结合，不断完善，持续营造。

8.4.2 宏村聚落营造策略

宏村聚落在八百多年间不断营造，自然生态、人文情态、空间形态的互相促进，蕴涵着“天人合一”、“天人合德”的哲学思想，其整体营造策略有以下五方面：

其一，趋利避害，少费多用。对聚落的自然地形、生态环境高度重视，选择天时、地利，充分满足民众愿望和生活目标，自然而然地综合利用各方面因素，明确形成能引导通往成功大目标的话语，水到渠成地开展聚落建筑空间营造活动，从而实现族群营造美好居住空间的理想。徽州的风水先生也在这方面用尽心思，察天观地，来回奔波，反复思索，尤以休宁县堪舆师为主体的风水理念如“趋利避害，少费多用”为宗旨，结合对现场的，尤其是水系统，仔细踏勘，形成客观的评价和行动纲领。

其二，用营投资，三位一体。聚落里的民居建筑与园林的主人，他们作为使用者、营造者、投资者，是三位一体的，他们具有综合的功利观，这也是保证聚落里的民居建筑等营造活动的前提。明、清时期，整个徽商群体在政治与经济上对发展机遇的把握，加上各种综合实力的积累，在官场仕途与商业经营上都取得了很多的成绩，也为故里聚落空间与水利景观系统的营造提供了坚实的物质基础。

其三，聚落民众，齐心协力。在重大营造活动之前，召集聚落里的绅士和族长进行认真的讨论和决策，并做好相应的准备工作，一旦作出决定，便会制定一个分阶段的实施步骤和计划。聚落民众齐心协力，有钱出钱，有力出力，为集体也为自己的家园的建筑特色的营造勤劳苦干，而在室外水利系统如西溪、水圳、月沼、南湖的营造上更是如此。

其四，自然持续，良性循环。宏村水系统为居民饮用、洗漱、冲洗、卫生等生活及生产、灌溉提供了用水，河水也带来了冲积的淤泥。不定期的清淤及在挖池塘的过程中所挖的淤泥又能为土地增加肥力，挖取来的大量的土方都能填成良田。这一系统工程对在农耕社会依赖土地的人们来说，是典型的自然持续良性循环工程。

其五，文化底蕴，谋划吟唱。民众的人文情态反映在建筑营造上，一个具体表现就是在营造活动发生前，利用自己的文化素养精心谋划各种事项。当营造有一些成果时，睹物思情，题诗作画，也表现了徽州聚落特有的人文情态与聚落景观。在几百年间，为宏村题诗的诗人对家乡故里的山光水色的吟唱，积淀了几百年来徽州民众对在乡村自然里长期生活的热爱，是对故里聚落空间与水利景观系统的细心观察体悟，也是对生命中各种情感故事的礼赞和悲欢精神的真实书写。

8.4.3 宏村聚落营造策略的当代借鉴

宏村民众们不断因势利导，尊重和利用第一自然环境，大范围、大面积地营造水系，共同营造了第二环境，即整体聚落生活空间的营造，也随溪流整治而不断营造第三环境，即自己的居住建筑空间。2000 年 11 月，徽州宏村申请世界文化遗产之后，其旅游产业得到了高速发展的机会，旅游产业的快速发展也为其经济发展作出了很大贡献。

宏村聚落空间与水系统营造策略的当代借鉴，可以有以下三点：

其一，敬畏天然，尊重自然。社区与聚落的居民们在公共基础设施尤其是水利的营造上，要相天察地，敬畏天然生态环境，尊重自然，不要动辄就挟当代技术伟力，开山劈路，推坡平地，滥砍滥伐，堵塞河道，填埋水体。其实这样行动的后果是既浪费钱财，又破坏生存环境，其思想溯源就是迷恋“现代技术的万能性”。

其二，量力而行，因地制宜。任何营造都要量力而行，因地制宜的主导思想仍然要确立，在具体营造过程中，既要充分利用现代工业机械、材料与工艺施工，更要仔细观察聚落里的地理环境，尤其是微地形环境，因势利导，节能低耗。

其三，集中聚落，有的放矢。集中聚落社区里有限的资金、人力、物力，听取聚落社区的技术人员与有经验的老人和乡土精英的合理化建议，有的放矢，集中人力、物力办大事，维护重要的水利工程，不断完善营造，加强宣传动员，并具体落实在民众的行动里。在民居建筑与水利系统的施工中，也能将民众的各种智慧和勤奋劳作化成今天我们依然能够享用的水利与景观空间环境。

宏村传统聚落是依靠宏村里各家族成员齐心协力，尤其是在外成功经商的徽商集聚大量钱财后，回到故里精心营造聚落民居建筑。在当代，如何依托市场经济的杠杆，群策群力，实现多渠道融资、投资共担、利益分享是我们面临的基本价值取向。由于城市周边的农村聚落的土地资源价值逐步得到释放，传统的农耕经济的稳定度低，乡村旅游经济与利益分配还在探索之中，如何实现在村民自治框架下建构新农村物质、建筑成果，全面构建和谐社会的基层社区，是一个现实而深刻的命题。

本讲小结：

中国是一个文化早熟的国家，其瑰丽的建筑文化与独特的建筑营造之道相辅相成。

中国建筑营造的木结构之特色是伴随着文化早熟而形成并一直修正和调整的，并顺应不同的地理环境和民族生存方式，精彩纷呈，将木结构大框架模式的结构、空间、细部、装饰发挥到了极致。中国建筑营造独特的匠籍制度、木匠的多重身份、诸多讲究与说法，具有许多研究价值。同时，随着岁月积累，木材料大框架模式也趋于狭窄而积患愈多。

中国建筑营造体系一脉相承，在建筑、城市、园林三大方面业绩辉煌。这种中央发散式的营造成就的形成过程，与西方建筑营造形成了鲜明的对比。中国建筑营造在宫阙、庙宇中体现为高效与秩序，而在乡间，更多地落脚在与环境的整体和谐对话上，这都是悠久的农耕文明造就的建筑营造之巅峰。在中国加速城市化，农耕文明转向工业文明，农耕文明、工业文明、后工业文明并存的今天，中国传统建筑营造的成就仍有巨大的意义和价值。

图 8–1　中国北京，从北海团城看琼华岛白塔

琼华岛是北海的主体，在北海太液池南部。琼华，意指华丽的美玉，以此命名，表示该岛是用美玉建成的仙境宝岛。另据神话传说，琼华是琼树之花，生长在蓬莱仙岛上，人吃了可长生不老。琼华岛为人工堆起的山体，高 32.3 米，周长 913 米。岛四面临水，地形各异，景观各异。其中南坡比较平缓，有永安桥连接团城，西坡最为陡峭，东坡有陟山桥接岸。清顺治八年（1651 年），于琼岛之巅建白塔，始称白塔山。塔高 35.9 米，塔身呈宝瓶形，上部为两层铜质伞盖，顶上设鎏金宝珠，下筑折角式须弥塔座。

图 8–2　中国山西大同浑源悬空寺

悬空寺充分利用峭壁的自然状态，在立体的空间中营造寺庙的各部分建筑，形成了窟中有楼，楼中有穴，半壁楼殿半壁窟，窟连殿，殿连楼的独特风格。其布局对称中有变化，分散中有联络，曲折回环，虚实相生，小巧玲珑，空间丰富，层次多变，布局紧凑，错落相依，既不同于平川寺院的中轴突出、左右对称，也不同于山地宫观的依山傍势、逐步升高，而是依崖壁凹凸，审形度势，顺其自然，凌空而构，形体的组合和空间对比井然有序。悬空寺中山门、钟鼓楼、大殿、配殿等俱全。建筑造型丰富多彩，屋檐有单檐、重檐、三层檐，结构有抬梁结构、平顶结构、斗栱结构，屋顶有正脊、垂脊、戗脊等。

图 8–3　中国安徽黄山宏村南湖

明万历三十五年（1607 年），由宏村汪奎光（汪氏八十一世祖）等 17 人主事，历时 3 年，完成南湖工程，面积为 20247 平方米（合 30.37 亩）。开工前，汪奎光召集汪氏各支祠长者开会若干次，确定分期施工、逐步实现的策略，族人有钱出钱，有力出力。清嘉庆十九年（1814 年），在南湖北侧中间位置修建了“南湖书院”，此时与挖掘南湖工程的时间跨度有 207 年。南湖书院占地面积约 4500 平方米，包括书院、望湖楼、活动操场。单德启先生在《水脉宏村》的序言里写道：“从六十一世祖到八十一世祖，汪族历时六百余年，终于奠定了这个聚落的基业，疏理建设了水系，完善了居住环境。”

图 8–4　中国安徽黄山宏村南湖水系

宏村水系统利用主干道水系统，将流水引导到各家各户，每家都能营造水庭院来积蓄水体，同时也展示了很多家庭较高的园艺技术和审美情趣。1950 年，全村共有 28 个庭院鱼塘，其中，南湖东侧北岸有纪念汪氏四十四世先祖越国公汪华（586~649 年）的汪公庙，祠堂内有池塘，外有湖水。2002 年底，全村共有新建鱼池（塘）25 口，加上已填埋的 13 口老塘，先后共计有 38 口庭院鱼池，其中，导引水坝水的有 27 口，导引南湖水的有 8 口，导引月塘水的 1 口，导引西溪水的 2 口。

图 8–5　中国安徽黄山宏村承志堂木雕

承志堂为清末盐商汪定贵住宅，位于宏村上水圳中段，建于清咸丰五年（1855 年）。整栋建筑为木结构，内部砖、石、木雕装饰富丽堂皇，总占地面积约 2100 平方米，建筑面积 3000 余平方米，保存完整。

明代初年，徽派木雕已初具规模，风格拙朴粗犷，以平面浅浮雕手法为主。明中叶以后，徽商崛起，发家致富后，纷纷回故乡置田造宅，并以木雕技艺雕梁画栋进行内部装修，形成了一股徽州民居木雕艺术装饰风尚。徽商在木雕艺术中更多地追求儒家文化的气息，使其成为了具有鲜明的儒家文化特色的木雕艺术流派。

图 8-6　中国安徽黄山宏村承志堂角落居室

该居室位于承志堂前一进院落之一隅，又有院墙与前一进院落隔开，图示为其半室外厅堂，面积很小，据说是管家居所的厅堂，其营造颇有意味。

其一，边角斜趣，边角利用适应了地段，半榭半厅，符合身份。

其二，临水而居，一角活水让整个小小居所有了偏处一隅的生机。

其三，内处方正，在边角斜趣之临水而居中也求“中堂”方正，既有自然而然的对传统审美的遵从，也有个人品行修养与追求的流露，更从另一个角度确立了身份。

细看传统聚落营造，处处皆文章。

第 9 讲　西方建筑营造解读

古希腊建筑多以石料砌筑雕刻，精而绝美，其建筑营造更多是自由民主的主动创造。在古罗马，天然混凝土技术及拱券结构发展后，建筑空间得到了很大程度的解放，建造起了如罗马万神庙等一大批空间丰富、形式多样的公共性建筑物，其建筑营造是系统化的、有组织的和使用大量奴隶的规模运作。

古罗马之后，欧洲的建筑营造活动此起彼伏、此消彼长，经过千百年的沉寂蹉跎，哥特教堂又一次展现了集中营造的规模和激情营造的力量，营造分工有了巨大进步。

文艺复兴时期的建筑营造与当时地中海沿岸的经济活跃、思想解放密不可分。欧洲大陆的法国，其始建于 12 世纪末的卢佛尔宫，在今天是一座杰出的博物馆，其几百年来修建和改建的过程充分地体现了西方建筑营造的开放性和主动性。

开放和主动，对建筑材料的高度敏感，对相应新型结构的探索精神，是我们认识西方建筑营造的一个脉络。

9.1　系统工程——古罗马建筑的全面成就

古罗马人是伟大的建设者，他们不但在罗马大兴土木，建造了大量雄伟壮丽的各种类型的居住和公共建筑物，而且在帝国的整个领土里普遍建设。古罗马已发明了很多大型建筑机械工具，完成了斗兽场等大型工程。

罗马帝国的统治者奥古斯都在位的 44 年，在罗马城兴建了广场、阿波罗庙、屋大维柱廊、恺撒纪念堂、玛尔且勒剧场、玛斯战神庙等大型的宗教和公共建筑，修复了其他 82 座神庙，改善了城市供水，修复了通外省的大道等。同时，奥古斯都的副手阿格里巴也热心于建设，并亲自进行建筑设计。他用私人财产修建海港和造船厂，修人工湖，架桥铺路，造维纳斯庙和宙斯庙，建豪华的公共浴场，为罗马修复和新建了输水道等一系列城市设施。

9.1.1　阳光下的群欢与卡拉卡拉浴场

古罗马一系列公共建筑的营造有一个深刻的社会需求背景，这些公共建筑是当时社会制度运行系统中的一个有机组成部分。古罗马的奴隶制非常发达，廉价的奴隶劳动使大量自由民从生产中被排挤出来，成了无业的游民，但自由民是罗马的全权公民，是一支重要的政治力量。在对外扩张与征讨中，在镇压奴隶起义的战争中，在奴隶主贵族政客激烈的夺权斗争中，无业穷困而有公民权的自由民举足轻重。奴隶主贵族政客不仅要用国家的甚至私人的钱财养活他们，还要用各种热闹的、粗野的甚至血腥的“娱乐”取悦他们。一系列公共建筑的营造就成为了必然，其中，大公共浴室、大斗兽场是古罗马建筑的典型代表。

早在共和时期，罗马城里就以晚期希腊为榜样，建造公共浴场。后来，又把运动场、图书馆、音乐厅、演讲厅、商店等组织在浴场里，形成一个多用途的建筑群。帝国时期，2~3 世纪，几乎每个皇帝都在各地建造公共浴场以笼络无所事事的奴隶主和游民。仅在罗马城里，就有 11 个大型浴场，小的竟达 800 个之多，大型浴场一般可容 3000~5000 人同时活动。浴场成了很重要的公共建筑，质量迅速提高，终于产生了足以代表当时建筑的最高成就的作品，卡拉卡拉浴场就是其中的典型。

卡拉卡拉浴场是一个庞大的建筑群，占地 575 米 ×363 米，周边的建筑物，各种店面位于前沿和两侧的前部，院子里外有高差，临街二层，对内一层。

卡拉卡拉浴场的主体建筑物很宏大，主要成就有三：

其一，开创了崭新的空间序列组织手法，空间组织简洁而又多变。地段中央是浴场的主体建筑群。中央轴线有冷水浴、温水浴、热水浴三个大厅，以热水浴大厅的集中式空间结束。两侧完全对称地布置着一套更衣室、盥洗室、按摩室、蒸汽室和散步的小院子，组成横轴线和次要的纵轴线。主要的纵横轴线又相交在最大的温水浴大厅中，使它成为最开敞的空间。依托不同轴线，空间的大小、纵横、高矮、开合交替变化。辅助的杂用房、锅炉房、奴隶用房等造在地下室里。浴场还设有图书室、演讲室、健身房、运动场和商店等，能满足多方面的需要。

其二，结构体系出色，大大拓展了建筑空间的艺术内涵。温水浴大厅结构为横向三间十字拱，面积是 55.8 米 ×24.1 米，十字拱的重量集中在 8 个墩子上，墩子外侧有一道横墙抵御侧推力，并设筒形拱，既增强了整体性，又扩大了大厅。十字拱和拱券平衡体系的成熟，将罗马建筑又推进了一步。不同的拱顶和穹顶又造成空间形状的变化，浴场的内部空间的流转贯通变化丰富。将浴场同万神庙作比较，可以看到结构的进步彻底改变了建筑的空间形式，从单一空间到复合空间，空间艺术中的丰富性大大提高了。

其三，功能完善。由于结构体系的先进，全部活动都可以在室内进行，各种用途的大厅联系紧凑，由小天井或高差形成的侧高窗使得所有重要的大厅都有直接的天然照明。温水浴大厅利用十字拱开很大的侧高窗，热水浴大厅的穹顶在底部开一周圈窗子，以排出雾气。古罗马浴场建筑较早抛弃木屋架，率先使用拱顶。卡拉卡拉浴场有集中供暖，地面用砖垛架空，下面通热烟。墙体甚至屋顶都贴着混凝土浇筑体砌一层方形空心砖，形成管道，输入热烟。由于地面、墙甚至屋顶都散热，所以内部温度很均匀。

浴场的内部装饰十分华丽，地面和墙面贴着大理石板，镶嵌着陶瓷锦砖，绘着壁画。壁龛和靠墙的装饰性柱子上陈设着雕塑。

古罗马建筑中，公共浴室与斗兽场一起，诉说着那些阳光下的快乐、群欢、野蛮和悲剧。古罗马建筑营造是一个巨大的世俗的系统的工程，其复杂和高效，令今人叹服。

9.1.2　罗马大斗兽场

大斗兽场雄踞于罗马中心，坐落在西北向东南伸展的帝国大道的终点，是一座巨大的圆形建筑物。大斗兽场大约建造于公元 70 年，是古罗马的执政者为了纪念征服耶路撒冷的胜利，强迫数万名犹太俘虏，历时 8 年建成的。

大斗兽场是为贵族、奴隶主、市民、士兵观看犯人、奴隶、角斗士、野兽搏斗而兴建的，是残酷暴虐、血腥癫狂的场所。同时，这座 2000 年前的建筑奇迹，即使以今天的眼光来看，无论从结构上、功能上、规模上，还是技术上，都无愧为西方古代公共建筑的不朽的代表作。大斗兽场是古罗马时期建筑营造的辉煌成就，是劳动人民智慧的结晶。

大斗兽场平面为椭圆形，长径为 189 米，短径为 156.4 米，占地约 1 万平方米，比现代两个足球场还大，中间有一个长轴 86 米、短轴 54 米的供角斗士与野兽搏斗的沙池。椭圆形避免了视野和活动的死角，椭圆形搏斗场地的长短轴变化，可以安排复杂的故事背景和搏斗情节。同时，椭圆形使观众与搏斗场地的距离有变化，可以更加接近，特别是位于主要席位上的观众有更好的视野和心理满足感。

大斗兽场观众席的结构是完美杰作。整个观众看台架在七圈柱墩上，并从中向外逐渐升高，其支承采用筒形拱、交拱、环形拱、放射形拱等，其空间关系很复杂，但整个结构体系坚固合理、简洁明了、完整统一。底层，结构承重面积只占 1/6，在当时是很大的成就，有七圈灰华石柱墩，每圈 80 个。外面三圈墩子之间是两道环廊，由月环形的筒形拱覆盖。由外而内，第四圈和第五圈之间、第六圈和第七圈墩子之间也是环廊，而第三圈和第四圈、第五圈和第六圈墩子之间浇筑混凝土墙，墙上架拱，呈放射形排列。第二层，靠外墙有两道环廊，第三层有一道。整个庞大的观众席就架在这些环形拱和放射形拱上。

大斗兽场是古罗马人的自豪，是帝国奴隶制度永恒的象征。当时曾流传着这样的谚语：“大斗兽场倒塌之时，便是罗马灭亡之日。”而今罗马帝国早已灭亡，但大斗兽场却仍屹立在罗马的中心。虽然经过近 2000 年的寒来暑往，坚固的花岗石一点点剥蚀了，看台也已不复旧观，许多高大的墙垣只剩下半壁残破的柱墩，然而，它那雄伟、崇高的气势依旧存在。

9.1.3　大斗兽场的系统运行

大斗兽场作为一个容纳 5 万 ~8 万人的大观演空间，其观众的聚散安排得很妥帖。外圈环廊供后排观众交通和休息之用，内圈环廊供前排观众使用。楼梯在放射形的墙垣之间，分别通达观众席各层各区，人流不相混杂。出入口和楼梯都有编号，观众按号索座。兽笼和角斗士室在地下，其入场口在底层。大斗兽场有周密的排水设施。建造这样的建筑与高超的施工技术、先进的材料、精妙的设计及其组成的有效系统密不可分。

大斗兽场建筑材料的使用非常实用而合理。基础的混凝土用坚固的火山石为骨料，墙用凝灰石为骨料，拱顶的骨料则为浮石。墩子和外墙面衬砌一层灰华石，柱子、楼梯、座位等用大理石饰面。

大斗兽场场内设备与操作也非常杰出，古罗马的能工巧匠在那时候就已发明出了很多类似现在的大型建筑机械的工具来完成大型工程。根据研究，古罗马人为了营造大斗兽场，至少使用了移动平台和可升降的罩笼，以供高空作业。另外，当时还发明了大型“起重机”，以将沉重的砖瓦、石料等建筑材料运到高处，而这样的“起重机”至少有 30 台以上。

考古研究指出，古罗马大斗兽场的表演设计跟现代舞台一样完备、成熟。

场内表演区又称沙场，地上满铺了黄沙，以吸去斗杀中流出的血污。沙场和看台下有地下室，关着角斗士和猛兽。角斗开始前，斗士和野兽通过底层看台下特殊的入口进入场中。为了安全，在第一排看台和竞技场之间建有较高的挡墙。

中心表演区被称为阿里那，舞台以板材铺制，并在板材之上再覆以砂石，以便随时替换。其下部是以存放舞台道具的仓库和野兽牢笼所构成的迷宫，当时还曾装有升降机，可以由滑轮和绳索操控，连接通道，打开大门，把野兽和角斗士在表演开始时吊起到地面上，还可以将模仿自然的山丘、森林等舞台布景运上来。这个系统由经过训练的奴隶操作，他们随时有被野兽吃掉的危险。

舞台上照明良好，但地下则不同，那里非常阴暗，只有几支蜡烛或油灯照明通道。

大斗兽场甚至利用输水道引水，在表演区的地底下隐藏着很多洞口和管道，可以在表演区灌进 1.5 米深的水，以供统治者观赏海战表演。248 年，就曾经在斗兽场这样将水引入表演区，形成一个湖，表演海战的场面，来庆祝罗马建成 1000 年。

9.2 求真严谨与开放交融

自中世纪至文艺复兴，西方建筑营造以及科学与技术的整体逐步有机地结合了起来，与艺术形式“复兴”同步，古罗马建筑营造的系统化运作和对技术手段的高度重视和创新，也以一种全新的方式“重新”呈现，技术手段的发展与应用愈来愈受到重视。同时，欧洲社会对于建筑师这个职业更多采取开放竞争的态度，这种开放交融的态度一直延续至今。特别是在有影响的文化博览建筑营造中，建筑师之间的竞争司空见惯。对建筑师原创理念的尊重，也有不同程度的体现。

9.2.1　科学精神及技术手段的发展与应用

文艺复兴时期，求真严谨的科学精神逐渐形成，产生了哥白尼、伽利略、牛顿、虎克、波义耳这样的科学家，还产生了如达·芬奇这样的全面天才。同时，各种门类的技术，包括建筑营造技术，有了很大的发展，建筑的施工技术和相应的机械设备大大提高。事实上，如果没有一定程度的发达的施工机械，当时大型建筑物的建造几乎是不可能的。像佛罗伦萨主教堂穹顶那样的工程，如果只凭借原始的人力，垂直运输就是一个难以克服的困难。许多情况下，施工技术是辉煌建筑成就的实现前提。

当时，在建筑工程上使用的机械，主要是打桩机和各种起重机。阿尔伯蒂在他的书里详细介绍了桅式起重架的结构和使用方法，介绍了剪式夹具和吊石块用的楔形吊具。1465 年，建筑师桑迦洛在笔记里画了 12 种建筑用的起重机械，都使用了复杂的齿轮、齿条、丝杠和杠杆等，动力大都是人力推磨，有的垂直地装一个大轮子，人在里面走，一步一踏，轮子因而转动起来，从而带动简单的卷扬机。有些机械构思更巧、更复杂，如利用一系列复杂的杠杆运动，可以把整棵石柱吊起来。又例如，利用杠杆和齿轮的综合运动，可以移动很大的重物。1488 年，米兰人拉美里在巴黎出版了一本书，名为《论各种巧妙的机器》，里面画着一座“塔式起重机”。地面上一盘绞磨可以转动起重机中央的一根轴，从而转动它的臂。起重机高处有一个操作台，在那里推动轱辘，经一个滑轮组吊起大块的石头。1586 年，在罗马圣彼得大教堂前竖起方尖碑的工程，轰动一时。它不仅标志着当时起重运输的技术水平，而且标志着大规模协作的组织能力。

这时候的园林里使用了水利机械和水泵，喷泉因而普遍起来。

建筑设计、建筑材料、施工设备、施工技术综合形成直接的生产力。建筑材料是物质基础，而施工设备使材料组织的劳动效率集合放大甚至成为可能。施工技术不是狭义的搬运腾挪的运作，而是建筑材料与施工设备的系统组织。在整个过程中，建筑设计来自于实际操作，又独立于实际操作从而指导实际操作。建筑设计、建筑材料、施工设备、施工技术综合而成的建筑营造系统，其意义既在于实现工程，更在于产生想法。

9.2.2　卢佛尔宫八百年历史简介

卢佛尔宫位于法国巴黎市中心的塞纳河北岸，始建于 1204 年，历经 800 多年的扩建、重修达到今天的规模。卢佛尔宫占地面积约为 45 公顷，建筑物占地面积为 4.8 公顷，全长 690 米。建筑整体呈“U”形，分为新、老两部分，老的建于路易十四时期，新的建于拿破仑时代。

在十字军东征时期，1204 年，为了保卫北岸的巴黎地区，菲利普二世在这里修建了一座通向塞纳河的城堡，主要用于存放王室的档案和珍宝，同时也存放他的狗和战俘，称为卢佛尔宫。查理五世时期，卢佛尔宫被作为皇宫，此后350年中，王室贵族们不断增建了华丽的楼塔和别致的房间。1546年，建筑师皮埃尔·莱斯柯在国王的委托下对卢佛尔宫进行改建，从而使这座宫殿具有了文艺复兴时期的风格。亨利四世在位期间，花了13年的功夫建造了卢佛尔宫最壮观的部分——长达300米的华丽的大画廊。亨利在这里栽满了树木，还养了鸟和狗。路易十四是法国历史上著名的国王，在卢佛尔宫做了72年的国王，他把卢佛尔宫建成了正方形的庭院，并在庭院外面修建了富丽堂皇的画廊。

继而是1663~1670年卢佛尔宫东立面的设计重建，其方式并非今天的竞赛方式，但其过程体现了竞争与交融，而交融也与欧洲历史的错综复杂有着密切关系。

1663年，法国建筑师路易·勒福将古典主义的设计方案送到意大利征求意见，而意大利的巴洛克建筑师既予以否定，又没有拿出路易十四满意的设计。1664年，法国宫廷用隆重的礼仪迎接了伯尼尼，伯尼尼又提出了巴洛克风格的设计。伯尼尼的设计历尽法国建筑师的抵制和“修改”，然后才开工。1665年，伯尼尼离开法国，法国建筑师就说服宫廷彻底放弃了其设计。1667年，弗·勒福等人的方案获得批准，三年后建成。

路易十六在位期间，爆发了1789年大革命，在卢佛尔宫“竞技场”的院子里建立了法国革命的第一个断头台。1792年5月27日，国民议会宣布，卢佛尔宫将属于大众，成为公共博物馆。这种状况一直延续了6年，直到拿破仑一世。拿破仑在这座建筑的外围修建了更多的房子，并增强了宫殿的两翼，还在竞技场院里修建了拱门，拱门上的第一批雕刻马群是从威尼斯的圣马可教堂上取下来的。拿破仑以前所未有的方式装饰卢佛尔宫，他把欧洲其他国家所能提供的最好的艺术品搬进了卢佛尔宫。

经历代王室多次扩建，又经过法国大革命的动荡，直到拿破仑三世时，卢佛尔宫整个宏伟的建筑群才告以完成，前后将近600年。

如今，卢佛尔宫经过一系列的扩建和修缮逐渐成为世界上最古老、最大、最著名的博物馆之一。如今馆内收藏的艺术品已达40万件，其中包括雕塑、绘画、美术工艺及古代东方、古代埃及和古希腊罗马等7个门类。

卢佛尔宫博物馆本身更是一座杰出的艺术建筑。卢佛尔宫自东向西横卧在塞纳河的右岸，两侧的长度均为690米，东立面全长172米，高28米，上下按照一个完整的柱式分为三部分。立面中央和左右各有凸出部分，将立面分为五段，中央轴线明确，整个建筑左右对称。卢佛尔宫东立面是法国古典主义建筑的经典。

整个建筑壮丽雄伟。用来展示珍品的数百个宽敞的大厅富丽堂皇，大厅的四壁及顶部都有精美的壁画及精细的浮雕，处处都是呕心沥血的艺术结晶，让人叹为观止。

卢佛尔宫博物馆有三件镇馆之宝：米洛斯的阿芙洛狄特，又称作断臂维纳斯；萨莫特拉斯的胜利女神；达·芬奇的蒙娜丽莎。

9.2.3　卢佛尔宫在 20 世纪 80 年代的改建

1981 年，密特朗当选为法国总统后不久，制定了七座大型公共建筑的建设计划，包括一座新歌剧院、一座新财政部大楼和一个新图书馆等，这是法国 19 世纪 40 年代奥斯曼改造巴黎以来最为宏伟的建设计划。其中，最大的项目是“大卢佛尔宫计划”。

大卢佛尔宫计划实际是一项庞大的卢佛尔宫改建工程，它包括以下几个部分：设计一个新的博物馆入口取代原来位于德隆翼楼的拥挤的入口，把财政部从赫舍利埃翼楼迁走，再把腾出的空间建成新的展览空间。还有大量外部工作，包括建筑立面的修缮，丢勒里花园的整修，以使卢佛尔宫与巴黎市区的城市结构融为一体。

法国总统密特朗抱着开放的态度公开征求设计方案，他亲自出面，邀请了世界上 15 个著名博物馆的馆长一起参加设计构思的选择。为推动工程的进展，密特朗成立了“大卢佛尔宫公共管理机构”（EPGL），任命比亚西尼这位具有丰富建筑学知识的职业政治家作负责人，并指示他为工程选定一位建筑大师。

比亚西尼想到了美国的华裔建筑师贝聿铭。

此时的贝聿铭已经 64 岁，有波士顿的肯尼迪图书馆、锡拉丘斯的埃沃森艺术博物馆、华盛顿国家美术馆东馆等多个成功的作品。比亚西尼拜访了贝聿铭，贝聿铭对比亚西尼表示感谢，但谢绝了参加设计竞标的邀请，说他已过了参加设计竞标的年纪，并说他认为竞标并不是必须的“获得工程的好办法”。

经过一段时间的交流，贝聿铭提出了自己的构思。贝聿铭的构思是用现代建筑材料在卢佛尔宫的拿破仑庭院内建造一座玻璃金字塔，依照典型的埃及金字塔比例设计，这个水晶般的金字塔富有现代的简洁美，它与古老的卢佛尔宫交相辉映。金字塔的外围用装饰性的水池和喷泉环绕，再配上几个带有采光天窗的小金字塔与主塔呼应。贝聿铭试图利用这种“明亮的象征性构造”来避免抢尽卢佛尔宫的风头。他认为再也没有其他扩建实体能够优雅地与这座宫殿融合在一起了，一座透明的金字塔可以照映出卢佛尔宫褐色的石块，如同向这座建筑崇高的地位致敬。金字塔是在较小的面积里实现最大的建筑面积的几何图形，所以不会太抢眼。有意思的是，由高科技材料制成的金字塔，在形体上却比卢佛尔宫更古老，同时也比它更新颖。

这个使用现代建筑材料的构思，获得了 15 位馆长的 13 张支持票。当法国总统密特朗确定选择贝聿铭时，整个巴黎大吃一惊。

今天，卢佛尔宫的金字塔却几乎成了每个法国人的骄傲。他们说，贝聿铭把过去和现代的距离缩到最小，称赞金字塔是卢佛尔宫里飞来的一颗宝石。

9.3 理念与图解——华盛顿国家公园布局与建筑

对于重要的体现国家意志的机构，建筑营造绝不会停留在通过技术手段组织材料、实现空间围合上，其内涵集中体现了政治理念，其形式更多的是一种思想图解。这一点，西方建筑营造也不例外，而有的典范更是登峰造极。

9.3.1 围绕纪念碑的理念图解与国会大厦

华盛顿是美国的首都，以美国第一任总统乔治·华盛顿的名字命名，在行政上由联邦政府直辖，不属于任何一个州，其市区面积为 178 平方公里，波多马克河的支流岩溪在市中心流过，形成一个苍翠的小河谷，整个城市沿着河岸漫延在山丘上。

华盛顿国家公园平地而造，是理念图解的一个典范。华盛顿国家公园是举行国家庆典和仪式的首选，同时也是游行、演说的重要场地。华盛顿国家公园周边有很多的广场、行政建筑、公共建筑、博物馆、纪念馆。

华盛顿国家公园是开放公园，由数片大型绿地和水面组成，为十字交叉轴线布局，以华盛顿纪念碑为中心。华盛顿纪念碑是一座大理石方尖碑，高 169 米，像一把利剑直插蓝天，四周是碧草如茵的大草坪。国家广场东边是国会大厦，南边是杰斐逊纪念堂，西边是林肯纪念堂，北边是白宫，这是四座最为重要并有突出象征意义的建筑，其恢宏壮丽的布局是其国家政治理念的几何图解。

从华盛顿纪念碑向东到国会大厦台阶，长 1.8 公里；从华盛顿纪念碑向西到林肯纪念堂，长 1.2 公里。

国会大厦建在被称为“国会山”的全城最高点上，1793 年 9 月 18 日由华盛顿总统亲自奠基，宏大的国会大厦建筑工程即告开始，1800 年 11 月 21 日，参议院迁入大厦的北翼，11 月 22 日整个国会迁入大厦。大厦未幸免于 1814 年英美战争的损毁。1819 年 12 月，参众两院迁回重建的国会大厦。1824 年 10 月，国会大厦中央圆顶大厅装修完毕。1851 年 6 月，国会大厦扩建南北两翼，并将拱形圆顶增高扩大。

国会大厦主体为三层，由一个中央主楼和两侧的南北翼楼组成，全长 233 米。中央主楼是一座高高耸立的圆顶，圆顶上还有一个小圆塔，塔顶一尊 6 米高的自由女神青铜雕像，头顶羽冠，右手持剑，左手扶盾。1863 年 12 月 2 日夜晚，这尊 6 米高的自由女神铜像被安上国会大厦的拱顶，礼炮轰鸣，国会大厦的扩建宣告完成。从那时起，国会大厦的外观基本确立，并保持到现在。

中央圆形大厅正门向东，有 3 座巨型铜门。铜门叫哥伦布门，有 10 吨重，上面刻着描述哥伦布发现新大陆的浮雕。从东门走进国会大厦即进入中央圆形大厅。圆形大厅内部空间高旷宏敞，金碧辉煌，直径约 30 余米，高 55 米。四周墙壁上挂着 8 幅巨大的油画，展现了美国的发展史。仰望圆穹顶，可见风格浪漫的天顶画，中央绘着"华盛顿之神"，两边有胜利女神和自由女神，另外又画了13 幅女神，代表立国 13 州。中央圆形大厅的南侧，是环立着各个杰出人物铜像和石像的雕塑大厅。

中央主楼两侧的南北翼楼，分别为众议院和参议院办公地。众议院的会议厅在南翼，参议院的会议厅在北翼，互相对称。参议院举行会议时，在北翼升起国旗；众议院举行会议时，则在南翼升起国旗。

国会大厦内部共有大小房间数百间。1800 年，国会在这里举行迁都后的第一次联席会议，1801 年和 1805 年杰斐逊总统在这里宣誓就职，1810~1860 年，美国最高法院就设在这里。

国会大厦仿照欧洲古典建筑，极力表现雄伟，强调纪念性，外墙全部使用白色大理石，通体洁白，雄伟庄重，是古典复兴风格建筑的代表作。国会大厦东面的大草坪是历届总统举行就职典礼的地方。站在大草坪上看去，国会大厦圆顶之下的圆柱式门廊气势宏伟。

9.3.2　林肯纪念堂与杰斐逊纪念堂

林肯纪念堂位于国家广场西端，碧波荡漾的波托马克河东岸，是一座通体用洁白的花岗石和大理石建造的古希腊神殿式纪念堂，是为纪念美国第 16 任总统亚伯拉罕·林肯而兴建的。1911 年 2 月 9 日，美国国会批准了设计方案。1914 年，纪念堂正式动工。由于河滩地质很软，所以纪念堂地基工程上花费了较多的材料和时间。1922 年，林肯纪念堂落成。在纪念堂台阶下，向华盛顿纪念碑延伸，还配套建成了约 610 米长的水池。在林肯纪念堂前东望，水池映出华盛顿纪念碑长长的碑身，看起来更加顶天立地。从华盛顿纪念碑下西望，洁白的林肯纪念堂倒影在水中，更加神圣庄严。

林肯纪念堂柱廊东西长约 36 米，南北长约 58 米，是一个长方形建筑。长方形的纪念堂矗立在一块相对独立、直径约 400 米的草坪中间，地表以上是将近 5 米高的花岗岩基石。建造在石台上的纪念堂高约 18.3 米，加上基石，纪念堂高约 25 米。纪念堂东门外，宽阔的石阶层层递进，将数不尽的游人引入纪念堂。林肯纪念堂外廊四周共有 36 根石柱，象征着林肯在世时美国的 36 个州，柱高13.4 米，底部直径 2.26 米，外廊石柱有希腊帕提农神庙的风格。顶部护墙上有48 朵下垂的花饰，代表纪念堂落成时美国的 48 个州。

林肯纪念堂正中设有一尊由大理石雕刻而成的林肯坐像，他的手安放于椅子扶手两边，神情肃穆。雕像上方是一句题词——"林肯将永垂不朽，永存人民心里"。林肯的葛底斯堡演说和他的第二次就职演讲词也刻在大理石墙上。沿着纪念馆的阶梯往上走，能看到美国国会大厦和华盛顿纪念塔的壮观景色，水池中还隐约可见华盛顿纪念塔的倒影。

杰斐逊纪念堂坐落于华盛顿纪念碑南边，潮汐湖畔，为纪念美国第三任总统托马斯•杰斐逊而建。1934 年 6 月 26 日,美国国会通过决议,建造杰斐逊纪念堂,并为此成立了专门委员会。1938 年，在罗斯福的主持下开工，第二次世界大战没有使建造杰斐逊纪念堂的工程停顿下来。1943 年 4 月 13 日是杰斐逊诞生 200 周年，杰斐逊纪念堂落成并向公众开放。杰斐逊纪念堂大厅中央耸立着高 5.8 米的黑色杰斐逊铜像，铜像坐落在 1.8 米高的白色明尼苏达州大理石基座上，是圆形纪念堂的中心。铜像身后的石壁上镌刻着杰斐逊生前的话："我已经在上帝圣坛前发过誓，永远反对笼罩着人类心灵的任何形式的暴政。"纪念堂洁白的穹顶选用印第安纳花岗石，比杰斐逊铜像又高出 20 米。

每年 4 月，杰斐逊纪念堂旁的潮汐湖畔樱花盛开，景色秀丽。

9.3.3 白色的房子——白宫

白宫，直译便是"白色的房子"，位于华盛顿国家公园北面，门牌号为宾夕法尼亚大街 1600 号，是美国总统的官邸、办公室，也供第一家庭成员居住，北接拉斐特广场，南邻爱丽普斯公园，再向南便是高耸的华盛顿纪念碑。

白宫的基址是美国第一任总统乔治・华盛顿选定的，华盛顿提出了建造总统官邸的三点要求：宽敞、坚固、典雅。白宫始建于 1792 年，于 1792 年 10 月 13 日开工，大规模的施工从 1793 年开始，在今天白宫北面的草坪一带垒造了三个砖窑，烧制砖块，供国会大厦和白宫建筑的需要。因为施工质量要求高，而建筑材料来自美国各著名产地，所以工期拖得较长，华盛顿在任的时候，官邸刚刚完成了建筑轮廓。

白宫于 1800 年 11 月 1 日基本竣工，第一位入主白宫的总统是第二任总统约翰・亚当斯。从此，美国历届总统均以白宫为官邸，使白宫成了美国政府的代名词。白宫的设计是根据 18 世纪末英国乡间别墅的风格，参照当时流行的意大利的欧式造型设计而成的，用弗吉尼亚州所产的一种白色石灰石建造。在两百多年岁月中，白宫建筑群也成了历史性建筑。它带有浓厚的英国建筑风格，又在随后的主人更替中逐渐融入了美国建筑的风格。朴素、典雅，构成了白宫建筑风格的基调。

从第三任总统杰斐逊起，公民可以在不影响总统办公的前提下参观官邸。杰斐逊本人也会在某一休息时刻走出办公室，与素不相识的客人握握手，表示欢迎。

英美战争后，大火破坏了官邸，1815 年，官邸在原设计师和总监工霍本的主持下重修。为了消除大火后的烟痕，霍本吩咐工匠把整座官邸粉饰成白色。从此，总统官邸被称"白宫"。

1901 年，西奥多・罗斯福总统正式命名官邸为"白宫"。随即，白宫进行了始建后的第一次大修，工程于当年即告竣工。此后，多次改建。

现在，白宫共占地 7.3 万平方米，面积约为 5100 平方米。白宫主要建筑由主楼和东、西两翼三部分组成，宽 51.51 米，进深 25.75 米，共三层。底层有外交接待大厅、图书室、地图室、瓷器室、金银器室和白宫管理人员办公室等。外交接待大厅呈椭圆形，是总统接待外国元首和使节的地方，铺有天蓝色底、椭圆形的花纹地毯，上面绣着象征美国 50 个州的标志，墙上挂有描绘美国风景的巨幅环形油画。

图书室面积约为 60 多平方米，室内的桌、椅、书橱和灯具等均为古典式，藏有图书近 3000 册，其中不乏美国各个时期著名作家的代表作。地图室珍藏有各种版本的现代地图集和一幅名贵的 18 世纪绘制的地图。金银器陈列室藏有各种精致的英、法式镀金银制餐具和镶金银器。瓷器室收藏有历届总统用过的瓷制餐具。

在两个多世纪里有四十多位白宫主人在这里工作与生活，新主人大多喜欢改变原有的装潢或摆饰，以表明新主人的不同品位。

白宫坐南朝北，南草坪是白宫的后院，通称为总统花园。园内，灌木如篱，绿树成荫，草坪中有一水池，池中喷泉喷珠吐玉，高可数丈。池塘四周的花圃里，姹紫嫣红。南门前两侧有 8 棵枝繁叶茂、生机勃勃的木兰树，已有 150 年树龄。国宾来访时，都要在南草坪举行正式欢迎仪式。每年春天的复活节时，总统和夫人都要在这里举行传统的游园会。

9.4　材料与探索——水晶宫、蒲公英、零碳馆

从罗马大斗兽场到巴黎卢佛尔宫，从占地约 1 万平方米的巨大椭圆形体到完美的古典主义经典，再从天然混凝土到金属与玻璃，西方建筑营造之材料组织，艺术与技术特色都很鲜明，而事实上，西方建筑发展一直是艺术路线与技术路线的交织互动。

作为工业革命的肇始之地，英国在近一百多年里，一直是诸多新材料、新技术的探索之地，也是许多新建筑艺术形式的萌发之地。英国建筑营造，有诸多艺术与技术的交汇与巅峰。

9.4.1　玻璃的辉煌——伦敦水晶宫

第一届世界博览会出现在英国。英国最早发生工业革命，到 19 世纪中期，其经济强劲发展，综合国力居全球之首。从 1837 年到 1901 年，英国的君主是维多利亚女王，这段时期被称为“维多利亚时代”。在这样的历史条件下，伦敦举办了第一次世界博览会，通过工业、技术、交通、贸易等方面的产品和实物的展示，促进经济、贸易的进一步发展。

博览会预定 1851 年 5 月 1 日开幕。为了得到最好的展馆建筑设计方案，1850 年 3 月，筹委会举行了全欧洲的设计竞赛，总共收到 245 个建筑方案，最终没有一个同时符合以下三个要求：①展馆工期极短，只有一年多的时间。②博

览会结束后，展馆就要拆除，需要省工省料，快速建成，快速拆除。③展馆应能耐火，内部又需有充足的光线。当时各国建筑师只会用传统的建筑材料和构造方式建造传统样式的建筑，无法满足这些要求。

帕克斯顿纳提出了一个新颖的革命性的建筑方案。他设计的展馆长 1851 英尺(合 564 米),隐喻 1851 年这个年份。总宽 408 英尺,共有 3 层,正面逐层收缩。中央有凸起的半圆拱顶，顶下的中央大厅宽 72 英尺，最高处 108 英尺。左右两翼大厅高 66 英尺，两侧为敞开的楼层。展馆占地 77.28 万平方英尺，建筑总体积为 3300 万立方英尺。

庞大的水晶宫的建造只用了四个月多一点儿的时间,这是从来未有的高速度。原因是它既不用石也不用砖，而只用铁与玻璃。整个建筑物用 3300 根铸铁柱子和 2224 根铁的桁架梁组成。柱与梁连接处有特别设计的连接体，可将柱头、梁头和上层柱子的底部连接成为整体，既牢固又能加快组装速度。这些构件是标准化的，只用极少的型号，甚至屋面和墙面也只用一种规格的玻璃板，都是 49 英寸 ×10 英寸（124 厘米 ×25 厘米）。

当时，人工照明有煤气灯，电灯还未实用化，水晶宫有庞大宽敞的室内空间，有观看展品所需的充足的天然光线，特别是能够在那样短的时间内建成，然后拆除，改到另一个地点重建，全靠运用工业革命刚刚带来的新材料、新结构和新工艺才得以实现。

1851 年 5 月 1 日，大博览会按时开幕了。那一天，在人们从来不曾见过的高大宽阔而且十分明亮的大厅里，在一片欢欣鼓舞的气氛中，维多利亚女王亲自剪彩揭幕。展馆内飘扬着各国的国旗，喷泉吐射出晶莹的水花。屋顶是透明的，墙也是透明的，到处熠熠生辉。人们说，到了这座建筑里面，仿佛进入神话中的仙境，兴起仲夏夜之梦的幻想。这座建筑很快有了一个别名：水晶宫。

9.4.2 上海世博会英国馆——蒲公英

今天,1851 年首届伦敦世博会的“水晶宫”依然堪称经典之作。时隔 159 年，2010 年上海世博会英国馆以震撼的“蒲公英”建筑形态出现，它汇集了艺术家、设计师、科学家和植物学家的集体智慧，诠释了西方建筑营造的形式创新能力。

英国馆独特的“蒲公英”形态实质是由逻辑清晰的三个层次体系构成的。

第一个层次，亚克力杆。

英国馆选用了长达 7.5 米透明的亚克力杆，如同植物的“触须”。亚克力杆还会像光纤那样传导光线。亚克力杆的透明和传导光线，事实上是英国馆在视觉上获得成功的根本原因之一。也正因为如此，英国馆的营造，将每一根亚克力杆自身作为一个结构单元来研究、深化、加工。

第二个层次，6 万根亚克力杆的组织与群体视觉。

每一根带 LED 灯的亚克力管，通过铝制套管穿越并固定在建筑的双层木质盒体上，并依附于结构亚克力管以及钢结构、混凝土结构和其他辅助结构上。亚克力杆固定的稳定性、抗风性、柔韧性，是英国馆在视觉上获得成功的根本原因之二。具体做法是：每根亚克力杆在双层木盒子上都配有一个钻孔，钻孔既深又密；采用了不等长的铝管（这一点很重要）与亚克力杆相套的方式以加强材料的强度；使用了碳纤维加固技术以及橡皮圈加结构胶再加橡皮套的“柔性技术”。

这样的亚克力管有 60686 根，6 万根亚克力杆形成了完整的建筑外部围护界面与构造界面，构成了英国馆的“表皮”。当精心设计打造的单一杆件被有序而有变化地几乎无限重复地组织时，其群体视觉效果就完全超越了单一杆件。这些亚克力杆一起向外伸展，形成植物的“触须”的群体效应，随风摇曳，边界模糊而新颖。充当建筑表皮的每根亚克力管就像光导纤维一样，白天，将室外自然光如繁星般地导入室内空间，为内部提供照明，夜晚，安装在每根亚克力管顶端的细小 LED 彩色光源组合成多种多样的图案、颜色和光泽，并同时将它们导向室内与室外，让英国馆展现出全光谱的绚丽色彩

第三个层次，“种子圣殿”理念与场地处理。

英国馆每根亚克力管的端部都放有数颗种子，展馆主体是一座 6 层楼高的立方体结构，取名为“种子圣殿”，“种子圣殿”就如同刚被打开的礼物一样，坐落在一片酷似包装纸的景观场地上，象征着“纪念中英友谊的礼物”。远远望去，中心的“种子圣殿”就像一个浮在公共广场上的大盒子，它没有厚重的混凝土基础，从外面看不到任何支撑结构，只是轻柔地与地面接触。

英国馆的场地所采用的混凝土折板技术是一种整体空间结构模式，该技术具有很好的刚度、强度和跨度，形成的地形在视觉上构成了一个可以稳定承托展厅的基座，它还具有很好的保温、隔热以及空气流动技术特征。该技术可以形成丰富的建筑造型，可以将形态的张拉、起伏、扭曲、边界构造、表面压光、起模、覆盖与铺贴等都表达出来。

9.4.3　上海世博会伦敦零碳馆

伦敦零碳馆位于世博会城市最佳实践区，该项目由两栋零二氧化碳排放的建筑前后相接而成，是世界第一个零二氧化碳排放社区，在世博局的大力支持下，将其科学理念和实践技术与上海地区的气候特征相结合，尽可能采用本土化的产品建造的一座零碳建筑。

该项目总面积 2500 平方米，在四层高的建筑中设置了零碳报告厅、零碳餐厅、零碳展示厅和六套零碳样板房，全方位展示了建筑领域对抗气候变化的策略和方法。其主要技术涉及生态、能源等各个方面，主要内容有五个：

其一，建筑的形体设计。为了尽可能大量利用被动式的太阳能源，建筑形体的各方向都针对能源收集方式作了优化。南向立面透过阳光间将太阳能转化为室内热能，南向屋顶通过太阳能板，将太阳能转化为电能，北向屋顶通过漫射太阳

光培育绿色屋顶植被，同时北向漫射光为室内提供了相应的自然采光照明。

其二，水的高效利用。作为人类社会的重要资源，水的高效利用非常重要。本案例中采用雨水收集和中水回收最大效率地减少水资源的流失污染，据初步统计，本案例收集的雨水和净化的中水量将大于建筑消耗的水资源量。

其三，以风帽为凸显特征的暖通新体系。在零碳馆中，暖通需求由太阳能风力驱动的吸收式制冷风帽系统和江水源公共系统提供。电力则通过建筑附加的太阳能发电板和生物能热电联产生并满足建筑全年的能量需求。由于零碳馆位于夏季高温高湿的气候带，为了减少建筑的暖通耗能，零碳馆采用太阳能热水驱动的溶液除湿和吸收式制冷系统以给进入室内的新风降温除湿。同时，灵活转动的22 个风帽利用风能驱动了室内的通风和热回收。由风帽和吸收式制冷系统相结合的体系同时提供循环风。为了提高热舒适度，还利用世博的区域级江水源热泵体系设置冷辐射吊顶。

其四，生物能热电联系统。为了进一步诠释世博主题“城市，让生活更美好”，零碳馆提供了高效利用城市废弃物的生物能热电联系统，该系统将食品废弃物和有机质混合，通过生物过程降解并产生电和热以实现生物能的释放，该系统处理后的产品能够用于还田，作为生物肥使用。

其五，材料和构件的精心选用。零碳馆的材料和构件通过精心挑选实现了整体结构的气密性、隔热性和蓄热性。由于采用整体外保温的策略，通过气溶胶的设置，将有效减少室外热渗透。外保温内侧的重型墙体在这一设置下将能够吸收多余的热量，稳定室内气温波动。单向三层玻璃窗的设置在接受阳光的同时将室外的热量阻挡在室外。

建筑领域产生的二氧化碳占全球二氧化碳总排放量的 55%，建筑传统的二氧化碳排放主要源自于建筑设备对电力和燃气等化石能源的消耗。为了减少建筑给全球变暖和气候变化带来的消极影响，建筑一方面需通过各种节能设置减少对能耗的需求，另一方面需通过可再生能源满足全部能源需求以实现建筑的零二氧化碳排放。在这一方面，以英国为代表的西方建筑营造进行了诸多有意义、有实效的探索。

本讲小结：

纵观西方建筑营造的历史、现实、发展，有五个显著的特点。第一，从历史上，西方建筑营造是以技术实现为核心的系统工程，其技术体系的丰富多样性和深刻具体的研究态度值得我们思考。第二，以多层次交融为内容的竞争和开放过程，发展变化是自文艺复兴以来西方建筑营造的主题。第三，其重点显要建筑的营造也注重理念的形体体现，并更多地落实为空间图解和形体塑造。第四，从过去到现在，西方建筑营造的急先锋总是关注材料、技术、审美三者，并努力创造出有时代意义的崭新形态。第五，西方建筑营造，如同其重视人作为整体在对自然的对抗中人的意义，也凸显着建筑营造过程中的个人的意义。职业建筑师的意义，是很大的。

图 9–1　罗马大斗兽场立面

大斗兽场结构为混凝土结构，外贴大理石面层。大斗兽场整体是椭圆形的，周圈立面一致，总高 48.5 米，分为 4 层。下面 3 层立面设置绕场一周的连续拱券柱廊，每层有券洞 80 个，底层廊柱为多立克柱式，第二层为爱奥尼柱式，第三层为科林斯柱式，顶层为实墙，饰有科林斯壁柱。立面不分主次，适合人流均匀分散。拱券柱式的虚实、明暗、方圆对比丰富，叠柱式的水平分划又加强了这种效果和它的整体感。富有变化的光影，充分展现了椭圆形几何形体的纯净，周而复始，浑然一体，建筑既坚实又有节奏，达到了建筑技术和艺术的完美统一。

图 9-2　罗马大斗兽场看台

大斗兽场看台呈阶梯状，共有 4 层看台，计 60 排，可容纳 5 万 ~8 万人。观众席按等级分为五个区，最下面前排是贵宾区，第二层供贵族使用，第三区是给富人使用的，第四区由普通公民使用，一排排的石头长凳由低向高呈梯级分布，最后一区则是给底层妇女使用的，全部是站席，每区均有独立的过道和楼梯直接对外的出口。周圈建有 80 个出口，整体布局考虑周详。看台前都有防护栏，与表演区隔开，以保护观众。在观众席上还有用悬索吊挂的天篷，用来遮阳，天篷向中间倾斜，便于通风。天篷由站在最上层柱廊的奴隶们操控。

图 9–3　法国巴黎卢佛尔宫局部

卢佛尔宫是世界上最古老、最大、最著名的博物馆之一，是举世瞩目的艺术殿堂和万宝之宫，这座举世闻名的艺术宫殿早已没有其修建之初的防御目的，经过一系列的扩建和修缮，逐渐成为一个金碧辉煌的博物馆。

贝聿铭在卢佛尔宫博物馆的"U"形广场中央设计了一个巨大的玻璃金字塔作为博物馆的入口大厅。玻璃金字塔高 21 米，底宽 30 米，总重量为 200 吨，面积约有 2000 平方米，其 4 个侧面由 673 块菱形玻璃拼组而成，玻璃净重 105 吨，金属支架仅重 95 吨。玻璃金字塔不仅是体现现代艺术风格的佳作，也是运用现代科学技术的独特尝试。

图 9–4　法国巴黎卢佛尔宫模型

曾经，卢佛尔宫的内部线路低效混乱，每年 370 万游客在狭窄的入口处涌动，在 224 间黑暗的屋子里来回穿梭奔波，多乘兴而来，扫兴而归。

经过深思熟虑的金字塔方案使观众的参观线路显得清晰合理。观众在这里可以直接去自己喜欢的展厅。其实，一个现代化的博物馆，服务空间一般要占一半。过去，卢佛尔宫博物馆只有 20% 的面积用于服务。“金字塔”并不大，而由其导入的巨大的地下扩建面积，使博物馆得以重新组织空间，有了足够的服务空间，包括接待大厅、办公室、贮藏室以及售票处、邮局、小卖部、更衣室、休息室等。整个博物馆的服务功能因此而更加齐全高效。

图 9–5　美国华盛顿纪念碑与杰斐逊纪念堂

杰斐逊纪念堂按杰斐逊喜爱的罗马神殿式圆顶建筑风格设计，是一座高约 29 米的洁白的以科林斯式石柱环绕的圆顶建筑。整座纪念堂典雅、纯洁、沉静，外围有 54 根花岗石柱，每根长约 13 米，重 45 吨。纪念堂的北面是大斜坡状台阶，仰望可见由 8 根大石柱支撑的门廊，山墙上一组庄严的大理石浮雕，那是美国独立前夕，杰斐逊等 5 人受大陆会议委任，起草《独立宣言》的情景。踏上 7.6 米高的石阶，进入杰斐逊纪念堂圆形大厅。圆形大厅直径约 25 米，四周环绕着 16 根长约 13 米的石柱，地面铺以粉色和灰色相间的田纳西大理石。

远处是华盛顿纪念碑。巨大的华盛顿国家公园有一种宁静、开阔、典雅的氛围。

图 9–6　中国上海世博会蒲公英馆

蒲公英馆“种子圣殿”的营造体系可以简述为亚克力管与附加构件形成独立支撑，独立支撑与附加结构形成共同支撑，共同支撑与场地的结构支撑共同构成一个完整的支撑体系。同时，混凝土折板形态构成了人们体验与观察“种子圣殿”的基本环境，其形式赋予场地强烈的起伏感，而铺设的人造草坪则更加延伸了这一形式的动态感。这是一次具有诗意的形式创造，它将人对自然的体验情感倾注于设计与建造过程中，注重建筑外在形态、建筑材料、建筑构造，还注重将这些与人的情感方式形成关联的研究。同时，蒲公英馆更多的是只以一种建筑形式创新尽情表达一种生态“形态”，而不是发展或创新了生态技术。

第 10 讲　西方建筑现代主义解读——历史的必然

西方建筑上的现代主义是指 20 世纪在西方建筑界居主导地位的一种建筑思想。究其源头，现代主义思想产生于 19 世纪后期，伴随着工业革命进程的不断深入而成熟起来，迸发于 20 世纪 20 年代，在 20 世纪 50~60 年代风行全世界而达到顶峰，后来不断有质疑，在 20 世纪，其巨大的历史意义应该被重新认识。

10.1　财富和情绪在等待旗手和口号的出现

一个文化运动的形成是建立在新的社会理念形成的基础上的。西方社会思想之变化、宗教之战争、物质之积累，造成了人们心里普遍的变化与矛盾。积蓄到一定程度时，出现了人类历史上最大的两次战争："一战"和"二战"。在此时期，西方世界生产力的发展达到了一个加速度的状态，新的建筑思潮与理念蓄势待发。

10.1.1　社会经济背景与文化思潮流派

1640 年开始的英国资产阶级革命，标志着人类历史开了一个新纪元。

工业革命对建筑提出了大量前所未有的功能需求，也提供了大量前所未有的钢铁等新材料，在社会研究及艺术领域产生了大量前所未有的新思潮，酝酿了对新建筑形式的思考直至对建筑本质的重新认识。

20 世纪 20~30 年代，是两次惨烈的世界大战之间的间歇时期，整个世界动荡不已，社会政治经济演变迅速，战争留下来的创伤既充分暴露了社会变化的各种矛盾，同时也深刻地揭露了建筑营造久已存在的矛盾。这一时期，建筑新材料、新技术，社会建设需求，文化艺术思想三方面的积累深厚而坚实，喷发指日可待。

在新材料、新技术方面，建筑材料和建筑科学技术有许多新的进展。19 世纪后期出现诸多新材料、新技术，并得到完善充实，逐步推广应用。战争进一步催生了新技术的发展，战后转为民用，也促进了建筑技术的更新，特别是钢筋混凝土结构日益普及。

继古罗马之后，时隔一千多年，混凝土以崭新的形式重新出现，原理全面发展，内容变得崭新，而其应用更是天翻地覆。1918 年，艾布拉姆发表了著名的计算混凝土强度的水灰比理论。铸铁过去一直被用来固定砖石建筑物，到了 1750 年以后，英国人阿伯拉汉·达比用焦炭代替木炭来熔炼铁矿石。与铸铁相比，炼钢具有足够的抗拉强度，作为一种建筑材料得以广泛应用。钢筋混凝土开始成为改变世界的重要材料。

除了混凝土和钢铁，玻璃在建筑中的应用也很突出。1927 年生产出安全玻璃，10 年后出现全玻璃门扇，30 年代初玻璃纤维开始用于建筑物，玻璃砖也流行起来。第一次世界大战之后，铝材较多地用于建筑物的内外装修，塑料构件也出现了。1927 年出现了新型的可以防水的胶合木板。1923 年有了霓虹灯，1938 年出现日光灯。

在第一次世界大战后，商业、交通运输、体育娱乐、文化教育等事业迅速发展，社会生活愈加丰富多彩，建筑物的类型进一步增多。电影的普及使电影院建筑发展起来，航空运输的发展带来了更多的航站建筑。多种多样的医院、广播电台、体育馆、科学实验室等对建筑提出了许多新的要求，建筑师遇到了更多、更大的挑战，同时也获得了更多的机遇。

在两次世界大战期间，西欧地区首先兴起了一股改革、试验、创新的浪潮，从中产生出了20世纪最重要的建筑思潮和流派，主要有风格派、表现派、构成派、立体主义等。一批思想敏锐并具有一定经验的年轻建筑师提出了比较系统和彻底的建筑改革主张，把新建筑运动推向了前所未有的高潮。当一切财富和情绪积累到饱和的时候，旗手和口号的出现成为必然。其中杰出的旗手是以格罗皮乌斯为首的五位现代主义大师，而最响亮的口号就是勒·柯布西耶的“建筑是居住的机器”。

我们，为我们自己，找寻一种样式！

10.1.2 以格罗皮乌斯为首的五位现代主义大师

1928 年，来自 12 个国家的 42 名革新派建筑师代表在瑞士集会，成立国际现代建筑协会，“现代主义建筑”一名从此四处传播。

现代主义有以下主要观点：建筑要随时代而发展，建筑应同工业化社会相适应；建筑师要研究和解决建筑的实用功能和经济问题；积极采用新材料、新结构，在建筑设计中发挥新材料、新结构的特性；坚决摆脱过时的建筑样式的束缚，放手创造新的建筑风格；主张发展新的建筑美学，创造建筑新风格。对这些建筑观点，有人称为“功能主义”，有人称为“理性主义”，不过更多的人则称为“现代主义”。

现代主义建筑的出现，是建筑顺应社会发展的产物，是时代召唤的产物，也是建筑营造发展的必然。技术的发展，物质世界的极大丰富，使得世界的一切都在变化之中，昨天的东西到今天就已陈旧，就已过时。丰富、趋时、矛盾反映在社会生活生产和意识的各个领域，建筑新思潮如在历史发展洪流中的必然暗流，孕育涌动，继而以一种巨大无比的物质存在涌动展现在人们的面前。这场涌动如海啸一样，不仅冲击甚至涤荡了、荣耀了数百年的学院派，甚至还把几千年来的建筑概念肢解重组，或干脆重新定义。这才是西方建筑现代主义运动的历史意义，如果只是把建筑现代主义对应于学院派，那是很片面的。

现代主义建筑的代表人物有以下著名建筑大师：格罗皮乌斯，探索新建筑的领袖人物；赖特，建筑界的“酋长”；密斯，建筑界的“贵族”；柯布西耶，建筑史上“狂飙式的英雄”；阿尔托，以实际作品大大丰富了现代主义建筑的内涵。他们都对 20 世纪的现代主义建筑做出了突出的贡献，堪称第一代现代建筑大师。

格罗皮乌斯（1883~1969 年），1883 年 5 月 18 日生于柏林，1969 年 7 月 5 日卒于美国波士顿。他是德国现代建筑师和建筑教育家，现代主义建筑学派的倡导人和奠基人之一，公立包豪斯（Bauhaus）学校的创办人。

格罗皮乌斯积极提倡设计与工艺、艺术与技术、功能和经济的统一。他主张按空间的用途、性质、相互关系来合理组织和布局，按人的生理要求、人体尺度来确定空间的最小极限等。他主张机械批量生产建筑构件、预制装配，他提出了一整套关于房屋设计标准化和预制装配的理论以及办法。格罗皮乌斯发起组织现代建筑协会，传播现代主义建筑理论。他促进了建筑设计原则和方法的革新，同时创造了一些很有表现力的新的建筑方法和语汇。其主要建筑作品有法古斯鞋楦厂（和迈耶合作设计）、包豪斯校舍（Bauhaus）、自用住宅、哈佛大学研究生中心等。其主要著作是 1965 年完成的《新建筑学与包豪斯》。

10.1.3　真正的里程碑——包豪斯

在现代主义建筑发展历程中，柯布西耶的《走向新建筑》是一本呐喊的册子，而格罗皮乌斯创办的包豪斯学校是一座真正的里程碑。

包豪斯（Bauhaus，1919 年 4 月 1 日 ~1933 年 8 月），是德国魏玛市的“公立包豪斯学校”的简称，后改称“设计学院”，习惯上沿称“包豪斯”。“包豪斯”是德语 Bauhaus 的译音，由德语 Hausbau（房屋建筑）一词倒置而成，是格罗皮乌斯造出来的。

包豪斯一直被称为 20 世纪最具影响力也最具有争议的艺术院校，它创建了“现代设计”的教育理念，取得了在设计教育理论和实践中无可辩驳的卓越成就。包豪斯的历程是现代设计诞生的历程，在建筑学、美术学、工业设计方面，包豪斯都占有卓越地位。

格罗皮乌斯在青年时代就致力于德意志制造同盟。格罗皮乌斯积极探索艺术与技术的新统一，提倡“向死的机械产品注入灵魂”，其视野面向艺术设计的各个领域。

文艺复兴时期的艺术家，无论是达・芬奇还是米开朗琪罗，都是全能的造型艺术家，集画家、雕刻家、设计师于一身。包豪斯的理想，就是希望培养这样的“全能造型艺术家”。包豪斯的教学中谋求所有造型艺术间的交流，其课程包括产品设计、平面设计、展览设计、舞台设计、家具设计、室内设计和建筑设计等，甚至连话剧、音乐等专业都在包豪斯中设置。这一教育思想缘自德国的缪斯运动。

包豪斯主要经历了如下三个阶段：

第一阶段（1919~1925 年），魏玛时期。格罗皮乌斯任校长，提出“艺术与技术的新统一”，广招贤能，聘请艺术家与手工匠师，形成艺术教育与手工制作相结合的新型教育制度。

第二阶段（1925~1932 年），德骚时期。包豪斯在德国德骚重建，并进行课程改革，实行了设计与制作教学一体化的教学方法，取得了优异成果。1928 年，格罗皮乌斯辞去包豪斯校长职务，由建筑系主任汉内斯·梅耶（Hanns Meyer）继任，梅耶于 1930 年辞职离任，由密斯·凡·德·罗继任。1932 年 10 月，包豪斯被迫关闭。

第三阶段（1932~1933 年），柏林时期。密斯·凡·德·罗将学校迁至柏林的一座废弃的办公楼中，试图重整旗鼓，1933 年 8 月宣布永久关闭包豪斯，结束其 14 年的发展历程。

格罗皮乌斯和密斯·凡·德·罗先后被迫迁居美国，但包豪斯的教学内容和设计思想却对世界各国的建筑教育产生了深刻的影响。现代主义建筑思想在 20 世纪 30 年代从西欧向世界其他地区迅速传播。

包豪斯作为世界上第一所完全为发展现代设计教育而建立的学院，其历史贡献主要体现在以下三个方面：

其一，建立了新的教育体系，强调集体工作，强调工业生产，强调标准制作。

其二，强调逻辑的设计方法，摆脱了重形式的顽症，走向实用、经济、美观的统一。

其三，培养了一批既熟悉传统工艺又了解现代工业生产方式的专门设计人才，形成了一种简明的适合大机器生产方式的美学风格，将现代工业产品的设计提高到了新的水平。

包豪斯受到所处时代科技水平和学术思想的影响，也存在着一定的历史局限性。

包豪斯设计风格不注重体现不同地区民族文化特征，一度被称为国际主义风格。

10.2 建筑是居住的机器——走向新建筑

勒·柯布西耶于 1887 年 10 月 6 日出生在瑞士一个钟表制作者的家庭。1917 年移居法国，1965 年 8 月 27 日在美国里维埃拉逝世。

10.2.1　勒·柯布西耶与一本小册子《走向新建筑》

勒·柯布西耶才华横溢而且涉猎广泛，具有表演式的举止和出色的创新，他从事过绘画和雕刻，直接参加当时正在兴起的立体主义的艺术潮流，他是现代建筑运动的激进分子和主将。在他的眼里，建筑师不仅是一个工程师，还是一个艺术家。如果说格罗皮乌斯在现代设计的教育上做出了无人比拟的成就的话，那么柯布西耶则是把现代建筑运动乃至现代城市规划运动推到了前所未有的深度和广度。他一生建成了大批名垂史册的单体建筑，其成就突破了建筑艺术的单个领域而成为了一位艺术"超人"，被誉为现代主义建筑实践的鼻祖。

柯布西耶深刻洞察媒体与舆论的力量，他的《走向新建筑》是一部建筑现代主义的权威论文，或者说是一部宣言。他写道："住宅是居住的机器"、"建造大批生产的住宅"、"住进大批生产的住宅"、"喜爱大批生产的住宅"。

柯布西耶认为："对建筑艺术来说，老的典范已被推翻，一个属于我们自己时代的样式已经兴起，这就是革命。"他高度称赞工程师的美学："按公式工作的工程师使用几何形体，用几何学来满足我们的眼睛，用数学来满足我们的理智，他们的工作就是良好的艺术。"现代主义关心的住宅，是普通而平常的人关心普通而平常的住宅，这是时代的一个标志。为普通人，所有的人，研究住宅，就是研究人。人的尺度的标准、功能的标准、情感的标准，这才是最重要的，这才是一切。

柯布西耶提出了"新建筑的五点"：底层的独立支柱、自由的平面、横向的长条窗、自由的立面、屋顶花园。他认为装饰是"初级的满足"，"是多余的东西，是农民的爱好"，比例和尺度才是"更高级的满足（数学）"，是"有修养的爱好"。

柯布西耶留下了许多经典传世之作，有著名的体现"新建筑五点"的萨伏伊别墅，经典的单元式住宅综合体——马赛公寓，用材质、造型、光线塑造而成的情感空间——朗香教堂等。

柯布西耶着眼于新型的城市规划，1930 年他提出了"光明城市"的设想。其城市规划实践有印度的昌迪加尔，其城市规划理想还影响了后人建成的巴西新首都巴西利亚。

柯布西耶思维活跃而多变，他既是理性主义者，又是浪漫主义者。他前期表现为更多的理性主义，后期表现为更多的浪漫主义。

10.2.2　混凝土的居住机器——萨伏伊别墅与马赛公寓

萨伏伊别墅与马赛公寓都是居住建筑，都印证了勒·柯布西耶之"建筑是居住的机器"的深刻内涵，那是一个关于人的居住的理想，即人之所居是为人服务的，而不是生硬的、形式的和冷冰冰的。不同的是，前者是一栋别墅，而后者是一栋高层住宅。

萨伏伊别墅位于巴黎近郊普瓦西的一片开阔地带，由勒·柯布西耶于 1928 年设计，1930 年建成，钢筋混凝土结构。用地为 12 英亩，中心略微隆起，宅基地为矩形，长 22.5 米，宽 20 米。建筑共三层，底层三面透空由支柱架起，是由弧形玻璃窗所包围的开敞结构，有门厅车库和仆人用房。二层有起居室、卧室、厨房、餐室、屋顶花园和一个半开敞的休息空间。三层为主卧室和屋顶花园，各层之间以螺旋形的楼梯和折形的坡道相连，建筑室内外都没有装饰线脚，用了一些曲线形墙体以增加变化。

勒·柯布西耶在萨伏伊别墅中实践了他的“新建筑五点”：底层的独立支柱；屋顶花园；自由平面；自由立面；横向长窗。

这幢白房子表面看来平淡无奇，简单的几何形体和平整的白色外墙，简单到几乎没有任何多余装饰的程度，惟一的可以称为装饰部件的是横向条窗，这是为了能最大限度地让光线射入，光与影和谐融合。正如 1911 年，勒·柯布西耶在书中所写：“我在几何中寻找，我疯狂般地寻找着各种色彩以及立方体、球体、圆柱体和金字塔形。棱柱的升高和彼此之间的平衡能够使正午的阳光透过立方体进入建筑表面，可以形成一种独特的韵律。傍晚时分的彩虹也仿佛能够一直延续到清晨，当然，这种效果需要在事先的设计中使光与影充分地融合。”柯布西耶用崭新的手法创造了一个富有力量和诗意的、纯净的、洁白的钢筋混凝土作品。

马赛公寓（1947~1952 年）被称之为“居住单元盒子”，是为缓解“二战”后欧洲房屋紧缺的状况而设计的新型密集型住宅。其实，勒·柯布西耶早在 20 世纪 20 年代就提出了“居住单位”的理想。马赛公寓有五个显著的特点：

其一，巨大的尺度，提供了多种居住单元。马赛公寓尺度巨大，165 米长，56 米高，24 米宽，17 层，有 23 种不同的居住单元，共 337 户，可供从单身汉到有八个孩子的家庭选择，共有 1500~1700 名居民居住。大部分住户采用跃层布局，起居厅两层通高，室内楼梯将两层空间连成一体，高 4.8 米、长 3.66 米、宽 4.80 米，每三层只设一条公共走道。

其二，建筑是邻里交往的甲板。马赛公寓第 7、8 层布置有各式商店，如鱼店、奶店、水果店、蔬菜店、洗衣店、饮料店等。幼儿园和托儿所设在顶层，通过坡道可到达屋顶花园，设有小游泳池、儿童游戏场地、一个 200 米长的跑道、健身房、日光浴室，还有一些小设施，如混凝土桌子、人造小山、花架、通风井、室外楼梯等“室外家具”。柯布西耶把屋顶花园想象成在大海中航行的船只的甲板，供游人欣赏天际线下美丽的景色，并从户外游戏和活动中获得乐趣。“户外生活像一次海上旅行”，这种思想贯穿于马赛公寓设计的始终。

其三，进一步体现新建筑五点。马赛公寓进一步体现了柯布西耶的“新建筑的五个特征”，建筑被巨大的支柱支撑着，看上去像大象的巨腿，大块玻璃窗满足了观景的开阔视野，外观是大量重叠的阳台等。同时，柯布西耶并没有拘泥在具象的事物上，而是讲述一个故事或导演一幕话剧，如他在屋顶花园各种设施上的倾心打造。

其四，探索钢筋混凝土的材料美，肇始于“粗野主义”。柯布西耶的创新激情无休无止，他痴迷于对钢筋混凝土材料美的探索。马赛公寓地面层的架空支柱上粗下细，而且每组双柱叉开形成巨大的梯形钢筋混凝土“巨腿”。建筑许多部位的表面都未经加工，现浇混凝土模板拆除后，表面不加任何处理，不作粉刷，粗糙不平，带有小孔，留有木模板的木纹和接缝，好像没有完工的模样，粗犷有力。这些都展示了一种有力操作的痕迹，表现出了一种粗犷、原始、朴实和敦厚的艺术效果，后来它被誉为“粗野主义”的始祖。同时，马赛公寓阳台的侧面墙上涂了红、绿、黄等鲜艳的色彩。

其五，“模数理论”的实践。马赛公寓的设计有一套完整的尺寸系统，是根据勒·柯布西耶的“模数理论”制定的。“模数理论”从人体尺度出发，选定下垂手臂、脐、头顶、上伸手臂四个部位作为控制点。这些部位与地面的距离分别为 86 厘米、113 厘米、183 厘米、226 厘米。这些数值之间存在着两种关系，一是黄金比率关系，另一个是上伸手臂的高度恰为脐高的 2 倍，即 226 厘米和 113 厘米。以这两个数值为基准，插入其他相应数值，形成两套级数，称为“红尺”与“蓝尺”，将其重合，作为横、纵向坐标，相交形成的许多大小不同的正方形和长方形，称为“模数”。柯布西耶试图使公寓的整体和细部均符合人的尺度，又要便于标准化、装配化。

马赛公寓是一个混凝土的容器，是柯布西耶的人类居住理想的物化产物，代表并引领了一种大量建筑营造，这种营造的核心材料是钢筋混凝土，其核心组织方式是有灵活性的装配式，其核心理念是有选择性的集中式，而其引领的建筑营造多次变化和走样。这些巨大数量和巨大体量的建筑营造，直到今天，因为还有需要，还在继续着。

10.2.3　混凝土的倾听之器——朗香教堂

勒·柯布西耶将混凝土的性能和材质发挥到了极致，从纯净的洁白，到粗野的、裸露的、不加装饰的粗糙，都最大限度地挖掘了混凝土的材料美，而他在巅峰时期的作品朗香教堂依然使用混凝土，其震撼效果重在心灵，远远超越了混凝土材料本身。

朗香教堂位于法国东部索恩地区距瑞士边界几英里的浮日山区，坐落于一座小山顶上，1955 年落成。朗香教堂对现代建筑的发展产生了重要影响，被誉为 20 世纪最为震撼、最具有表现力的建筑。

朗香教堂位于丘陵高地上，基地对外联系，道路顺着东南向的坡地缓缓下降，由东向南的方向亦成为了基地最开阔的视界。基地西侧围绕一大片树林，北向面临另一座小丘。教堂本身具有强烈的轴向性，主轴朝向东、西两端。

建成后的朗香教堂有五大精彩之处：

其一，内外兼顾的东面墙。郎香教堂的东面墙略微弯曲倾斜，有一个放置圣母像的开口，除此之外，并没有类似的开口，从封闭墙面上的开口引入光线，明暗的对比形成视觉的焦点。而在室外，东向整体立面包含东面墙、南面墙向东延伸而南折部分，还有船帆状出挑的屋顶和深远的檐下，这些围合成了一个区域，此区域是户外祭坛的主要面。东面墙与屋顶的衔接并未完全封闭，留下了相当小的间隙，东面墙似乎是一面边界浮动的墙，在内是主祭坛的依托，在外又是传统露天活动的背景。

其二，犹如船帆状出挑的双层壳体屋顶。东、南立面皆有鼓鼓地挑出的屋檐，令人有许多比喻与联想。其实，屋顶为相隔两米多的混凝土双层膜壳结构，隔热防水。屋顶由东南端与东北端的支柱支撑，东南高，西北低，止于北墙。因为屋顶由支柱支撑，可以与墙面分离，留有几厘米的间隙。

其三，浪漫开洞而光怪陆离的南面墙。东面墙兼顾了信徒的室内外活动，而南向立面则是教堂迎接朝圣者的主要立面。南立面由向西倾斜的硕大的船帆状屋顶、曲形的南面墙、垂直方向的塔状小祭坛组合而成，三者的交界处形成教堂的主要入口。教堂东面、西面和北面墙以二次大战时被炸毁的教堂所留下的石块堆砌而成，曲面构成的墙面有稳定结构的功能。南面墙以钢筋混凝土架构承重，大部分墙体不直接支撑硕大的屋顶。南面墙向东延伸而向南弯曲变窄，与屋顶形成曲折而尖锐的交汇，向西变得愈来愈厚重，到了夸张的程度，柯布西耶在这样厚重的倾斜弯曲的南面墙上开设了多个大大小小的异形的洞口，这些洞的三维形态各异，洞口侧壁厚度很大，其角度也变化丰富，位置则按一定的模数计划分割而成，实乃神来之笔。

其四，顶部采光。柯布西耶对于光的痴迷与控制，不仅体现在墙的开洞上，还体现为他常用的有生命力的曲面形体塑造和顶部采光。垂直的西向墙面没有设置开口，而位于西北角的塔状祭坛上方设开口，向西方采光。位于西南角隅的塔状小祭坛顶部朝北方采光。

其五，以无声的光为核心的浑然一体的倾听器官。柯布西耶在这个教堂的营造中似乎一反人们对他的认识，用尽了各种非批量的、非规格的、非工业化的造型。教堂造型奇异，平面不规则；墙体几乎全是弯曲的，有的还倾斜；塔楼式的祈祷室的外形像座粮仓；沉重的屋顶向上翻卷如船帆。微微隆起的地面、高高竖起的混凝土墙壁、蜿蜒向前凸出并且富有肉感的混凝土屋顶，这样的设计使混凝土的粗糙素材感在太阳光底下演绎出了光和影的动人画面。实际上，这一切都是一个整体的设计，是建筑师以无声的光为核心，用有力的混凝土塑造的浑然一体的倾听器官。谁在倾听？倾听什么？仁智各见。只有一点是肯定的，这个教堂像听觉器官一样柔软、微妙、精确和不容改变。

朗香教堂标志着勒·柯布西耶把建筑当作一件混凝土雕塑作品加以塑造。他最大限度地发挥混凝土的塑性，到了极致，使人陌生、突然、体会、顿悟、回味，引领人们感受心灵、体验神圣的意境，这就是现代主义五位大师中最明星化的一位大师的修养与创新。钢筋混凝土的朗香教堂，既有个人思维的纯净与追求，更有整体营造的复杂与浑然，与中世纪石头的哥特式教堂相比，虽小而独有特色。

上帝的耳朵在倾听柯布西耶搅动混凝土的声音。

10.3　新的经典——少就是多

密斯·凡·德·罗于 1886 年 3 月 27 日生于德国亚琛的一个石匠家庭，1969 年 8 月 17 日于美国芝加哥去世，是最著名的现代主义建筑大师之一。

10.3.1　孜孜勤奋与巴塞罗那博览会德国馆

密斯没有受过正规学校的建筑教育，知识和技能主要是在建筑实践中得来的。他对建筑最初的认识与理解始于父亲的石匠作坊和那些精美的古建筑。他在柏林的布鲁诺·保罗事务所当过学徒，在彼得·贝伦斯手底下做过一名绘图员，在柏林开办自己的事务所，后来移居美国。他一生专注于建筑设计，专注于功能的归纳，专注于空间的纯净，专注于细部的设计，在家具设计上也精益求精。

密斯孜孜勤奋，认真思考，一步步跻身于 20 世纪建筑营造翻天覆地的重大变革中，成为现代主义建筑的又一位个性鲜明的大师，并引领出了一套贯穿 20 世纪的建筑思想体系。密斯坚持“少就是多”，很少夸夸其谈，他宣称：“我们反对一切审美方面的虚夸，教条和形式主义。”事实上，密斯的设计理念十分清晰而丰富，有“全面空间”、“纯净形式”和“模数构图”。当他被要求用一句话来描述他成功的原因时，他只说了一句话：“魔鬼在细节。”

密斯设计实践的杰出贡献是把钢结构与玻璃幕做到了至简至美。作品特点是整洁和骨架露明的外观，灵活多变的流动空间，简练而制作精致的细部，而各个细部精简到了不可精简的绝对境界。他的建筑设计依赖于结构，但不受结构限制，反过来又要求精心制作结构。他通过对钢框架结构和玻璃在建筑中应用的探索，发展了一种具有古典式的均衡典雅和极端简洁的风格，他的不少作品结构几乎完全暴露，其高贵、雅致使结构与功能本身升华为建筑艺术。

密斯主张流动空间的新概念，喜欢运用直线形体风格进行设计，高度重视结构和技术。在公共建筑和博物馆等建筑的设计中，他采用对称、正面描绘以及侧面描绘等方法进行设计；而对于居民住宅等，则主要选用不对称、流动性以及连锁等方法进行设计。密斯的主要代表作品有巴塞罗那博览会德国馆、范斯沃斯住宅、湖滨公寓、美国伊利诺伊理工学院、西格拉姆大厦、德国柏林新国家美术馆等。

1929 年西班牙巴塞罗那举办博览会，德国馆由密斯设计，有以下四个方面的特点：

其一，形态简洁。德国馆建在一个长约 50 米、宽约 25 米的斜坡地段上，密斯只用一个低矮的平台和一道简洁的矮墙取得了与地段外形的一致，入口沿坡设踏步更协调了地形。建筑包括一个主厅和二开间附属用房，数道隔断，馆入口前面的平台上是一个大水池，大厅后院有一个小水池。建筑的形体异常简洁，平平的屋顶，光光的墙身，柱体上下如一，所有构件相交换的地方都是直接相遇，一切都处理得干净利索，清新明快。

其二，结构与隔断分开。主厅的承重结构为 8 根十字形断面的钢柱，与隔断完全分开，清晰地表达了支撑与分隔两种不同的要素。屋顶是薄薄的一片向四周悬挑的屋顶，大理石和玻璃构成的隔断是简单光洁的薄片。

其三，空间流动灵活。以水池作为纽带，将室内外空间互相穿插贯通，形成奇妙的流动空间。磨光的名贵石板长长短短交错布置，有的会伸出室外，打破室内外空间的严格界限，纵横交错，布置灵活，形成既分割又连通，既封闭又开敞的空间序列。

其四，用料讲究。巴塞罗那博物馆被描述为“崇高的材料印象”，地面用灰色大理石，墙面用绿色的大理石，主厅内部一片独立的隔墙还特地选用华丽的玛瑙大理石，玻璃隔断有灰色的也有绿色的，内部的一片玻璃墙还带有刻花。水池的边缘还衬砌有黑色的玻璃。这些石材和玻璃，在镀铬的互映下，整体气氛高贵、雅致、明快。密斯说：“如果没用那么丰富的建筑材料建造这个馆，它也将成为一个好建筑，但是，得不到这样广泛的高度的评价。”

密斯将德国馆的四个要素——材料、建筑、审美和透明，紧密联系在一起，相互之间维持平衡。他对建筑材料的颜色、纹理、质地的选择十分精细，搭配异常考究，比例推敲精当，使整个建筑物显出高贵、雅致、生动、鲜亮的品质。

巴塞罗那馆以其纯净的形式，灵动的空间，钢、石、玻璃材质完美的运用，成为现代主义建筑的经典之作。

10.3.2 范斯沃斯住宅与湖滨公寓

密斯主张用简化的结构体系、精简的结构构件、讲究的结构逻辑表现，使之产生没有屏障或屏障极少的可供自由划分的大空间，这种主张也贯彻到了范斯沃斯住宅中。

范斯沃斯住宅（1945~1951 年）是一幢位于河岸边的别墅，环境极好，有水有树，与大自然亲密接触。住宅本身占地面积并不大，仅一百多平方米，建筑呈“盒子”状，其平面图也是一个整体统一的矩形。建筑通体白色，夏绿秋黄，浓荫衬托，白色显得高贵夺目。

住宅承重结构是八根纤细的钢铁，高约 6.7 米，轻盈而牢固，不仅有承重的功能，还从轴线层次标定了空间。室内无承重墙，室内只有中间处有一小块封闭的空间，用来安置厨房和卫浴。此外，再无任何分隔室内空间的墙壁或屏风。四周全部是大面积的落地玻璃窗，主人睡觉、起居、进餐，沿室内四周布置，室内室外通视无阻，整个“盒子”晶莹剔透。线条简洁大方，线与线之间成直角或平行走向，一切为 90 度的矩形造型。

范斯沃斯住宅是一栋从结构到建筑部件都被减少到最低限度的建筑。与其说它是一幢房子，不如说它是一个水晶匣子，或者干脆说是一个密斯的实际理念标本。这幢建筑理念清晰，工程杰出，也由于置视听干扰和日晒于不顾，给主人生活造成了诸多不便。

湖滨公寓(1951~1953 年)位于美国芝加哥密歇根湖畔一块三角形的基地上，是建筑师密斯以结构的不变应功能之万变的又一次实践，也是早期高层建筑的代表作，是现代主义高层建筑的典范，有三个杰出的特征。

其一，“密斯风格”的确立。公寓有两幢 26 层高的“方盒子”，两栋塔楼的相对位置保证了绝大多数居住单元都能分享湖面景观。塔楼由钢结构和大片玻璃标准件建造，有强烈的工业时代感。这种形式的建筑成为了以后美国以至全世界所流行的玻璃盒子式摩天楼的“样板”，被人们称为“密斯风格”。

其二，21 英尺的网格与“全面空间”。在湖滨公寓，密斯确定了 21 英尺的网格结构，在节点上放置钢柱，形成裸露的钢骨架结构。湖滨公寓的室内是立体原型空间的独特范例，光线从四面八方进入室内，明亮而富于变化，各种年龄、各种职业的住户们生活在充满休闲和自由气息的空间中。室内除了居住单元当中的服务设施外，大空间可由住户随意进行灵活隔断，密斯称之为“全面空间”(Total Space)。

其三，结构之上的宽翼工字钢竖棂与“表皮”。在湖滨公寓的模数控制线之间，每隔五英尺三英寸的地方放置一根宽翼工字钢竖棂，这个距离是结构网格宽度的 1/4，竖向的钢棂支撑窗框且作为分隔室内分隔板的终端。湖滨公寓的表皮是时代的创新，其玻璃幕墙不仅解决了墙体与承重结构的连接问题，而且让各层都获得通透的视野。

沿着长向轴线直角正交布置的这两栋公寓大楼，是建筑史上真正的里程碑。

10.3.3　西格拉姆大厦与德国柏林新国家美术馆

西格拉姆大厦是密斯晚年的作品，是密斯开创现代玻璃幕墙摩天大楼新纪元的标志，凝聚了密斯对玻璃和钢的钟爱。晚年的他，对钢和玻璃、建筑与空间布局、形体比例、结构布置甚至结点的处理在这一作品里均达到了严谨精美、炉火纯青的程度。

西格兰姆大厦 (Seagram Building，New York，1956~1958 年) 是雄立于纽

约曼哈顿区花园街的一座豪华的办公楼，大厦正对面是 20 世纪 60 年代意大利古典主义的俱乐部，密斯的全新的塔楼就直立在这些建筑的眼前。大厦平面对称、古典、高贵、宁静。同时，大厦从街面上后退了 100 尺，大楼前的广场约占地基一半，这在当时也是创举。人们在人行道上能真正地看到塔楼的全高，而不像其他拥挤在曼哈顿岛上的高楼，人们没有机会观赏它们的全貌。

大厦共 38 层，高 158 米，可以称之为世界上第一栋真正意义上的高层的玻璃帷幕大楼。大厦内柱距一律为 8.4 米（28 英尺），正面五开间，侧面三开间。建筑物底部，除中央的交通设备电梯用地处，全部留作一个开放的大空间，既便于交通，又清高不凡。

建筑物外形极为简单，是方方整整、直上直下的正六面体。整座大楼按照密斯的一贯主张，采用刚刚发明的染色隔热玻璃作幕墙，这占外墙面积 75% 的琥珀色玻璃，配以镶包青铜的铜窗格，使大厦在纽约众多的高层建筑中显得优雅华贵，与众不同。昂贵的建材和密斯精心的推敲及施工人员的精确无误的建造使大厦成了纽约最豪华精美的大厦。西格拉姆大厦的紫铜窗框、粉灰色的玻璃幕墙以及施工上的精工细琢使它在建成后的多年中，一直被誉为纽约最考究的大楼，其完美而光滑的玻璃和钢的幕墙与曼哈顿周围的建筑相比，好像是卓越的“镶着钻石的新式服装”。西格拉姆大厦成了密斯最好的纪念碑。每当人们看到这座大厦，就会想起这位杰出的建筑设计师。

德国柏林新国家美术馆（National Gallery Berlin，1962~1968 年）是密斯生前最后的作品。与巴塞罗那的德国馆相比，美术馆在造型上更具古典的端庄感，密斯晚年的设计已经是在单纯的造型中寻找归宿。

新国家美术馆显示出密斯崇尚绝对主义绘画的崇高性。他试图建造一座绝对主义的殿堂，美术馆是一个几乎不需要也不能进行任何切割的巨大正方形，如果人们的视角是从空中垂直看这座建筑，就是一个黑色的正方形，最好的说明是这座建筑的施工图纸上再清楚不过地展示了正方形和边缘的关系。然而，真正的震撼不是来自俯视的角度，而是它的结构和室内空间效果。在美术馆，密斯的玻璃盒子理念做到了极致，其结构特征更加明显，屋顶上的井字形屋架由 8 根放在四个边上的柱子支撑，而非放在房屋角上。柱子和梁接头的地方完全按力学分析那样被精简，成一个小圆球，在这里，密斯的讲求技术精美已经到达顶点。

密斯·凡·德·罗这位出生于德国亚琛一个石匠家庭的现代主义建筑巨匠，从 1929 年设计巴塞罗那国际博览会德国馆开始，走过了 40 年的人生，而他为德国设计的新国家美术馆，标志着其孜孜勤奋的人生最后乃至最高的巅峰。

10.4　建筑的人情化和地域性

阿尔瓦·阿尔托（1898~1976 年）是芬兰建筑大师，主张建筑的人情化和地域性，同时也是现代城市规划、工业产品设计的代表人物，其建筑实践的丰厚成就使其在国际上的声誉颇高，而他更着重于建筑与环境的关系，建筑形式与人的心理感受的关系，这些方面的突破都非他人可及，大大丰富了现代主义建筑的整体内涵。

10.4.1　阿尔瓦·阿尔托三个阶段的创作历程

作为现代建筑的奠基人之一，相比其他设计师执着于建筑令人叹为观止的外观，阿尔托更注重发展材料原有的属性，更热衷于细节的雕琢以及探究建筑如何与自然成为一体。

阿尔托在房屋体量控制方面强调人体尺度，反对“不合人情的庞大体积”，对于那些不得不造的很大的房屋，主张在造型上化整为零。他说：“建筑师所创造的应该是一个和谐的、尝试用线把生活的过去和将来编织在一起的世界，而用来编织的最基本的经纬就是人纷繁的情感之线与包括人在内的自然之线。”

阿尔托的创作历程大致可以分为三个阶段：

第一阶段称为“第一白色时期”。1923~1944 年，作品外形简洁，多呈白色，有时在阳台栏板上涂有强烈色彩。建筑外部有时利用当地特产的木材饰面，内部采用自由形式。代表作为维堡图书馆（1927~1935 年）和帕伊米奥结核病疗养院（1929~1933 年）。

第二阶段称为“红色时期”。1945~1953 年，创作已臻于成熟。这时期，他喜用自然材料与精致的人工构件相对比。建筑外部常用红砖砌筑，造型富于变化。他还善于利用地形和原有的植物。室内设计强调光影效果，讲求抽象视感。代表作为芬兰珊纳特赛罗市政中心（1950~1952 年）和美国麻省理工学院的学生宿舍——贝克大楼（1946~1949 年）。

第三阶段称为“第二白色时期”。1953~1976 年，这时期建筑再次回到白色的纯洁境界。作品空间变化丰富，发展了连续空间的概念，外形构图重视物质功能因素，也重视艺术效果。代表作为芬兰珊纳约基市政府中心（1950~1952 年）、伊马特拉市教堂、卡雷住宅、奥尔夫斯贝格文化中心（1958~1962 年）、欧塔尼米技术学院礼堂、赫尔辛基芬兰地亚会议厅（1962~1975 年）伊马特拉附近的伏克塞涅斯卡教堂（1956~1958 年）、德国沃尔夫斯堡的沃尔斯瓦根文化中心（1958~1962 年）和不来梅市的高层公寓大楼（1958~1962 年）等。

阿尔托注重地域特色，突出人情味，他对现代建筑的贡献，特别是他在第二次世界大战后自成一格的设计风格——建筑人情化——大大地丰富了现代建筑的实践内涵。他这样表达对建筑的理解：“建筑不能同自然和人的因素分离开，它绝不应该这样做。反之，应该让自然与我们联系得更紧密。”阿尔瓦·阿尔托是当之无愧的现代主义建筑大师。

10.4.2 木材的诗篇——芬兰小木屋

在20世纪20年代，阿尔托毕业于赫尔辛基大学，此时正值现代建筑运动风起云涌的年代。他在投身这场运动后不久，在设计理念上就和极端现代主义者有了分歧，走上了人情化和地域性设计的路。这与伴随他一生的环境是密不可分的。

芬兰地处北欧，遍及疆土的北国森林，是阿尔托的设计审美气质上的天然因素。受树木流畅的直线条的“诱惑”，阿尔托选用大量木材，让建筑与芬兰周边环境融合一致。从玛利亚别墅木板的构造方式，到伏克塞涅斯卡教堂参差的开窗形式，再到芬兰音乐厅片断的组合形式，阿尔托一再呼应着抽象自森林的“竖线”。1937年的巴黎世界博览会上，阿尔托设计的芬兰馆，以“运动中的木”为实施方案，柱子以藤条绑扎圆木，曲折的外墙则用企口木板拼接而成，小巧精致、典雅秀美，被誉为“木材的诗篇”。

1955年阿尔托为威尼斯双年展设计的芬兰馆是一座蓝色的小木屋，隐现在威尼斯阿森纳公园的树林中。这个面积百余平方米的小屋子，集中体现了阿尔托对木材的眷恋和其设计与环境极强的融合能力。阿尔托了解那个公园，没有展览的时候，那里平静朴素，甚至有点萧条，但展览举行时，人们攘攘而来。于是阿尔托设计了一座临时的展馆，帐篷式的木板房的材料提前预制好，运到现场再安装。这个小屋子是那次双年展上惟一的木构建筑，木屋的蝴蝶形采光天窗优雅、纯净，更显出一种神秘感。

阿尔托曾如此表述自己对树木的感觉：“我们北方人，特别是芬兰人，爱做‘森林梦’……森林是想象力的场所，由童话、神话、迷信的创造物占据。森林是芬兰心灵的潜意识所在，安全与平和、恐惧与危险的感觉同时存在。”这种眷恋造就了阿尔托的特性，也凝聚成了北欧设计的特色。这就是为什么在遍布冷漠感的现代建筑中，讲到温情，谈到诗意，人们常常会想起阿尔托的作品。如同展览策展人所说：“在阿尔托的建筑中，木材作为材料，具有重要的象征性意义。……与理性主义的钢和混凝土建筑相比，阿尔托的建筑强调亲近自然的无形价值。”

10.4.3 伏克塞涅斯卡教堂

伏克塞涅斯卡教堂（1956~1959年），是阿尔瓦·阿尔托晚期的杰作，是阿尔托最具代表性的建筑作品之一，被誉为可与朗香教堂相媲美的杰作。

伏克塞涅斯卡教堂位于芬兰东南部伊马特拉市郊的一个带状小镇。教堂主体被置于场地的单侧，远离道路，并与道路呈一定角度布置，以避免建筑过于突出而产生的喧宾夺主的第一印象。同时，场地中通达教堂的道路结合场地中已有的树木设计成若干条分散且略带曲折的自由形式。从建成环境看，场地经由散布的树木和缓坡所共同构成的宁静特质，在阿尔托的设计中得到了充分尊重。通过对场地的特征要素加以组织的方式，阿尔托在进一步呈现场地特质的同时，也让建筑自身有效地融合到了场地中。

伏克塞涅斯卡教堂由教堂主体和一侧的牧师用房组成。教堂主体则由两个由小到大的扇形空间、入口和辅助用房以及钟塔组成。两个扇形空间之间设有可在滚球轴承系统上滑动的声学墙，墙体厚约 42 厘米，具有良好的隔声效果。当墙体全部打开时，教堂可形成一个可容纳 800 人的南北向大空间。另外，还可以根据不同的使用需求，将教堂内部灵活地划分成大小不同的空间服务于社会活动，具有灵活可变性。其中，北端靠近圣坛的空间用来作礼拜讲经和葬礼教堂，其余两个扇形区域在周末通常用于教会活动。为了适应空间的不同使用需求，每个扇形空间都单独对外设门。教堂共有六个出入口，包括北侧圣坛处神职人员的入口、南端的重要仪式（如婚礼等）时的主入口。根据教堂内部所举行活动的不同，人们进入教堂的路径也有所不同。

阿尔托运用空间组织、建筑造型与光线控制等手段，提供一种可以灵活变化的空间模式，让教堂成为能够满足多样活动的场所。这样的安排使伏克塞涅斯卡教堂成为一座新教教堂，既要能做礼拜，又可供教徒交流使用。明亮而亲切的气氛，让信徒在交流过程中既有敬畏之情，更可体验愉悦。阿尔托成功地将宗教仪式与世俗生活的功能性紧密地结合在一起，很好地回应了来自精神和物质世界的各种要求，使其成为了一件独特而完美的艺术品。

本讲小结：

站在 21 世纪的时间坐标上，回望 20 世纪轰轰烈烈的西方建筑现代主义运动，会认识到那是物质与精神的必然，《走向新建筑》是一本呐喊的册子，如号角，而包豪斯则是一座真实的里程碑，如基石。现代主义建筑的时代洪流远非历史上任何一种风格可比，其意义在于那些领军人物的作品实践，它是一场影响整个社会结构的建筑革命，这场革命伴随着迄今仍有效的思想付诸教育，那个时代造就了新建筑，造就了学校、媒体、明星，而那些明星因其鲜明的个性、富有深刻内涵的实践、对人类所居的强烈社会感、孜孜勤奋造就的无尽才华、对建筑营造高超的把握而永远闪耀。

图 10–1　英国伦敦塔桥

伦敦塔桥是从英国伦敦泰晤士河口算起的第一座桥（泰晤士河上共建桥 15 座），也是伦敦的象征，有"伦敦正门"之称。该桥始建于 1886 年，1894 年 6 月 30 日对公众开放，将伦敦南北区连接成整体。18 世纪中叶到 19 世纪下半叶，以英国为代表的欧洲各国相继进行的工业革命的爆发，是西方国家发生的最重要的事件。工业革命不仅打破了传统的手工艺作坊式生产，也同时真正打破了封建式的生产关系。迅速发展的机械化大工业生产模式使城市人口骤增，也使工厂、住宅、商业店铺等一系列建筑的增建问题变得更为迫切。工业革命的发展带来了建筑的革命：建筑必须适应生产力和生产关系。

图 10–2　英国普林斯顿火车站建筑细部

在欧洲，对新建筑的探索，或可追溯到 19 世纪 20 年代。热衷于希腊复兴风格的德国著名建筑师申克尔写道："所有伟大的时代都在其建筑样式中留下了它们自己的记录。我们为何不尝试为我们自己找寻一种样式呢？" 19 世纪 50 年代在英国出现的"艺术与工艺运动"是小资产阶级浪漫主义的社会与文艺思想在建筑与日用品设计上的反映。19 世纪 80 年代始于比利时布鲁塞尔的新艺术运动在欧洲真正提出了变革建筑形式的信号。

事实上，新的建筑形式的产生是一个渐变与突变交织的过程。钢铁造就了大跨度的车站顶棚，而其形式还在与古罗马看齐，或多或少有一些古典柱式的影子。

图 10–3　英国普林斯顿火车站机车

面对今天的机车，近一个世纪前，柯布西耶在《走向新建筑》中所极力鼓吹的工程师的美学音犹在耳。《走向新建筑》提倡建筑的革新，走平民化、工业化、功能化的道路，提倡相应的新的建筑美学，于 1923 年初版，1924 年出增订的第二版。全书分为七个部分，分别是：工程师的美学与建筑艺术、向建筑师提出的三个要点、控制线、视而不见的眼睛、建筑、大量生产的房子、建筑或者革命。这本书不企图说服专业人员，而是说服大众，要他们相信一个建筑时期来临了。

如同今天机车的形式，平民化、工业化、功能化的形式也应该是丰富多彩的。

图 10–4　英国伦敦劳埃德大厦

一扇铸铁大门背后，是新劳埃德大厦典型的有弧形休息平台的楼梯。

铸铁的材料与技术决定了其构件尺寸的厚重感，封闭的需要决定了其构件的间距，而这一切的组合又有一定的形式统一着、约束着，适当的、不烦琐的构件美化以小弧线为主，厚重的铸铁大门，在闪闪发光的弧形休息平台前以一种宁静的态度自在着。

闪闪发光的弧形休息平台，精工细作，有些炫耀，而内外错位裸露的管道则是一种夸张，这种炫耀与夸张，来源于对材料和技术的高度自信和准确把握。

工业文明，是现代建筑文明的基础。

图 10–5　英国伦敦街头

随眼看去，伦敦的街头建筑形态十分丰富，各呈特色。

左侧的玻璃幕墙主承重龙骨之大，超出了一般范围，而其次龙骨则特别纤细甚至难以察觉，抑或这是一组悬索幕墙，一瞥之下，大致如此。右侧的红砖立面，线脚与发券一板一眼，是否是一百多年前的旧物，也不得而知。

崭新的技术表皮与貌旧的手工立面并肩而立，也并非绝不相容。许多所谓新与旧的并列，看久了也就习惯了。包容的社会氛围，是建筑发展的土壤。包容的含义不仅是对不同形式的接纳与思考，也包括更多地关注材料、技术及空间这些建筑本质的东西。

图 10–6　英国伦敦千年穹顶

千年穹顶（Millennium Dome）位于伦敦东部泰晤士河畔的格林尼治半岛上，是英国为迎接 21 世纪而兴建的标志性建筑。穹顶通体由一种厚 1 毫米、表面积 10 万平方米的半透明膜材料覆盖，其规模是世界上同类建筑之最。穹顶借助总长达 69 千米的高强度钢缆悬挂在 12 根 100 米高的钢桅杆塔架上。塔架直刺云天，张拉着直径 365 米、周长大于 1000 米的穹面钢索网。室内最高处为 50 多米，容积约为 240 万立方米，可同时容纳 5 万人。穹顶是为举办千禧年的盛大庆典和科技展览会而建造的，却在 2012 年伦敦奥运会派上了用场。

巨大的“纯空间”体现了时代技术，也带来了诸多可能。

第 11 讲　西方建筑师解读——与时代同步

古希腊人崇尚个性自由发展，他们表现自我，礼赞智美，崇尚人与力量，精神向上，个性自由。自我表现的意识凝聚成艺术精神之源，使建筑、雕塑，绘画、音乐、诗歌等艺术门类创造出伟大的作品，其人文主义精神对后来的建筑发展产生了巨大的影响。

文艺复兴重新发现了人，发现了人的伟大，肯定了人的价值，肯定了人的创造力，提出人要获得解放，个性应该自由。文艺复兴时期的建筑师和艺术家们认为，古希腊和罗马的建筑，特别是古典柱式构图体现着和谐与理性，并且同人体关系有相通之处，符合文艺复兴运动的人文主义观念。

人文主义者以“人性”反对“神性”,用“人权”反对“神权”。他们提出“我是人，人的一切特性我无所不有”的口号。他们以人为中心，歌颂人的智慧和力量，赞美人性的完美与崇高，反对宗教的专横统治和封建等级制度，主张个性解放和平等自由，要求现世幸福和人间欢乐，提倡科学文化知识。所以，人文主义的理念，其重点是“人”，是“人”的本能的发挥，是“人”追求真、善、美的动力。

在西方，建筑师很早就成为了一门独立的职业，而源于希腊的、根深蒂固的、漫长的个性解放影响了一代又一代的建筑师，使其创作具有独立性和无尽活力，其活动具有很强的商业性和交融性，其举止有鲜明的个人特点和明星意识，在今天，更多体现为对媒体资讯的充分互动利用。

11.1　理论从实践中获得独立——《建筑十书》

西方建筑发展，多有以个人名义撰写的论述建筑营造的著作，而流传下来的突出的著作有《建筑十书》，为古罗马时代的维特鲁威写成。该书内容涉及城市规划、建筑设计基本原理、建筑构图原理、西方古典建筑形制、建筑环境控制、建筑材料、市政设施、建筑师的培养等。《建筑十书》理论与实践的系统性很强，可以说是理论来自于实践并开始从实践中获得独立的典范。

11.1.1　维特鲁威简介

维特鲁威，全名是马可•维特鲁威，古罗马时代的作家、建筑师、军事工程师，活跃于公元前 1 世纪。他出生在罗马一个富有的家庭，时值罗马盛世，其生活优裕而安定，接受过良好的教育。他不仅精通建筑工程技术的知识，还能读懂希腊语，能够掌握第一手的希腊文献。早年先后在恺撒和屋大维麾下从军，在直属军事工程单位中工作，受到屋大维的眷顾和支持。公元前 33 年维特鲁威退休之后，着手撰写《建筑十书》，前后经历了十年的岁月，大约于公元前 22 年完稿。《建筑十书》详细地记载了许多当时的建筑情况，却没有记载关于他自己的实际的建筑工程。

维特鲁威是在那些掌握一般建筑工程技术的工匠之上的学者，他不仅在建筑理论方面有所造诣，而且通晓建筑的实践工艺；他学识非常渊博，知天文地理，主要研究建筑、市政、机械和军工等技术，他的研究又涉及几何学、物理学、气象学、天文学、历史学、哲学、音乐、美术还有语言学等各个方面的知识。维特鲁威提出建筑学是由许多学科组成的一门学科，应当综合多门学科的成果，为城市建设服务。

维特鲁威在《建筑十书》第六书中写道："我要感激和酬谢父母崇高无限的恩惠，因为他们赞成雅典人的法律，号召我应当熟习技术，而这种技术如果没有文学及综合一切知识的学问是不能验证的。因此，由于父母的关注和学习多种课程，我就更加通晓多种学问，所以对于语言学和技术科学以及撰写笔记都感兴趣，并把他们牢固地掌握在心里。"

维特鲁威生长在恺撒皇帝和屋大维皇帝专政的时代，在一些地方是出于迎合统治者的意图和需要的。同时，维特鲁威强调理论联系实际，具有科学的实事求是的态度。他把建筑创作落实在建筑的地理位置、周边环境、材料性能、实用性和经济因素等方面，力求根据实际情况来确定原则。

11.1.2　公认的专业体系论著

《建筑十书》全书分为十卷，可以说是现存最古老且最有影响的建筑学专著。《建筑十书》在 1414 年被文艺复兴时期的人文学家波焦・布拉乔利尼重新发现，1486 年在罗马重新出版，1520 年被翻译成意大利语、法语（1547 年）、英语、德语（1575 年）和西班牙语，原有的插图已经遗失，16 世纪，又根据其中的描述加上木版画插图，这本书很快成为了文艺复兴时期、巴洛克时期和新古典主义时期建筑界的经典。

《建筑十书》之所以能成为一部西方古典建筑的经典之作，之所以能对后世建筑科学产生重要影响，主要是因为其具有多方面的参考价值。该书奠定了欧洲建筑科学的基本体系，提出了建筑科学的基本内涵和基本理论。两千多年来，建筑科学有着重大的进步，而维特鲁威的建筑理论体系至今依然有效，这些理论观点是科学的，是有生命力的。

该书全面系统地探讨了各类建筑物设计的基本设计原理，对神庙、广场、大会堂、元老院、剧场、浴室、体育场、港口、住宅等不同建筑类型的建造方法都有详细阐述。维特鲁威对建筑物的朝向、日照时间、声学、防潮等基本问题也提出了相应的处理方法，甚至对于建筑如何应对地震、暴风、海浪、火灾等自然灾害也都分析得相当详细周到。维特鲁威把建筑学当作一门科学来系统研究，其主要内容有十部分：

第一书：建筑师、建筑和建筑学的概况。

第二书：由追溯房屋的起源探讨建造方法。

第三书：神庙的均衡、种类，柱间、基础的建造方法，爱奥尼式神庙的均衡。

第四书：科林斯、多立克式神庙的均衡，神庙的平面布置、朝向等问题。

第五书：浴室、剧场、大会堂、广场、体育场等其他公共建筑的建造方法。

第六书：住宅的建造。

第七书：室内装修的做法以及各种色料的制作。

第八书：水的探查、检测和利用。

第九书：宇宙、行星和星座。

第十书：机械的制造方法。

《建筑十书》的十书即十个章节，每一章以序言引出一个主题，针对这一主题展开讨论，再以结语概括出全章重点，并为下一主题埋下伏笔。

11.1.3 《建筑十书》的意义

维特鲁威骄傲地宣称："在这部著作中，我已经罗列出了几乎所有有关建筑的原理和规则。"将基本原则或者法则作为研究的主要目的，这种做法正是从维特鲁威开始的。在今天看来，该书的意义不仅在于技术方面的论述，更在于它开启了理论思考的方向。

维特鲁威提到的坚固和实用原则，恰恰吻合古罗马建筑的特性。

《建筑十书》总结了希腊和早期罗马建筑的实践经验，探讨了建筑设计的基本原理，阐述了各类建筑物的设计方法，奠定了欧洲建筑科学的基本体系。维特鲁威按照古希腊的传统，把理性原则和直观感受结合起来，把理性化的美和现实生活中的美结合起来，论述了一些基本的建筑艺术原理。其对建筑美的研究，始终联系着建筑物的性质、位置、环境、大小、观赏条件以及实用、经济等，注意根据各种情况而修正规则，并不教条式地死守规则。

《建筑十书》还重点探讨了"比例"的问题，维特鲁威认为，建筑要按照一定比例来建造，而这一比例就是人体的比例。维特鲁威认为："没有均衡或比例，就不可能有人和神庙的布置。与姿态漂亮的人体相似，要有正确分配的肢体。"他还根据男女人体的比例阐述了多立克柱式和爱奥尼柱式的不同艺术风格。他强调，建筑物整体、局部以及各个局部之间和局部与整体之间存在着一定的比例关系，必须有一个共同的量度单位。他对比例作出了数学式的描述，比如建筑的细部构件，如柱座、柱头、线脚等，甚至对一些战争机械如石弩也作了一些数学比例分析。这对后世建筑美的研究和艺术的和谐产生了深远影响。

《建筑十书》也存在一些缺点，主要是：第一，为迎合奥古斯都皇帝的复古政策，有意忽视共和末期以来拱券技术和天然火山混凝土的重大成就，贬低其质量。第二，对柱式和一般的比例原则，作了过于苛细的量的规定。第三，文字有点晦涩，有些地方语言不详，以致后来有些人随意加以解释。

总之，《建筑十书》提出了建筑科学的基本内涵和基本理论，建立了建筑科学的基本体系，引用了一定数量的自然科学和社会科学知识，诸如几何学、光学、声学、气象学、天文学以及哲学和历史学、民俗学等，作为解释理论的依据。通过将近两千年的考验，这些论述至今仍然具有相当的效力。特别指出的是，维特鲁威在《建筑十书》书中为建筑设计了三个主要标准：坚固、适用、美观（firmitas，utilitas，venustas），这三原则在建筑界里一直被信奉至今。

从某种意义上讲，《建筑十书》确立了西方在建筑理论方面许多年的话语权。

11.2　有尊严的奴隶与教皇的朋友——圣彼得大教堂

在西方，统治者和建筑师之间更多的是一种委托与雇佣的关系。从某种意义以上说，建筑师并非仅仅是统治者的奴隶，还是统治者的工程业务承接者，技艺好的还会受到一定的尊重，成为朋友。正是这种特殊的人与人之间一定的平等性，激发了很多艺术家、建筑师对他们所从事的事业无限的兴趣和不断地探索，使他们敢于表现自己的思想。

文艺复兴是一个需要巨人并产生了巨人的时代，建筑巨匠米开朗琪罗就是这样的巨人，他是有尊严的奴隶，是教皇的朋友。

11.2.1　米开朗琪罗简介与西斯廷壁画

米开朗琪罗・博那罗蒂，意大利文艺复兴时期伟大的绘画家、雕塑家、建筑师和诗人，文艺复兴时期雕塑艺术最高峰的代表，与拉斐尔、达・芬奇并称为文艺复兴三杰。米开朗琪罗于 1475 年 3 月 6 日生于佛罗伦萨附近的卡普莱斯，1564 年 2 月 18 日逝世于自己的工作室中。

米开朗琪罗 13 岁时进入佛罗伦萨画家基尔兰达约的工作室学习绘画，成为一位优秀的画家。他的早期绘画风格与其后期绘画风格有着明显的不同，早期 1503 年的绘画作品《圣家族》的样式和颜色表达了平和优雅的情感、艳丽鲜明的心境，而后期绘画作品中的人物情绪越来越冲动，其造型越来越凹凸峰起，其光彩用色越来越暗弱，其视域越来越扩展无边。

西斯廷教堂是罗马教皇的一个私用经堂，其天顶画《创世纪》与壁画《最后的审判》是米开朗琪罗一生最有代表性的两大巨制，这两幅壁画工程是意大利文艺复兴盛期最伟大的艺术贡献，也使米开朗琪罗闻名天下。

《创世纪》天顶画规模宏大，面积达 14 米 ×38.5 米，绘制时间前后分为两个创作阶段。第一阶段从 1508 年的冬天至 1510 年的夏天，第二阶段从 1511 年 2 月到 1512 年 10 月，构图和形式趋于简化。其内容为上帝创造日月，创造海洋和陆地，创造男人和女人。该画全出自米开朗琪罗一人之手。他一开始就对助手的绘画不满，因此只用助手帮助配制颜料。在 500 多平方米的天顶，画家要完成全部壁画加上装饰，其绘画工程之浩大和艰巨性甚难想象。当他走下脚手架时，颈椎与眼睛已经损坏。事后，他连读信也要把信纸放到头顶上去。那时，米开朗琪罗不过 37 岁，但俨然已是一个多病的老人了。该画的内容由九个叙事情节组成，以圣经《创世纪》为主线，分别为“分开光暗”、“划分水陆”、“创造日月”、“创造亚当”、“创造夏娃”、“逐出伊甸”、“诺亚祭献”、“洪水泛滥”和“诺亚方舟”。绘制的壁柱和饰带把每幅图画分隔开来，借助立面墙体弧线延伸为假想的建筑结构，取得了与教堂实际建筑结构的和谐，并在壁柱和饰带分隔的预留空间绘上了基督家人、十二位先知以及二十个裸体人物和另外四幅圣经故事的画面。画面精确和谐，多姿多彩，教堂显得庄严华丽。

西斯廷天顶壁画完成二十多年以后，1535 年，米开朗琪罗又只身一人完成了另一幅代表作，西斯廷祭坛壁画《最后的审判》。

西斯廷教堂也因米开朗琪罗创作了《创世纪》和《最后的审判》而名扬天下。

11.2.2 圣彼得大教堂的辉煌

罗马教廷圣彼得大教堂是世界上最大的教堂，是意大利文艺复兴最伟大的纪念碑。它集中了 16 世纪意大利建筑、结构和施工的最高成就。圣彼得大教堂最初是由君士坦丁大帝于 326~333 年在圣彼得墓地上修建的，为巴西利卡式建筑，称老圣彼得大教堂。16 世纪，教皇朱利奥二世决定重建圣彼得大教堂，并于 1506 年破土动工。

1546 年教皇指派米开朗琪罗为圣彼得大教堂的建筑师，米开朗琪罗考虑到自己年事已高拒绝了这项工作，在教皇的一再坚持下他最终接受了这项委托，一个附带的条件是不要报酬，因为他并不能确定他还有多少时间从事这项工作，然而他为此一直干了 16 年。1564 年米开朗琪罗逝世之后，教堂的大半工程尚未进行，1590 年，米开朗琪罗设计的圆顶方案由 G·波尔塔实施完成。整个教堂综合了几位建筑师的辛勤劳动，但属于米开朗琪罗的设计成分比其他几位建筑师的都要多。1626 年 11 月 18 日教皇乌尔班八世主持典礼，新的圣彼得大教堂才正式宣告落成。

圣彼得大教堂总面积 2.3 万平方米，最多可容纳近 6 万人同时祈祷。整个主殿堂的内部呈十字架的形状，平面长 183 米，中殿宽 25.6 米，分四个跨间，在十字架交叉点处是教堂的中心，中心点的地下是圣彼得的陵墓，地上是教皇的祭坛，祭坛上方是金碧辉煌的华盖，华盖的上方是教堂顶部的圆穹，十字交叉的穹隆内径为 41.75 米，离地面 120 米，承托穹隆的是四根 18.3 米 ×18.3 米的石柱。

圣彼得大教堂的大殿内有很多巨大的雕像和浮雕，大殿的左右两边是一个接一个的小的殿堂，每个小殿内都装饰着壁画、浮雕和雕像。大殿最杰作的雕刻艺术作品有三件：一是米开朗琪罗 24 岁时的雕塑作品《哀悼基督》，圣母怀抱死去的儿子的悲痛感和对上帝意旨的顺从感在作品中刻画得淋漓尽致。二是伯尼尼雕制的青铜华盖。它由 4 根螺旋形的铜柱子支撑着，足有 5 层楼房高。华盖前面的半圆形栏杆上永远点燃着 99 盏长明灯，而下方则是宗座祭坛和圣彼得的坟墓，只有教皇才可以在此举行弥撒。三是圣彼得宝座，也是贝尔尼尼设计的一件镀金的青铜宝座。宝座上方是光芒四射的荣耀龛及象牙饰物的木椅，椅背上有两个小天使，手持开启天国的钥匙和教皇三重冠。

11.2.3　大师云集的杰作

圣彼得大教堂的修建花费了许多艺术家毕生的心血，是一个典型的大师云集的杰作。前后参与并主持同一项建筑巨造，并在其中扮演积极的角色，也是西方建筑师的一个特点。

在朱里奥二世教皇时期，1506 年，拆去旧的大教堂，圣彼得大教堂进行重建，工程从 1506 年开始到 1626 年建筑主体才得以完工。

120 年间，由老教堂的巴西利卡式，到伯拉孟特的希腊十字形平面，到维尼奥拉的拉丁十字平面，再到集中式的形制，这一工程凝聚了伯拉孟特、拉斐尔、米开朗琪罗、维尼奥拉、贝尔尼尼等众多顶级建筑大师的智慧。伯拉孟特受朱里奥二世之邀设计了最初的建筑方案，主持施工刚 8 年，便和朱里奥二世教皇相继去世。新任教皇请来了拉斐尔继续修建，然而，这位年轻的艺术天才在任教堂总建筑师 6 年后便英年早逝。之后，教堂工程又相继由帕鲁齐和小桑加洛主持过十余年，但工程没有取得大的进展。1546 年，已过了古稀之年的米开朗琪罗经过认真思考欣然受命，他对原来的设计进行了局部调整，将教堂的罗马式半圆形拱顶改成了拱肋式的大穹隆，使教堂的视觉效果更加宏伟，工程浩大，米开朗琪罗最终没有看到圣彼得大教堂建成后的样子。后来接任他的建筑师都基本忠实地执行了米开朗琪罗的设计方案，现在人们看到的圣彼得大教堂正是米开朗琪罗所希望看到的样子。

从整体意义上讲，1626 年完工的圣彼得大教堂应该说只是教堂的主体工程，教廷总建筑师伯尼尼又花了二十多年时间进行内外装饰。伯尼尼是巴洛克艺术风格的主要推动者，他所主持的装饰工程给教堂增添了浓厚的巴洛克艺术色彩，使其显得更为奢华、壮丽。

后来，圣彼得大广场（1655~1667 年）也由伯尼尼设计。为了使广场与教堂主体接合，伯尼尼在广场两边加建了两翼长柱廊，左边名叫查理曼

（Charlemagne），右边是康斯坦丁（Constantine），各有 120 米长，象征圣彼得教堂的“教堂之母”地位。伯尼尼说，柱廊犹如一双手臂，慈母般地拥抱天主教徒，予其坚定信仰；拥抱异教徒，将其纳入教会之中；拥抱非信徒，使其受到真正信仰之启迪。

至 1667 年，圣彼得大广场建成，举世瞩目的圣彼得大教堂才真正在建筑形制、总体布局、建筑艺术上完成。这期间，大师云集，各显其能，与教会既妥协又坚持，把自己对信仰的理解、对艺术的热爱、对材料的娴熟应用倾注到创造作品的每一个细胞中，他们把物质的材料和工匠的热情有机组织起来，结合为一件件珍贵精美的艺术品。

加建柱廊之后的圣彼得大广场平面由梯形和椭圆形两部分组成。椭圆形平面的长轴为 198 米，周围有 284 根塔斯干柱子组成的半围合柱廊环绕，柱廊顶上有 142 个教会史上有名的圣男圣女雕像，雕像人物神采各异、栩栩如生。广场中间耸立着一座 1856 年竖起的 41 米高的埃及方尖碑，是由一整块石头雕刻而成的。方尖碑两旁各是一座美丽的喷泉。

圣彼得大教堂建筑群从兴建到重建、扩建和改建，再到最后装饰完毕，总共经历了 1300 多年的历史，而这一个过程正好伴随着基督教在罗马帝国及欧洲发展壮大的过程，从这个意义上说，圣彼得教堂建筑史也就是天主教发展史的一部分。

圣彼得大教堂建筑群的修建，各方精英荟萃，各个要素之间的总体协调并非无懈可击，然而巨大的建筑体量、辉煌的空间、精美的手艺，给人留下无法替代的永恒。

11.3 特立独行——从流水别墅到有机建筑理论

从文艺复兴巨匠米开朗琪罗到现代主义建筑大师赖特，都有一个共性，那就是特立独行。赖特是 20 世纪西方建筑界的一个浪漫主义者和田园诗人，是现代主义建筑大师中最为独特的一位，其成就是建筑史上一笔珍贵的财富。

11.3.1 赖特简介与草原别墅

弗兰克·劳埃德·赖特（Frank Lloyd Wright）于 1867 年 6 月 8 日在美国威斯康星州出生，1959 年 4 月 9 日，在亚利桑那州去世，享年 91 岁。是举世公认的 20 世纪的一位伟大的建筑师、艺术家和思想家，他以自己众多作品的艺术魅力征服了广大公众。他设计的许多建筑都是现代建筑中颇有价值的瑰宝，但是他的建筑思想和欧洲现代主义建筑运动的代表人物有明显的差别，他走的是一条独特的道路。

赖特在长达 72 年的建筑师职业生涯中设计了近千幢建筑，住宅约占 3/4。

家庭背景和幼年生活环境的影响，不仅使他对自然有着极强的领悟力，同时也发展了他特殊的个性，并强烈地反映在他的诸多建筑作品中。正如保罗·戈德伯格说："它们是那样杰出，那样有个性，它们全然不能真正成为一种'风尚'，因为它们永远不能被模仿，被复制。"

19 世纪末美国多流行古典主义、殖民地样式、折中主义的建筑，赖特认为"古典"建筑中的美学意义已经不适合今天的文明，对于运用新材料、新方法建造的"古典"建筑，只能是一种严重的倒退，同时，赖特对于建筑工业化也不感兴趣。

1900 年，赖特在芝加哥曾对听众说过，我们要致力于发展美国建筑的民族特征。在他的住宅布局之中，反映的是全新的建筑风格，探索了美国式的建筑发展道路。20 世纪的第一个 10 年中，赖特建造了大量的具有伟大意义的住宅作品，统称为赖特的"草原式住宅"，其中代表作品之一是 1908 年完成的罗宾住宅。

实际上，草原住宅多数位于芝加哥的郊区，有的还坐落在住宅区中。

草原住宅的设计要素是：屋顶出檐深远，并有薄薄的边脚；连续的带形玻璃窗；窗户上皮直接接在屋棺上；连续的水平窗台线；平台上的胸墙有连续的、水平的石灰或混凝土的墙帽；胸墙常以花池或池缸作收尾。这些都是把大自然的景物引入建筑构图的设计要素。

赖特的草原住宅对住宅建筑的改革是多方面的。草原住宅的空间是运动的、开敞的、流动的、无限的、美国式的。这是赖特的住宅新纪元的首要特征，空间自由流动代表美国中西部地区有无限的空间。赖特成功地做到了室内外空间的交替，把内墙延伸到绿化庭院中去，以平台的形式与外部草皮围合成院子，他还把取暖系统布置在楼板里面。他设计了数不清的各式各样的固定家具，包括贮藏壁橱和固定的桌子。他也做固定的灯具，包括一些独创的灯具组合，具有摩登艺术的装饰性。草原住宅广泛得到了雇主们的好评。

草原住宅的核心都有一处以石头砌筑的烟囱壁炉，构成板片式的建筑构图中心，所有的空间从这个心脏部分伸展放射到自然风景中去，壁炉中的火是家庭生活的本源所在，这个返祖现象的布局贯穿在他的作品之中。围绕壁炉核心，逐次是流动空间、安静的布局层次、水池，直至辽阔的大地。大自然的要素，水、火、土地、清新的空气，自赖特设计草原住宅的第一天起就成为了他一生设计的追求。

11.3.2　流动空间——流水别墅

流水别墅设计始于 1935 年，建在匹茨堡市东南郊的密林中，建筑面积 400 余平方米。

由于业主考夫曼的富有和对现代建筑的喜爱与接纳，赖特成功地把自己对环境的独特认识表达得淋漓尽致，建筑能动地参与到环境之中，成为环境的组成部分，而非打破环境。流水别墅有六个独特之处：

其一，循着流水而隐现。两条小路随着地势而蜿蜒，通向流水别墅。一条通过溪流东南侧的环形车道和桥，由远及近，可见别墅在山林中忽隐忽现，通向别墅在东北角处的主入口；另一条在建筑北侧，循着流水的声音寻来，蓦然发现这一处清幽的地方，从后面的连廊进入建筑内部。流水别墅主体建在溪流之上。

其二，两层平面十字交叉。流水别墅共两层，呈十字交叉。长轴面向溪流的方向半开敞，悬挑出巨大的平台；短轴上的厨房、卧室与书房房间相对封闭，与短墙、壁炉、柱子组成别墅的支撑体系。

其三，造型水平和竖直对比。流水别墅造型鲜明，大量水平线条和竖直的短墙壁炉烟囱形成鲜明的对比。短墙壁炉烟囱又由扁平的岩石砌成，水平线条密集，条形窗的框架比例也很突出，尺度缩放得当娴熟。

其四，巨大的二层平台出挑。流水别墅最著名的二层平台出挑已经成为一个时代的经典，人们认识这个巨作，也是从这儿开始的。这个著名的出挑不符合保守的结构概念，但意义很多：形成了台阶式建筑露台空间，享受阳光普照与天空纯净；水平的杏黄色钢筋混凝土挑板，与垂直的毛石墙面对比：外伸的巨大悬臂阳台下形成阴影，加以条形的玻璃窗，削弱墙的概念，喻示建筑中心外移，溪水如从建筑内部喷涌而出。

其五，直通溪流的楼梯。落水别墅是全流动的崭新设计，他设计了一个由起居室通到下方溪流的楼梯，倾斜穿插，进一步丰富了空间。这个著名的楼梯，连接了建筑内部与大地。

其六，具有诗意的材料使用。除了岩石、玻璃、混凝土等材料的对抗穿插赋予建筑张力与宁静，赖特还在起居室壁炉处保留了一块原来的巨大的山石，他还在壁炉上悬挂了一把硕大的自己专门设计的可以移动的球形水壶。

这六个方面，都围绕着一个主题：流动空间本身与其界面与环境的有机组织。

流水别墅以其独特的原创而超越了时间，超越了诸多流派，成为建筑史上永恒的经典。

11.3.3 孤独探寻未来——有机建筑理论

20 世纪，柯布西耶等人从建筑适应现代工业的社会条件和需要出发，抛弃传统的建筑样式，形成了追随汽车、轮船、厂房那样的建筑风格。赖特也反对袭用传统的建筑样式，主张创造新建筑，但他的出发点不是为了现代工业社会，相反，他喜爱并希望保持旧时以农业为主的社会生活方式，这是他的有机建筑理论的思想基础，而其有机理论探索之路是孤独的。

赖特提出有机建筑理念，在 1901 年的题为“机器的艺术与工艺”的文章中提出了有机建筑这一概念以及有机建筑的建筑语言。1931 年，赖特在一次演讲中进一步对有机建筑理论提出了解释，以说明他的观点。有机建筑理念可以概括有如下五点内涵：

其一，有机建筑是“活”的有生命的建筑。有机建筑就是人类精神活的表现、活的建筑。这样的建筑是人类社会生活的真实写照，这种活的建筑是现代新的整体。

其二，有机建筑是“自然”的建筑。自然的建筑即是适应其环境的建筑。特定环境形成特定的建筑，它是环境天然的一部分，它应使环境增色而不是毁坏环境。赖特善于从自然界生物生长的自然规律中获得启发，寻求创作灵感，注意按使用者、地形特征、气候条件、文化背景、材料特性、技术条件的不同情况具体分析，创作出能真实地体现建筑的基地环境，建造它的材料特性的建筑表达形式。

其三，有机建筑是由内到外的建筑，是“形式和功能合一”的建筑。建筑的目的和形式是一体的。这与沙利文提出的“形式追随功能”不同，赖特提出的形式和功能合一是从更高层次来理解的，他认为建筑是为人的精神，是为生命的，形式可以超越功能。有机建筑是由内到外的建筑，它的目标是整体性，即总体属于局部，局部属于总体，密不可分的。

其四，充分表现材料的内在性能和外部形态。赖特泛神论信仰的深刻影响决定了他对材料天然特性的认识和尊重。他对建筑材料的内在特性，如形态、纹理、色泽、力学和化学性能等都进行了研究，包括天然材料和人工合成材料。他认为想要做好根本不了解的事情是不可能的，因此很有必要去深入了解木材、玻璃、金属板材、陶土、水泥、钢材、混凝土等，并且要了解怎样切合实际地、巧妙地使用那些材料。他主张充分利用材料的特性，真实地体现材料的本来面目，而不能歪曲它。

其五，有机建筑是整体的概念。建筑从内到外整体统一才是有机建筑的根本，只有实现整体统一才是更高层次的理想。赖特提出了有机简洁的概念，其思想实质就是完美整体，即所有建筑的组成部分，包括装修、悬挂物、地毯、家具等都应保持同一类特征，雕塑和绘画同样也属建筑上的一部分，必须由画家、雕塑家与建筑师合作完成，只有这样的建筑才真正有生命力。

赖特的有机建筑论的形成，是其泛神论自然观的反映，来源于他对自然界有机生物的观察和对自然界有机生命的深刻理解。赖特一生的全部实践和论著都是以有机建筑理论为指导核心的，创作了大量的建筑作品。其建筑创作的灵感大多来源于大自然，使得他的作品极富个性。赖特的有机建筑论有其时代的局限，有些观点，在他以后也有新的发展。

11.4　思考与个性——群星璀璨

在 20 世纪 60 年代以后的几十年里，西方建筑文化呈现出缤纷丰富的色彩。

一方面，现代主义建筑的真谛和原则，在许多地方，被毫无节制地扩大和滥用，以致出现了许多对生活个性和地域特性漠视的粗制滥造；另一方面，“二战”后大规模的重建结束，西方世界逐渐进入后工业时代，社会经济文化生活需要新的更富有变化的和不同的形式出现。这个时期政治经济、社会文化领域的变迁，使得建筑界不断涌现出形形色色的思潮、流派与新的探索，这时已很难用一词包容，有人把其中一些表现称之为“后现代主义建筑”。今天，“后现代”似乎也只是自 20 世纪 60 年代至今缤纷丰富的建筑潮流的一脉。

事实上，无论哪个时代，无论哪个流派，西方建筑师有一点是一脉相承的，那就是独立思考与个性，这一点在今天更是如此。

11.4.1 路易斯・康与理查德医学研究楼

美国建筑师路易斯・康 1901 年 2 月 20 日生于爱沙尼亚的萨拉马岛，1905 年随父母移居美国费城，1924 年毕业于费城宾夕法尼亚大学，后进费城 J・莫利特事务所工作。1928 年赴欧洲考察，1935 年在费城开业。1941~1944 年先后与 G・豪和斯托诺洛夫合作从事建筑设计，1947~1957 年任耶鲁大学教授，设计了该校的美术馆（1952~1954 年）。1957 年后又在费城开业，兼任宾夕法尼亚州立大学教授，1974 年去世。

路易斯・康有深邃的思考和洞察力，发展了建筑设计中的哲学概念，认为盲目崇拜技术和程式化设计会使建筑缺乏立面特征，主张每个建筑题目必须有特殊的约束性。他在设计中成功地运用了光线的变化，是建筑设计中光影运用的开拓者之一。在有些设计中，他将空间区分为“服务的”和“被服务的”，把不同用途的空间性质进行解析、组合，体现其秩序。他认为设计的关键在于灵感，而灵感源自对特定任务的特殊理解，这大大突破了学院派建筑设计从轴线、空间序列和透视效果入手的陈规，对建筑创作是一种激励启迪。其作品坚实厚重，富有光影魅力。

康大器晚成，其成名作耶鲁大学美术馆问世时，他已经五十多岁了。他被后人称为“为后人而开花的橄榄树”。费城宾夕法尼亚大学理查德医学研究楼（Alfred Newton Richard Research Building，1957~1964 年，费城）是其代表作品。

理查德医学研究楼位于费城宾州大学校园内，1957 年开始设计，1964 年建成。这个建筑由医学实验室和植物、微生物实验室两个部门组成，由于两者对环境的要求有诸多不同，这两部分由一个曲折的通廊连接。研究楼强调竖向组织的形式，由许多小房间组成，不同的功能形成各自独立的实验室，并显示出连续变化的内部组织，这又与高耸的塔楼以及主轴形成鲜明的对比，使这座新的实验楼具有许多传统建筑的形体特征，那是 20 世纪少有的建筑形式——竖向组织的不连续序列空间形成整个建筑，与周围校园建筑的横向展开形式形成对比，也与那一时代的大多数标准建筑形式（包括强调横向的高层形式）形成对比。

除了梁表面外，建筑物外表全是清水砖墙和玻璃，在色彩上与相邻的医学院、动物学实验楼等维多利亚式校园建筑相互协调呼应。

康说道："这座建筑中，形式来自其空间的特征以及空间怎么'被服侍'的特征……"一组组平地而起的塔楼是服务塔楼，刚劲而挺拔，功能性极强的形体切分，反而具有古典建筑的典雅之风。实体与光影交错，给人以不灭的印象。

11.4.2　后现代主义与栗子山母亲住宅

第二次世界大战结束后，现代主义建筑成为世界上许多地区占主导地位的建筑潮流。但是，在现代主义建筑阵营内部出现了分歧，一些人对现代主义建筑的观点和风格提出怀疑和批评，在美国和西欧出现了反对或修正现代主义建筑的思潮，到 20 世纪 70 年代，建筑界中反对和背离现代主义的倾向更加强烈。对于这种倾向，曾经有过不同的称呼，如"反现代主义"、"现代主义之后"和"后现代主义"，以后者用得较广。

后现代主义（Post Modernism）是什么，人们并没有一致的理解。事实上，后现代主要理论家均反对以各种约定成俗的形式来界定或者规范其主义，加之后现代主义是由多重艺术主义融合而成的派别，因此要为后现代主义进行精辟且公式化的解说是无法完成的。若以单纯的历史发展角度来说，最早出现后现代主义的是哲学和建筑学。美国建筑师斯特恩提出，后现代主义建筑有三个特征：采用装饰；具有象征性或隐喻性；与现有环境融合。

真正有代表性的后现代主义建筑，无论在西欧还是在美国都为数寥寥，比较典型的主要建筑作品有文丘里的母亲住宅、约翰逊的美国电话电报大楼等。

美国建筑师罗伯特·文丘里于 1925 年出生于宾夕法尼亚州费城，1964 年与洛奇合开建筑事务所，开始了自己的建筑设计之路，他的作品深受诸多大师的影响。1966 年，他在《建筑的复杂性和矛盾性》一书中，提出了一套与现代主义建筑针锋相对的建筑理论和主张，在建筑界，特别是年轻的建筑师和建筑系学生中，引起了震动和响应。他本人并不愿被人看作后现代主义者，但他的言论在启发和推动后现代主义运动方面，有极重要的作用。

栗子山母亲住宅是 1959 年文丘里为他的母亲设计的私人住宅，由于是为自己的家人设计，文丘里大胆地把理论上的探讨付诸实践，成为了《建筑的复杂性与矛盾性》的生动写照。

在建筑的复杂性与矛盾性上，母亲住宅有三个显著特点，也可以称之为矛盾与妥协。

其一，空间布局的矛盾与妥协。空间结构体系是简单的古典对称，而功能布局则是不对称的均衡。中央是开敞的起居厅，左边是卧室和卫浴，右边是餐厅、厨房和后院。

其二，立面形式的矛盾与妥协。屋顶采用坡顶，是传统概念中可以遮风挡雨的符号。主立面总体上是对称的，而窗孔的大小和位置，根据内部功能的需要，则是不对称的。

其三，细部的矛盾与妥协。楼梯与壁炉烟囱互相争夺中心又互相让步，烟囱微微偏向一侧，楼梯则是遇到烟囱后变狭，楼梯不顺畅，但楼梯加宽部分的下方可以作为休息的空间，加宽的楼梯也可以放点东西，二楼的小暗房虽然也很别扭，但可以擦洗高窗。

文丘里写道："这是一座承认建筑复杂性与矛盾性的建筑，它既复杂又简单，既开敞又封闭，既大又小，某些构件在这一层次上是好的，在另一层次上不好。"文丘里还自称"设计了一个大尺度的小住宅"，大尺度在立面上有利于取得对称效果，对称的视觉效果会淡化不对称的细部处理，在平面上可以减少隔墙，从而使空间灵活，经济。

其实，对于功能和空间的娴熟把握，是每一个建筑师的最基础能力。

母亲住宅建成后在国际建筑界引起极大关注，山墙中央裂开的构图处理被称作"破山花"，此种处理一度成为"后现代建筑"的符号。

曾经是现代建筑忠实追随者的水晶大教堂的设计者菲利普·约翰逊在他广泛的演讲中开始反对功能主义，提倡建筑应维护"艺术、直觉与美的真谛。"

菲利普·约翰逊设计的纽约AT&T大厦（AT&T Building，New York，1978~1983年），是80年代第一个外形重现古典风格的大楼，有35层。它彻底改变了人们以往所熟悉的摩天楼形象，"宣告了现代国际式建筑时代的结束"。

这栋摩天楼与以往的玻璃摩天楼完全不同，外墙大面积覆盖花岗石，立面按古典三段式划分，顶部是一个开有圆形缺口的巴洛克式的大山花，底部因中央设一个高大拱门的对称构图，令人想起布鲁内莱斯基的巴齐小礼拜堂，甚至有人把这座摩天楼比作古典立柜。

它的结构是现代的，但在形式上则一反现代主义、国际主义的风格，采用传统的材料——石头贴面，采用古典的拱券，顶部采用三角山墙，并采用具有一定游戏成分的在三角山墙中部开一个圆形缺口的方式。因此，体现了后现代主义的几乎全部风格：装饰主义和现代主义的结合，历史建筑的借鉴，折中式的混合采用历史风格，游戏性和调侃性地对待装饰风格。

显然，在这个建筑中，约翰逊想使摩天大楼告别玻璃与钢的模式，重新对20世纪初纽约城里尚未脱离传统形式的石头建筑作出回应。

11.4.3 悉尼歌剧院与海尔艺术博物馆

悉尼歌剧院（Sydney Opera House）位于澳大利亚新南威尔士州的首府悉尼市贝尼朗岬角，三面临水，环境开阔，以其贝壳的造型闻名于世，并在一定程度上成为悉尼乃至澳大利亚的标志。悉尼歌剧院规模庞大，建筑占地面积1.84

公顷，建筑面积 8000 平方米，长 186 米，宽 118 米，高 67 米。

这座建筑的设计竞赛开始于 1957 年，直到 1973 年才建成，历经 14 年之久，耗资 1.2 亿美元。其结构设计有着前所未有的难度，经过无数努力，杰作才得以诞生。

约翰・伍重 1918 年出生于丹麦，是悉尼歌剧院的第一设计者。

伍重的一生荣辱与悉尼歌剧院不可分割。1957 年，当时 38 岁的伍重是一位名不见经传的建筑师，只在丹麦有过一次实践。他的方案在来自 30 多个国家的 230 位参赛者的方案中被悉尼歌剧院大赛评委选中，当时的媒体称之为"用白瓷片覆盖的三组贝壳形的混凝土拱顶"。设计者晚年时说，他当年的创意其实是来源于橙子。正是那些剥去了一半皮的橙子启发了他。当时，澳大利亚没有人听说过伍重这个名字。他做悉尼歌剧院方案时，都没看见过悉尼现场环境，只是看了些港口的照片。方案中选的消息传入他的耳朵时，他自己也吃惊不小。宣布中奖后 6 个月，伍重来到悉尼。工程并不顺利，1966 年州政府以财政困难为由要求伍重修改设计方案，压缩建筑资金，追求完美的伍重无法接受这一意见，辞职离开澳大利亚。后来的工程由澳大利亚建筑设计师协助进行，于 1973 年全面竣工。

整个建筑功能明确，主要分为三个部分：歌剧厅、音乐厅、贝尼朗餐厅及展览场地。每部分又各由 4 块巍峨的大壳顶组成。因而它的外观为三组巨大的壳片，第一组壳片在地段西侧，四对壳片成串排列，三对朝北，一对朝南，内部是大音乐厅。第二组在地段东侧，与第一组大致平行，形式相同而规模略小，内部是歌剧厅。第三组在它们的西南方，规模最小，由两对壳片组成，里面是餐厅。其他房间都巧妙地布置在基座内。整个建筑群的入口在南端，有宽 97 米的大台阶。车辆入口和停车场设在大台阶下面。

这些"贝壳"依次排列，耸立在南北长 186 米、东西最宽处为 97 米的现浇钢筋混凝土结构的基座上，犹如即将乘风出海的白色风帆，与周围景色相映成趣。高低不一的尖顶壳，外表是由 2194 块每块重 15.3 吨的弯曲形混凝土预制件，用钢缆拉紧拼成的，外表覆盖着 105 万块白色或奶油色的瓷砖。在阳光照映下，远远望去，既像竖立着的贝壳，又像两艘巨型白色帆船，飘扬在蔚蓝色的海面上，故有"船帆屋顶剧院"之称。

普利策奖是这样评论伍重的："他总是领先于他的时代，当之无愧地成为了将过去的这个世纪和永恒不朽的建筑物塑造在一起的少数几个现代主义者之一。"

丹麦建筑师约翰・伍重，于 2008 年 11 月 29 日在安然睡眠中辞世，享年 90 岁。

与之相比，美国建筑师查理德・迈耶是职业生涯一帆风顺的典范。

理查德・迈耶，现代建筑中白色派的重要代表人物，1934 年出生于美国新泽西东北部的纽华克，曾就学于纽约州伊萨卡城康乃尔大学，接着先后在 SOM

事务所和布劳耶事务所任职，并得到欣赏和指点。1963 年，迈耶成立了属于自己的工作室，在家具、玻璃器皿、时钟、框架等方面的设计上，展现了其独特的创造力。1965 年，迈耶接到了使他在国内成名的一项委任，就是今天位于康涅狄格州的史密斯住宅。

早年的迈耶颇受现代主义大师柯布西耶的影响。在他的大部分作品中，都体现了柯布西耶的风格。随着不断地学习和工作，他逐步形成了自己独有的设计风格。他注重立体主义构成和光影的变化，强调面的穿插，讲究纯净的建筑空间和体量。在对比例和尺度的理解上，扩大了尺度和等级的空间特征。在建筑色彩方面，他一直喜欢白色。他认为，白色包含了所有的颜色，是一种可扩展的颜色，而不是一种有限的颜色。他善于利用白色表达建筑本身与周围环境的和谐关系，海尔艺术博物馆就是“白色建筑”的一个很好的例子。

海尔艺术博物馆（High museum of Art，Atlanta，Georgia，USA，1980~1983 年）位于美国佐治亚州亚特兰大市，是理查德·迈耶风格成熟时期的代表作品。

本讲小结：

当我们从遥远的距离去看西方建筑师，并把他们看作一个整体时，我们会强烈地感受到西方建筑师的理论意识、经营意识、自我宣传意识，感受到其个性觉醒与倾力创新，感受到其对材料的娴熟掌握和形式探索。同时，西方建筑师每一个人的独特的个性又深深吸引着我们。

图 11–1　米开朗琪罗与大卫

米开朗琪罗·博那罗蒂，意大利文艺复兴时期伟大的绘画家、雕塑家、建筑师和诗人，文艺复兴时期雕塑艺术最高峰的代表，与拉斐尔、达·芬奇并称为文艺复兴三杰。

米开朗琪罗以雕刻艺术奠定了自己艺术家的地位，前期代表作为 1499 年的《哀悼基督》、1501 年的《大卫》。米开朗琪罗后来的一些雕刻作品工作时间很长，著名的有《垂死的奴隶》、《被缚的奴隶》、《摩西》、《昼》、《夜》、《晨》、《暮》。其雕刻作品与绘画作品的风格特点鲜明，造型雄伟，色彩深厚，光影如诗。

米开朗琪罗与大卫，作者与作品，文艺复兴时期，人走向神圣的典范。

图 11–2　罗马梵蒂冈圣彼得大教堂外观

对于米开朗琪罗来说，最荣耀的艺术实践是建筑，最宏伟的建筑实践是圣彼得大教堂。

圣彼得大教堂外观宏伟壮丽，主体正立面宽 115 米，高 45 米，以中线为轴，两边对称，8 根圆柱对称立在中间，4 根方柱排在两侧，柱间有 5 扇大门，2 层楼上有 3 个阳台，平日里中间的祝福阳台的门关着，重大的宗教节日时，教皇会在此祝福。屋顶上正中间站立着耶稣的雕像，两边是他的 12 个门徒的雕像一字排开。大教堂门前左边树立着圣彼得的雕像，圣彼得大教堂就是为纪念彼得而修建的。

图 11–3　罗马梵蒂冈圣彼得大教堂内部

圣彼得大教堂中间的穹顶统率整个布局，分为两层，内部分 16 格，每格都有米开朗琪罗绘制的人物画像。阳光可以从圆穹顶照进殿堂，给肃穆、幽暗的教堂带来一种神秘的色彩。

圣彼得大教堂的建筑风格具有明显的文艺复兴时期提倡的古典主义形式，其主要特征是罗马式的圆顶穹隆和希腊式的巨石柱式相结合。大教堂穹顶是真正球面的，略高于半球形。穹顶轮廓饱满，穹顶的肋是石砌的，主要受力是由墩柱承担的，建筑材料是砖、石和混凝土。

圣彼得大教堂是罗马教廷的中心教堂，是全世界第一大圆顶教堂，是一座伟大的艺术殿堂，是人类历史上不朽的建筑艺术瑰宝。

图 11–4　美国佐治亚州亚特兰大 High Museum

High Museum 博物馆位于一个街角转角的位置，形体组合复杂，内外空间丰富。

这座博物馆的中庭是一个文化和社会活动的聚会中心。这个中庭和它的螺旋形的坡道的构思有些类似于赖特的古根海姆博物馆，但迈耶使螺旋坡道成为了各种功能与视觉空间的连接要素，避免了展品与地面不平行所带来的视觉错位，形成了建筑中的闲游空间。

图片为入口处的电梯。即使在功能性极强的交通部分，建筑师也体现了很强的形体控制能力和突出的个性风格。

图 11–5　美国加利福尼亚州洛杉矶水晶大教堂接待中心

约翰逊的水晶大教堂是敏锐地运用时代材料、时代技术营造新的宗教空间的杰出典范，这一点，与米开朗琪罗的圣彼得大教堂有同样的历史意义。

即使紧邻约翰逊的水晶大教堂，在水晶大教堂接待中心，建筑师迈耶也运用自己的建筑语言阐述自己的建筑故事，密集横格扶手、正方形墙体界格、精工细作的合金表皮、干净利落的圆柱、局部忽然凸起的异形，这一切汇集为建筑师个性作品的独特性。

时代与个性，是西方建筑师所具备的两个互动的特质。

图 11-6　美国波士顿市政厅

波士顿市政厅是马萨诸塞州波士顿市的市政府办公厅，1968 年建成，1969 年正式投入使用，由卡尔曼·米基奈和诺尔斯设计。

巨大的异形的形体凸出屋面，光由侧面垂直的天窗倾斜折射散落而下，粗糙的拆模裸露混凝土使光具有了质感、力度和退晕，刻意而为的模板界格似乎是时光的尺子。

同样是运用裸露混凝土，甚至同样是“野兽派”风格，不同的建筑师也努力探寻自己的具体手法来实现一种独特的视觉体验，乃至艺术风格。

第 12 讲　中国建筑艰难的近现代道路

晚清肇始，中国建筑在外来因素的影响下发生了突变，这种突变绝非自然孕育的渐变。传统的木结构体系源源之流似乎中断了，而彼岸却是完全陌生的近代建筑技术、近代建筑类型、近代建筑功能、近代建筑形式的新建筑体系。新的体系必然舶来，但旧的体系依然运行。中国近现代建筑就在无建筑话语、无材料基础、无社会机制的情况下，以局部小规模全盘舶来的方式，艰难上路了。

12.1　西方建筑的“教化”与中国的建筑教育启蒙

西方建筑舶来及拿来的方式，不是孤立的，建筑的教育与教育的建筑是一个焦点，并与许多因素交织在一起，而这些因素的表现有时似乎又是“错位”的。国立学校在中国古典园林咫尺之地营造全舶来的礼堂，似乎以此激励学子对西方科学的求问；教会学校却又在努力靠拢中国古典建筑，以期让国人心悦诚服。中国的第一代建筑师接受的是西方经典的学院派教育，其实践理念却又与西方现代主义真谛不谋而合。

12.1.1　留学预备科——清华学堂

清华大学的前身是清华学堂，始建于 1911 年，曾是留美预备学校。1912 年，清华学堂更名为清华学校。1925 年设立大学部，开始招收四年制大学生。1928 年更名为国立清华大学，并于 1929 年秋开办研究院。

清华大学肇始就没有满足于仅仅作为一个留美预备学校，建校伊始的 1914 年，周诒春校长邀请美国建筑师墨菲和丹纳组成的事务所着手校园规划，当时规划了一个八年制的留美预备学校和一个四年制的综合性大学。规划的大学有新的图书馆、理学院、医学院和农业实验场，还有一个 4000 座位的礼堂。

清华学校选址在清华园，由游美学务处筹建。清华园是一座有几百年历史的传统园林，曾纳入清康熙年间的熙春园，咸丰年间改为清华园，取自晋人诗句“寒裳顺兰址，水木湛清华”。在 1909 年以前，清华园和北京西郊的其他皇家御园一样，荒废已有时日，甚至连围墙都没有。游美学务处看上这里后，首先修整围墙。从 1909 年到 1911 年，园中原有的建筑工字厅、古月堂、怡春院被用作行政办公用房和中国教员宿舍，完好保存，使用至今，为现在的清华校园留下了非常宝贵的中国古典建筑元素。

1914 年清华学校的规划或许是墨菲这位美国建筑师初次介入中国校园营造。他在清华学堂中移植了当时美国流行的学院派艺术校园的布局，其规划手法也略显生涩。清华园咫尺以东，建筑师利用规整的建筑轴线和对称的体量来控制校园布局，与以柔见长的中国古典园林结合部分甚为生硬。规划中有大量东西朝向的建筑，也忽视了中国建筑文化中对朝向的重视。尽管如此，墨菲为他今后的设计积累了经验，而在 1921 年开始的燕京大学校园规划中，他展示了对中国古典建筑形式和西方建筑功能的平衡把握能力。

清华学校新修了二校门、一院、二院、三院、同方部等新式建筑，这些建筑由奥地利人斐氏所经营的顺泰洋行承包建设。

清华学校的二校门是清华的标志性建筑，清丽端庄的二校门由西方古典建筑的装饰元素汇合而成。三扇拱券门中间大、两旁小，是典型的三段式构图，中间在高大的柱础上有四根多立克式装饰柱。檐部额枋线脚粗大厚实，两端用巴洛克式涡卷装饰。

清华学堂的其他新造建筑也努力靠拢西方建筑，如三院是青砖单层结构，其门廊有爱奥尼式的装饰柱，由变形的山花等西洋建筑符号组合而成。

周诒春校长积极筹备改办大学，自 1917 年始，又盖了一批适应未来大学需要的高标准建筑，即清华著名的“四大建筑”——大礼堂、图书馆、科学馆、体育馆。清华校园的建筑提升到了一个实用功能与形式完美结合的更高层次。

图书馆在大礼堂东北方向，坐东面西，与清华大礼堂一样由墨菲设计，是一个功能高效、空间宽敞的二层建筑，1919 年 3 月落成，建筑面积 2114 平方米，其立面也采用红色砖墙，有文艺复兴风格的高大券窗。科学馆位于大礼堂西南，与同方部遥相对应，建于 1917 年 4 月至 1919 年 9 月，为三层建筑，总面积约 3550 平方米，红墙灰顶，黄铜大门，门额上镌有“科学”和“SCIENCE BVILDING”（英文古体拼写）。建筑结构先进，材料质地坚固。建馆之初，这里是学校理科教学和实验的场所，馆内开辟有设备齐全的大小教室、声光热力电全套的物理实验设备以及测量、生物、化学实验设备。楼下有巨型风机，全楼空气流畅。

12.1.2 教会大学——北平燕京大学与美国建筑师墨菲

美国建筑师亨利·墨菲是较早在华执业的外国建筑师，1914~1930 年，是他在华校园设计的高潮。他曾进行过清华学校的校园规划，并在后来设计了早期清华的几栋主要建筑。墨菲作为一个职业建筑师，有着强烈的自信和熟练的实践能力，他在纽约有自己的建筑师事务所，并于 1918 年 7 月在上海外滩开办了个人事务所，作为上海的分公司。在相当长的一段时间，墨菲被传教士们竞相聘用，去帮助他们扩展在中国的教育事业。

墨菲相信，通过对传统特征的强调，就能实现业主们所希望的那种既尊重中国历史又依循科学进步的平衡。1914 年 7 月《远东评论》中的一篇报道概括了墨菲设计的大学中所体现的这种平衡的理想，“可以明显感受到，在达到教会的教育、医学和宗教方面的目标之余，依然有机会让建筑物本身美好宜人，以向中国人表明在体现美国最现代化的设计和建造理念的建筑群中保护中国建筑遗产的种种可能。无论采用何种风格，所有的建筑都需要高质量的建造。”其观点符合传教士业主们的要求。

中国曾有 14 所教会大学，分别是燕京大学、齐鲁大学、东吴大学、圣约翰大学、之江大学、华西协和大学（今华西西科大学）、华中大学、金陵大学、华南女子文理学院、福建协和大学、湘雅医科大学、金陵女子文理学院、沪江大学、岭南大学。在当时的历史条件下，特别是在 20 世纪 20 年代以后，教会大学在中国教育近代化过程中起着某种程度的示范与导向作用。因为它在体制、机构、计划、课程、方法乃至规章制度诸多方面更为直接地引进西方近代教育模式，从而在教育界和社会上产生了颇为深刻的影响。

墨菲于 1921~1926 年间接受聘请，进行了燕京大学总体规划和建筑设计。墨菲认为，为了设计出一个具有感染力的校园环境，它所有的建筑应该是“作为一个整体来考虑，作为一个完整组群来设计”，也就是说，它们不可能被分割成一个个单独的界面。同时，他也进一步断言，大学作为一个建筑整体，不可能存在于一个真空中，它应该成为城市的一部分，所以在考虑问题时就必须有些灵活性，以适应这个城市将来的发展。

燕京大学是 20 世纪上半叶 4 个美英基督教会在北京开办的一所著名的教会大学。当时的燕京大学校园即今天的北京大学主校园——燕园。

作为教会大学的燕京大学建筑群全部都采用了中国古典宫殿的式样。其东西轴线以玉泉山塔为对景，从校友门经石拱桥、华表（取自圆明园废墟），方院正面是歇山顶的贝公楼即行政楼，两侧是九开间的庑殿顶建筑，穆楼、民主楼、宗教楼、图书馆，沿中轴线继续向东，一直到未名湖，湖中有思义亭，湖畔有博雅塔、临湖轩。东部以未名湖为界，分为北部的男院和南部的女院。男院有德、才、均、备 4 幢男生宿舍以及华氏体育馆。女院沿一条南北轴线，分布适楼、南北阁、女生宿舍和鲍氏体育馆。

燕京大学建筑群在外部尽量模仿中国古典建筑，在内部使用功能方面，则尽量采用当时最先进的设备：暖气、热水、抽水马桶、浴缸等。

对于清华学校、燕京大学建筑风格之迥异，国学大师钱穆曾有评价：“即就此两校言，中国人虽尽力模仿西方，而终不掩其中国之情调。西方人虽可以模仿中国，而仍亦含有西方之色彩。余每漫步两校之校园，终自叹其文不灭质，双方各有其心向往之而不能至之限止。”

12.1.3　宾夕法尼亚建筑系的中国学生

西方建筑师在西风东渐中了解着中国建筑并设计着中国的校园，而中国的建筑学子踏上了去西方求学的航程。中国留学生赴美学习的 20 世纪初至 20 年代，正是美国建筑院系中学院派教学模式盛行的年代。

学院派建筑教育的特点可以概括为将建筑学与美术合而为一，互相渗透。“学院派”建筑教育以其对建筑制图的高度重视而著称，受到古典主义制图传统和新兴的画法几何学的影响，建筑表现保持古典主义的风格，在立面图和平面图上绘制准确的阴影，并给立面加上精致的配景，这些手法使其建筑图足以能够逼真地再现空间的深度和材料的质感。

19 世纪中叶，法国是世界顶级的艺术中心，巴黎美术学院是欧洲建筑教育机构的鼻祖。至 20 世纪初叶，它又对美国建筑界及美国建筑教育产生了巨大的影响，美国宾夕法尼亚大学建筑系就以学院派教学模式而著称。

1924~1927 年间，在宾大等“学院派体系”的建筑院校中，一批十分有才华的中国学生成绩出色。其中，最著名的有杨廷宝、童寯、梁思成以及稍早的朱彬等。中国第一代建筑师大都在美国接受“学院派”建筑教育，学成归国，开展设计业务、创办建筑教育之初，基本上都是古典折中主义的积极推崇者和实践者。

学院派建筑教育对中国第一代建筑师的建筑创作思想影响很大，由第一代建筑师创办的中国建筑教育事业又将这种创作思想传授给在中国建筑院系毕业的第二代建筑师，这种影响就一直延续到新中国成立后的 20 世纪 60 年代，甚至 80 年代。

同时，欧洲包豪斯存在的 15 年（1919~1934 年）期间，其所形成的设计理念影响广泛，也对中国近代建筑教育有深远的波及。与“学院派”注重古典精神的艺术训练不同，包豪斯的教学注重对建筑结构及其材料的把握，重视几何形体构成与空间内在功能，强调工艺技巧训练，这都成为了后来现代建筑实践和教育观念变革的基本原则。包豪斯所开创的设计风格在现代设计艺术的各种流派中都能找到踪影。

包豪斯作为新兴建筑思潮，同样也在中国建筑师中产生了强烈的震荡和反响，许多建筑师在设计作品中对新风格、新思想的反映与西方建筑师几乎同步。

事实上，学院经典和实用创新都是中国第一代建筑师在其成熟期所孜孜以求的，其矛盾和交融也较为清晰地映衬出了 20 世纪 30 年代的中国与世界建筑教育观念同步的时空背景，也体现为中国第一代建筑师对于以包豪斯为主流的前卫建筑思潮积极参与的认知心态。

今天，把当时中国创建的建筑教育院校简单区分为“宾大体系”或“非宾大体系”或许是片面的和没有实际意义的。

12.2　京津沪三地的近现代建筑

早期西方建筑在中国的城市中克隆、广泛传播，对中国近代建筑产生了巨大影响。这批建筑有的在建筑形式美的追求上达到了很高的水平，为我们留下了一笔宝贵的建筑文化遗产。

京津沪三大城市，由于特殊的历史时代和社会条件，其近代建筑在类型、规模、形式、结构和质量上都有其自身的特点。

上海与天津的银行建筑多为西方古典主义建筑，使用古典柱式，突出轴线，讲求对称，强调构图中的主从关系，形成规整对称、主次分明、比例严谨的立面构图，用材考究，施工精细，兼顾耐久，典雅华贵。与之相比，西方折中主义建筑的克隆与传播的影响就更大一些，以上海南京路、天津滨江道商业区最为集中，整条街道形成西方折中主义建筑的大展台，各类建筑争奇斗艳，各式塔楼争相耸立，追求的是繁华热闹的商业氛围。

古今中外，在许多时候，建筑风格的混杂是多见的。

12.2.1 北京陆军部与天津领事馆区——西式与洋风

清咸丰八年（1858 年），英法联军侵占北京，签署不平等条约，外来势力公开进入京津地区。清洋务运动，中学为体，西学为用，及戊戌维新至预备立宪，旧式衙署改换新名并组建一批新部门，北京及天津出现了一批采用西洋形式的政权、军事、外交馆舍建筑。

北京清陆军部是这一时期采用西洋形式的政权建筑的典型。

陆军部坐落在现平安大街路北。1906 年，清廷在东城“承公府”兴建兵部衙署，府内原有建筑全部拆除，光绪二十三年（1907 年）建成，不久即交付使用，此时兵部已改名陆军部，故建筑亦称陆军部衙署。

陆军部临街正门五开间，为中国传统悬山式屋顶。在大红门内，整个建筑群体格局规整，分东、西两部分。西侧是陆军部主楼，是整个建筑群的中心，正对大门，构成贯通轴线。东侧是陆军贵胄学堂，是以外国人为主设计的红砖墙体为主的“洋风建筑”。主楼之后东、西配楼和后楼，装饰简洁。配楼红木柱白抹灰板壁，外带券廊，殖民式风格浓郁。

陆军部主楼是一座灰色西式砖结构建筑，是北京地区惟一用青砖砌筑的楼群式办公建筑。主楼为二层砖木结构，正中三间为三层，并凸起一块方形钟楼，主楼是模仿外国古典建筑样式的“西洋楼式”，整体仿欧洲折中主义风格，而在总的洋式之中带有中国传统手法，钟楼、拱券上布满精细的卷草纹饰。主楼由陆军部军需司建造科沈琪绘图，拟定详细做法。主楼洋式建筑高大的体量、中式宅院建筑精细的雕饰，两者相互融合，表现出建筑营造正在发生新的变化。屋顶结构为三角桁架式，而非传统的举架式，这是该建筑受西方影响的重要标志，但仍是中国营造者和工匠的作品。

陆军部衙署主楼是“西洋楼式”的官方最后作品，它标志着“西洋楼式”建筑由官方兴建的历史的结束。在 1906 年 9 月清廷宣布预备立宪后，转而追求洋风。

这是北京乃至中国近代建筑的重要转向，其后的北洋政府也代表官方延续了这种转向。1913 年北洋政府的陆军部以原清末陆军部衙署作为办公楼，海军部办公地则在东邻的陆军贵胄学堂。

八国联军入侵中国以后，奥匈帝国公使向北京外交使团发出通告，要求在天津成立领事馆，划定租界。奥租界划定之后，清光绪二十八年（1902 年），奥匈帝国在桥头金汤大马路，即今天的建国道右侧建立了领事馆，房屋建筑面积 1200 平方米。

大约在光绪三十三年（1907 年），为了在租界建造房屋，组织了一个奥租界建造公司，大量吸收投资。全区的规划由奥工部局工务处工程师吕纳绘制出设计图，凡欲在新辟街道建房者须向工务处申请一份图纸，到捐务处交纳房地捐。目前保留的旧建筑，除宅居府邸外，还有建于 1902 年的奥国俱乐部。此建筑为砖木结构正方形红顶洋楼，窗为正方形，大门正面有两个铁护栏围成的阳台，楼顶错落，底层卧于地下如地下室一般。

20 世纪 20 年代，天津领事馆区建筑活动盛行，建造了许多西方古典主义银行建筑，如花旗银行（1921 年）、汇丰银行（1924 年）、麦加利银行（1925 年）、东陆银行、横滨正金银行（1926 年）等。英法租界中街也因为集中建造了一批银行建筑而有“银行街”之称。

当年的天津意大利租界地处海河北岸，在奥租界和俄租界之间，约 700 余亩。其街道规划、房屋建设、公用设施都比较完备而考究，具有鲜明的欧式特征。

当年的意大利领事馆坐落在现河北区建国道 52 号，东临天津火车站，西眺金汤桥，南望海河广场，北依京山铁路。馆舍建于 1930 年，建筑保留完好。二层带半地下室砖木结构，坡屋顶，中间设正方形坡屋顶阁楼。红砖墙与白色带有凹槽剁斧石的方壁柱形成强烈对比。窗户上有简洁的檐口，檐口下及二层屋檐下有釉面砖装饰，檐口出檐较大，用檐托支撑，高长窗。楼层较高，休息平台上有高大的彩色玻璃窗，颇具意大利浪漫风格。

在中国的土地上，外国侵略者开设租界的日子已经一去不复返了。当时的建筑馆舍，以其精美和富有的当时的时代气息，因其历史文化价值和营造实物价值，成为一道风景。

12.2.2 显示资本与比肩而立的愿望——上海外滩三栋大楼

在总体并不众多的近代中国公共建筑中，银行、洋行、海关、商店、大百货公司、饭店、饭馆、影剧院、夜总会、游乐场等，比例居多，形式多样，而上海是一个集中地。

外国银行建筑是外国资本对中国金融渗透的形象体现。从第一家外国银行——丽如银行在中国设立开始，到 20 世纪 20 年代，外国银行建筑已遍及全国各大城市。自 1879 年第一家本国银行——中国通商银行成立，到 1936 年 6

月止，华资银行共达 164 家，其总行、分行也遍布在全国各大中城市。中外银行，自身既有充足的建筑营造资金，又需显示资本雄厚，竞相追比，高耸宏大，体量坚实，成为近代大城市中最触目的建筑物。

上海汇丰银行是英国在中国势力最大的一家银行。上海汇丰银行新楼位于外滩，四面临街，占地 14 亩，平面接近正方形，建筑面积约为 32000 平方米。

汇丰大楼主体为钢筋混凝土结构，高 6 层，中部凸起 2 层钢结构顶。一、二层为银行，第一层正门入口是一个八角形大厅，由此进入宽敞的营业厅。办公室及辅助房间基本上沿营业厅周围布置，上面各层出租给洋行作办公室。库房很大，可收藏数千万两白银。

沙逊大厦位于上海外滩 20 号（南京路口），占地面积 4617 平方米，建筑面积 36317 平方米。大厦高 10 层，局部 13 层，另有地下室，地面至顶端的高度为 77 米，是当时上海最高的建筑。外滩 20 号原为美商琼记洋行的房地产，后卖给英资新沙逊洋行。1926 年 4 月开始拆除旧房，1929 年 9 月 5 日落成新楼，由英商会和洋行设计，华商新仁记营造厂承建，钢筋混凝土框架结构。

沙逊大厦雄伟壮丽，属早期现代派，有装饰艺术风格。外观立面以垂直线条为主，简洁明朗，在腰线和檐口处有雕刻的花纹。外墙除第九层和顶部用泰山石面砖外，其余各层均用花岗石作贴面。内装饰精致豪华，五至七层为当时上海的顶级豪华饭店——华懋饭店，有 9 个国家风格的客房。五层的客房以德国、印度、西班牙和日本式风格布置，六层为法、意、美式，七层为中、英式。金字塔式的顶内还有个大餐厅，楼内的交通设计十分合理。底层东大厅租给荷兰银行等两家银行，顶楼是沙逊自己的豪华住宅。

沙逊大厦沿南京路与九江路的宽大立面做三段式立面构图，二层之上设置通长的腰线，腰线之下是引人注目的两层高的半圆拱券门洞，顶层下部也做腰线，女儿墙作垂带装饰处理。

沙逊大厦沿南京路、九江路的面宽很宽，但是在窄窄的马路上很难看到高层建筑的全景，临外滩的面宽很窄，却是外滩建筑景观的焦点，所以建筑师将建筑形式处理的重点放在临外滩的立面上。建筑平面在临外滩的窄面与临南京路、九江路的宽面转角削 45° 斜角，又在 45° 斜面与沿街的三个立面之间设计了尺度适宜的凹槽，使从外滩看到的建筑形体的五个面的组合清晰明确，富有雕塑感，形成挺拔的竖向立体构图。

沙逊大厦临外滩的主立面向上延伸，设置了高于主体建筑三层的层层退台的塔楼，外观是 19 米高的竖向方锥形金字塔，夸张模拟埃及的金字塔造型，覆以铜绿色瓦楞铜皮，现代工艺手段精细，注重表现金属的色彩与质感，形成上海外滩的一个标志。

中国银行是旧中国四大官办银行之一，其前身是清政府于 1905 年创办的“户部银行”，1908 年改称为“大清银行”，民国元年（1912 年）改组建立中国银行。

上海中国银行大厦的原址是上海德国总会，后来被中国银行买进，改建成银行营业楼。

1934 年，中国银行业务扩展，原有建筑不适应银行的要求，于是决定拆除重建，由中国银行建筑部的毕业于英国建筑学院的设计师陆谦主持，陶馥记营造厂负责施工，南北地基的水泥桩深达 50 米，1937 年建成。这幢大楼是外滩众多大型建筑中惟一由中国人自己设计和建造的大楼，也是近代西洋建筑功能与中国传统建筑形式结合较成功的高层建筑。

上海中国银行大厦占地 5075 平方米，分东、西两幢大楼，西大楼为 4 层钢筋混凝土结构建筑，东大楼是主楼，高 15 层，地下 2 层，共 17 层，钢框架结构。外墙青石贴面，立面强调垂直线条，带有中国传统风格。屋顶采用中国民族风格方形尖顶，有石斗栱作装饰，其他栏杆及窗格等的处理也富有中国民族特色，正立面每层两侧配以镂空花格窗，有“寿”字图案。内部装饰精致，地下室设有当时最先进的保险库。1937 年，大楼建成后，中国银行总行与上海分行均迁入大厦办公。

从“西洋楼式”到“洋风建筑”，再到传统复兴，19 世纪末 20 世纪初中国近代建筑的这种风向，反映了中国民族意识的增强，并体现在建筑营造上。

12.2.3 里弄与石门库——百年以前上海的房地产模式

石库门里弄民居是西方联排式住宅与中国传统四合院住宅相结合的产物，最早产生于上海，在上海与汉口大量建造，在天津等城市中也有建造，1927 年以前已经发展成为上海与汉口主要的住宅建筑类型。

石库门里弄民居的雏形——1853 年开始建造的联排式木板房屋以及 1870 年以后最早建造的一批石库门里弄民居，都由英国商人建造，从一开始就接受了西方联排式住宅的影响，采用了商品化的建造与经营方式，其营造方式完全不同于自建自住的、小农经济的中国传统住宅。这是中国住宅建筑走向商品化的开端，也是中国住宅建筑走向近代化的开端。

1872 年的《申报》广告栏上，已经时时出现房地产交易的广告，有许多地基出租、楼房出租的广告，其中就有租房广告称“厅式楼房一所，在石库门内，计十幢四厢房，后连平屋五间，坐落石路”。百年以前，上海的房地产营造已经形成了自己的独特模式。

早期石库门里弄民居的平面形式仍然保留着传统民居的基本特征，封闭内向，严谨对称，由正房与两侧的厢房围合成天井，高高的石库门围墙使之与外界隔绝，房间对外不开窗，所有门窗都开向自家的天井院落。为节省用地建造三层，传统民居的院落也已经缩小成为天井，但是建筑的山墙仍然沿用江南民居常用的马头山墙，细部处理及室内装修也一如旧制，最典型的是每户必用的入户门——中国传统建筑的石库门。

随着这种民居的大量建造，石库门已经成为上海人人皆知的名词，这类城市民居也由此得名，上海百姓称之为石库门房子，也就是石库门里弄民居。

早期建造的石库门里弄民居多数分布在上海早期英租界范围内，建筑质量不佳，年代久远，今天已经找不到这些建筑的遗迹了。北京路兴仁里是上海最早建造的石库门里弄民居，建造年代是 1872 年，实物也已经拆除。

辛亥革命以后至 1920 年前后，上海城市扩展、人口剧增，对住宅的需求量也大大增加，这一时期建造的称为后期石库门里弄民居，在上海建造的数量很大，分布范围极广。后期石库门里弄民居每户建筑面积显著减少，大约只有早期石库门里弄民居的 1/4，里弄规模则大大扩张。

这时由于建筑技术的进步，已经少用石料，改用水刷石饰面装修，屋面的蝴蝶瓦也改用机制平瓦或土窑平瓦。石库门的门头装饰已经很少使用传统的花鸟鱼虫图案，而转向模仿西方古典建筑纹样，或者简化为模仿现代派建筑风格的几何体块，石库门围墙已经降低至二层窗台高度，对外的封闭感大大减弱了。

石库门里弄民居代表了当时中西交融的房地产营造模式，又多主要出自民间工匠之手，是特殊的中西交融建筑文化，在中国近代建筑史上有着特定的价值。

今天，曾经的石库门里弄民居以一种新面目被熟悉起来，成为了建筑创意改造的标签和代名词。在某一区域，对有一定的标志性或景观性的旧建筑整体保护、局部改造、室内更新，使其适应于新的城市功能需求和环境需求。这样的改造要求开发者对周边区域经济社会环境有准确的把握，也要对城市的传统历史文脉有很深刻的理解。此种例子日益增多。年轻人说它时尚，中老年人称它怀旧，外国人认为它就是中国，中国人却感到新鲜、洋气。它延续了历史文脉，又满足了新的城市生活，与上海的“海派”城市定位十分契合。

12.3　中国职业建筑师的杰出贡献

中国第一代职业建筑师是独立思考的一群人，他们精于学习，系统接受了西方学院派的建筑思想和设计手法，同时，他们又具有深厚的文化底蕴，而面对积贫积弱的现实，他们具有强烈的民族自主意识，同时又有探索时代形式的激情。其营造实践既符合时代功能，又在民族形式上进行了积极探索，其对当时方兴未艾的现代主义又有一种敏锐的认同。

12.3.1　中国第一代建筑师的杰出代表吕彦直

中国第一代建筑师从国外学成归来以后，并没有完全照搬西方的建筑，也没有完全局限于中国的这种传统，而是有机结合，加以新的创造，他们当中有吕彦直、杨廷宝、童寯、梁思成、奚福泉、徐敬直、李惠伯等。

吕彦直于 1894 年 7 月 28 日生于天津，1904 年前往法国巴黎读书，1911 年，吕彦直就学于清华学堂留美预备部。1913 年公费赴美，入康奈尔大学，先攻电气专业，后入建筑系。1918 年获康奈尔大学建筑学学士学位，进入美国建筑师墨菲在纽约的建筑师事务所工作，协助墨菲在中国的北京燕京大学校园规划与建筑设计等项目，初露才华，并跟随墨菲考察、测绘、整理了大量的我国古建筑图案。1921 年初，吕彦直游欧后归国，入墨菲事务所上海分所。1922 年 3 月辞职，供职于东南建筑公司，后独立创办彦记建筑事务所，这是中国早期由中国建筑师开办的事务所之一。1924 年，他与首批从国外留学归来的庄俊、范文照等人发起成立中国建筑界第一个学术团体，旨在发展壮大建筑师队伍，开展学术研究。经数年筹备，至 1927 年冬始成立“中国建筑师公会”，1931 年改名“中国建筑师学会”。

1925 年 3 月 12 日，孙中山在北京逝世。是年 5 月，总理丧事筹备委员会向海内外悬奖征集中山陵墓设计图案，国内外的建筑师和美术家多人报名应征。吕彦直满怀信心，潜心研究，周密构思，积极竞争，一举夺魁，荣获首奖。1925 年 11 月 3 日，吕彦直任中山陵建筑师，受聘后，即赴南京实地考察，赶绘全部工程详图。

在南京中山陵墓的建筑工程进入高潮之际，吕彦直提交了广州越秀山中山纪念堂和中山纪念碑的建筑设计方案，在 28 份中外应征方案中，一逾群雄，再度夺魁，继而主持中山纪念堂和中山纪念碑的设计工作。他为南京中山陵、广州中山纪念堂的建成，奔波南北。

中山纪念堂举行奠基仪式期间，吕彦直已病魔缠身。他忍着病痛，不分昼夜地推理演算，以顽强的毅力绘制出中山纪念堂的建筑详图，并主持了工程建筑事务。就在工程临近尾声时，因患癌症于 1929 年 3 月 18 日在上海逝世。鉴于他对建造孙中山陵墓的杰出贡献，在他逝世后，南京国民政府曾明令全国，予以褒奖，中山陵祭堂的西南角立一纪念碑，上部为吕彦直半身遗像，下部刻有于右任题词，这在整个中国建筑历史上是绝无仅有的。

12.3.2 南京中山陵与广州中山纪念堂

南京中山陵位于南京市东郊钟山东峰小茅山南麓，1929 年 5 月全部工程完工。

中山纪念堂坐落在广州市越秀山南麓，是为了纪念孙中山先生而筹募资金兴建的，1931 年 10 月落成。其总平面占地 60000 多平方米，纪念堂总高度由地面至宝顶为 57 米，首层地面至玻璃镶嵌的圆拱吊顶净高为 23 米。中山纪念堂是大体量建筑中采用中国传统宫殿形式的大胆尝试，也是积极采用近代科技相结合的典范。

这两组中国近现代建筑营造的巨制均由吕彦直设计主持，是中国近现代建筑师第一次主持规划设计的大型建筑群，是中国近现代史上对中西文化关系的一次方向性的成功探索。其建筑设计与营造，各有千秋。

其一，建筑群与大体量建筑的准确定位。

南京中山陵与广州中山纪念堂在设计中所侧重的方向，中山陵重在建筑群的组合、空间序列的组织，而中山纪念堂则将主要精力放在如何将中国传统的建筑语言应用在具有现代功能的大体量建筑上。

中山陵位于南京市东郊紫金山南麓，共占地 8 万余平方米，视野开阔，植被良好。主题为陵墓，在总体布局上巧妙地应用了钟山南坡由低渐高的地形，沿用中国传统依山为陵的惯例，采用中轴对称布局，法度庄严。从陵门到墓室，层层向上推进，有效地烘托出陵寝的宏伟气势，采用轴线对称的平面，建有牌坊、甬道、陵门、碑亭、祭堂和墓室，形成一系列引人注目的中心，创造出紧凑、连续的空间序列。同时辅以长达数百米的平缓石阶、大片绿化和平台，充分表现出建筑群庄严雄伟的气魄，令人肃然起敬。

中山纪念堂则位于广州市的中心区，越秀山南侧，用地紧张得多，其主要功能为在当时中国少见的会堂，对大空间提出了要求。对大体量建筑的设计成为重点，而如何将中国的传统建筑要素运用在大体量建筑上就成为了难点。中山纪念堂建筑坐北朝南，为八角攒尖屋顶，正南为七开间朱红色柱廊，重檐歇山顶，红柱黄墙衬着蓝色琉璃瓦，庄严瑰丽。正面入口檐下悬挂金字大匾，蓝底红边，上为孙中山手书“天下为公”四个大字。堂内观众大厅为八角形平面，分上下两层，共计 4729 个座位。它是中国近代跨度最大的会堂建筑，其结构为钢筋混凝土并结合钢架和钢梁结构，30 米跨距的屋架钢梁采用工字钢，制作钢架形成整体，四角墙壁以 50 厘米厚的钢筋混凝土剪力墙来承受八角攒尖屋顶的全部重量，楼板为钢筋混凝土结构。观众大厅内部没有柱子，周围装饰着民族风格的彩绘图案。

其二，造型设计方面、中国传统建筑元素与色彩的运用方面，两个建筑各得其长。

中山陵在运用中国传统建筑语汇时进行了提炼与简化，中山陵整个陵墓都用的是青色的琉璃瓦，青色象征青天，青天象征中华民族光明磊落、崇高伟大的人格和志气。青色琉璃瓦乃含天下为公之意，以此来显示孙中山为国为民的博大胸怀。其外饰均为素色花岗石、蓝色琉璃瓦顶、歇山重檐，整个建筑群给人以肃穆、庄重的气氛。即使在檐下等传统施以彩画的地方，也只是依传统纹样做了浅浮雕，已类似于符号，而未着一色。在四周一片葱郁的绿色衬托下，浅墙蓝顶的主体建筑更加引人注目，成为视觉的焦点。其祭堂四角各建有堡垒式房屋，是为储藏纪念物品和供休息之用，同时在外部造型与立面设计中，亦充分体现了庄重、沉稳、大气之感，这种手法在中国传统建筑中是没有的，体现了建筑处理上的创新。

广州中山纪念堂在建筑的整体比例与造型上也很优秀。其各个造型细节均极逼真地模仿中国传统建筑，雕梁画栋，粉彩尽施，黄墙、红柱、蓝顶，色彩丰富，世俗而华丽。

12.3.3 南京中央体育场

南京中央体育场，即今南京体育学院建筑群，位于中国江苏省南京市孝陵卫灵谷寺 8 号。该工程由基泰工程司关颂声、杨廷宝设计，整组建筑群充分利用四周高、中间平旷的地势，因地制宜。中央体育场的修建既满足了竞技体育比赛的要求，又做出了探索中国民族传统文化建筑的积极努力，尝试如何用时代的技术来体现民族固有形式。中央体育场各场皆有看台，总共可容观众 6 万余人，当时堪称远东第一，其特点有二：

其一，各类场地功能齐全。

田径场为整个体育场的中心，设有 500 米的跑道和两条 200 米的直道。田径场内设有一标准足球场，南北端设有网球、排球和篮球等场地。田径赛场大门设于田径场东西两侧，有三个拱形花格铁门，造型融中外风格于一体，高大而雄伟。门高 5.5 米，入口为大穿堂，长 15.5 米、宽 12.2 米。两旁设有办公室及裁判员、记者等的休息室，看台下有宿舍。门前立旗杆两根，有灯光，以备照明。场内布置严整，观众只能从各区大门（共 20 个）入座，无其他路可达赛场观众席，故观众虽多而秩序有条不紊。

篮球场位于田径场大门前的西北端，呈长八角形，就原有地势挖成盆形，盆底用作比赛场。比赛场地上铺设木质地板，四周顺坡筑成水泥看台，可容纳观众 5000 多人。主要入口处有踏步上平台，平台下为运动员入场通道，两侧为运动员更衣室及浴室、厕所等。篮球场主要入口立三开间牌坊门，全场设观众疏散口 9 处，每处均立有单开间牌坊作为疏散口标志。

国术场与篮球场对称于田径场大门前的西南端，环形看台依天然山势。平面呈八角形，使四周视距相等，最远视距为 18.2 米，满足武术比赛宜近视的要求，有 8 个观众出入口，国术场正门朝北，拾级而上，有牌坊与篮球场相对应，经牌坊到达大平台，平台上陈列各种武术器械，平台下为运动员更衣室和办公用房，四周看台可容观众 5400 余人。

游泳池由两部分组成，一是游泳池，二是附设建筑。其入口为宫殿式建筑，五脊六兽，庑殿琉璃瓦顶，面宽 26.8 米，深 13.4 米，内设男、女淋浴更衣室，地下室装置锅炉和各种过滤池水设备。

跑马场位于中央体育场正门进口的左侧，其场地为长环形状，一圈的周长为 1600 米。在该场地的南部内侧是一块标准的足球比赛场地。棒球场平面呈小于 90 度夹角的扇形，场地半径为 85 米，利用东、北两面山坡作看台，观众出入口有 8 个，看台可容纳 4000 名观众。为避免妨碍观众视线，场内运动员休息室地坪低于室外地面，场地四周以铁丝网围拦，入口正对本垒，由两牌坊门道至场内。网球场地有两处。一处在国术场的南侧，共有 6 块网球场，另一处在中央体育场田径场地的北侧，共有 3 块场地，供决赛之用。在国术场的南侧，共有 6 块排球场。

足球比赛场地有两处，一处是供前期比赛所用的，在跑马场内侧的南面，另一处是供决赛之用的场地，在中央体育场田径场地的中间。

其二，就势趋新，配套完备。

中央体育场各项建筑工程结构均用钢筋混凝土，各项目竞赛场地“均就天然地势建筑”、“一切设备均用最新式”。从设计到竣工不到 6 个月，这在建筑史上堪称奇迹。

田径场下有完备的排水系统。田径赛场司令台坐西向东，与特别看台相遥对。司令台楼上带挡雨篷，西大门正对进场大道，立面上部用云纹望柱头和小牌坊屋顶作装饰。全场四周均为看台，看台座位设计科学，观众无论坐在何处都能纵观全场。北看台利用土坡，采用原土压实，上置看台，看台下设有运动员宿舍及浴室、厕所。全部看台可容纳观众 35000 多人，为当时全国最大的田径运动场，也属远东第一。

游泳池长 50 米、宽 20 米，泳道 9 条。池子浅水区 1.2 米、深水区 3.3 米，可供跳台跳水之用。池身为钢筋混凝土结构，底层为 100 毫米厚钢筋混凝土板，上贴三毡四油，再做 150 毫米厚掺有避水浆的钢筋混凝土层，上面盖 76 毫米厚钢筋混凝土板，表面贴集锦砖。为防止热胀冷缩而池身破裂，设有横向伸缩缝，缝宽 25 毫米，缝间嵌以紫铜皮，上填防水油膏、避水粉。池壁有水下灯光，池壁之外筑有夹层挡墙形成维修通道，作检修管线之用。池周围为运动员休息平台，两侧为看台，8 个观众通道与 2 个运动员通道分开，看台也是利用土坡作为水泥座位，可容纳观众 4000 人。池水原引用蓄聚之山水和井水，另设自动循环换水装置，保证池水清澈，合乎卫生标准。

12.4 从营造学社开始的努力——对中国建筑营造的现代理性认识

与中国职业建筑师的出现及其卓越实践同步，对中国建筑营造的现代理性认识，是中国建筑在艰难的近现代道路上的两个车轮。如何认识我们曾有的辉煌，是一个巨大的课题。20 世纪前半叶，自营造学社开始，以田野调查为实践方式，以朱启钤、梁思成、刘敦桢等为杰出代表，以整理宋《营造法式》和清《工程做法》为奠基石，以梁思成所著《中国建筑史》为里程碑，中国现代建筑的开拓者和叙述者，以世界的眼光，在自己的土地上，从专业的角度，向世界、向我们自己，清晰地讲述了以木作为核心的中国传统建筑营造的成就与历史使然，是对中国建筑营造的现代理性认识。这项伟大的工作已经并将继续成为中国建筑前行，历 20 世纪，至 21 世纪，乃至未来的基石。

12.4.1 营造学社简介

中国营造学社（Society for the Study of Chinese Architecture）是中国私人

兴办的、研究中国传统营造学的学术团体。营造学社的发展，大致可以分为四个阶段。

其一，诸公创始。1918 年 2 月朱启钤南下途经南京，在江苏省立图书馆浏览图籍，发现宋代《营造法式》抄本。其后朱启钤又致力于清代《工程做法则例》的整理，深感研究范围广，个人独立工作不易，遂商请中华教育文化基金会，每年补助研究费一万五千元，以三年为期，组织中国营造学社。这样，营造学社由私人研究肇始，进而形成民间学术团体。

营造学社于 1930 年正式在北京成立，朱启钤任社长，梁思成、刘敦桢分别担任法式、文献组的主任。学社从事古代建筑实例的调查、研究和测绘以及文献资料的搜集、整理和研究，编辑出版《中国营造学社汇刊》。

其二，开局丰硕。1931 年，营造学社改组为文献、法式两组。文献组工作侧重史料的收集，主任由朱启钤兼任。法式组重实物测量及法式则例的整理，聘梁思成先生为主任。工作人员增至 11 人。1933 年 9 月，主要工作有调查山西大同、应县及河北正定、赵县、元氏等处古建筑，收集清代营造史料。梁思成先生所著《清式营造则例》，也于该年度内出版。

1937 年是营造学社成果丰硕的一年。2 月，在北京举行中国建筑展览会，陈列物品以历年所调查编制的建筑实物照片、实测及复古图样、建筑模型，为时一周。4 月，测绘北京清故宫建筑。5 月、6 月，分三组继续调查河南登封、渑池、沁、孟、汲县、涉县、汤阴、安阳、武安，陕西长安、雩县、宝鸡、临潼，河北沧县、东光、吴桥、盐山、南皮、青县、静海，山东德县及山西阳曲、太原、太谷、榆次、五台、繁峙、代县各地建筑。

1937 年编制图籍颇多，出版的有《建筑设计参考图集》(已编至第十集)、《明代建筑大事年表》等，编就拟付印的有《姚氏营造法源》、《江南园林志》、《元大都考》，正在编辑整理中的有《清工程做法则例补图》、《仿宋营造法式校勘表》、《古建筑调查报告》第二集、《宋辽金建筑》、《建筑设计参考图集》第十一集、《哲匠录》补遗、《清代建筑年表》等，各按照既定计划逐步推行。

1937 年，由中央古物保管委员会委托，计划修理大同云冈石窟，中英庚款董事会委托，修葺河北正定龙兴寺宋代塑壁，中央古物保管委员会修理河南登封汉石阙、周公庙、观星台，计划重修西安荐福寺小雁塔等。南禅寺与佛光寺这两个具有历史意义的调研也在其间。

其三，共渡国难。1937 年 7 月“卢沟桥事变”发生，营造学社经费来源断绝，遂告停顿。朱启钤、梁思成、刘敦桢筹议，将贵重图籍仪器及历年工作成绩运存天津麦加利银行。梁思成、刘敦桢南行，朱启钤仍留北京。9 月间接教育部文化机构集中长沙的通令，10 月梁思成、刘敦桢抵长沙，即组织临时工作站，召集留京研究生赴长沙，继续调查工作。1938 年 2 月，工作站迁至昆明，与中央研究院合作研究调查西南古建筑，有唐南诏国所建西寺塔、元妙应塔、安宁县曹溪寺宋木构大雄宝殿等，同时研究昆明民居建筑。1939 年夏，天津发生水患，寄存于麦加利银行地库的物品全部遭水淹没，浸于水中达 2 个月之久。图籍、仪器、照片之类，经水污霉，整理所得，不及原来十之二三。仪器多种，无一堪用。数载心血，毁之一旦。

这期间，北京保管处经费依靠朱启钤的私人资助。南迁之工作站，虽于 1939 年得到中华教育基金委员会一万三千元的资助，仍捉襟见肘，维持困难，社员四散，活动维艰。

其四，停顿而止。1945 年全民取得了抗战的最后胜利，但营造学社的工作已陷于停顿状态。当时，朱启钤欲重整学社，但因年迈无力及此。梁思成执教于清华大学，创办清华大学建筑系，刘敦桢执教于南京中央大学，各谋所栖，主持乏人，社务废弛，1946 年停止活动。中国营造学社为中国古代建筑营造研究作出了重大贡献。

12.4.2　营造学社的历史意义

中国营造学社作为当时建筑领域中较具规模的学术机构，在十分艰难困苦的环境下，在朱启钤的倡导和梁思成、刘敦祯等的努力和带动下，对许多有历史价值和文化价值的古建筑进行了实地的调查和测绘。其历史意义十分巨大，大致有五个方面：

其一，宗旨明确，中国建筑。工作以研究中国固有的建筑术、协助创建将来的新建筑为宗旨。朱启钤认为，中国建筑上下五千年，体系独特，影响深远。学社最高目标即完成中国建筑系统的历史研究。

其二，组织有效，循序渐进。中国建筑营造的庞大体系，数千年来，被其产生地的士大夫学者忽视，遗物多而散佚，文献少而无考，欲彻底研究其历史及技术，势必文献实物并行。朱启钤将学社分文献和法式二组，分工合作。同时，先易后难，即先从研究清式宫殿建筑开始，再溯明元，而求宋唐。为求达到以上目的，学社的工作多以实物调查为主，整理旧籍与编制图书，也均倾向实用方面。

其三，方法科学，田野调查。营造学社对中国传统建筑用现代科学的方法进行研究，在研究观点、方法上，受到了近代西方建筑史学方法和清代考据学的影响，并开启了其规模推行并至今有效的田野调查，即今天所说的实地考察、实物测绘。对中国传统建筑营造进行实地考察，对实物进行研究，前人没有系统去做，外国人也没法做。中国营造学社田野调查的方式方法影响极其深远，

其四，明理育人，成果斐然。营造学社在十几年的时间里，编写了大量质量高的资料和文章，整理了宋《营造法式》和清工部《工程做法则例》等古代建筑专著，清理了大批有关古建筑的历史文献和一些流传民间的匠师抄本，出版了《中国营造学社汇刊》七卷及《清式营造则例》、《建筑设计参考图集》等著作。营造学社依靠研究所得，积极参与国内古建筑的修葺，同时供给教学用或设计用参考

资料。营造学社培养了一批研究中国传统建筑的人才，这批人才后来是研究中国传统建筑的骨干中坚分子。

其五，东西融会，传播文明。营造学社借鉴了西方的一些分析方法和表现手段，使用了一些西方的仪器和工具，把中国传统建筑学进行了梳理。营造学社又把这些成果转化为对建筑文化遗产的保护，并以西方可以接受的方式把中国传统建筑学的辉煌成就传播到世界。

总之，营造学社对中国传统建筑实物进行了科学的测绘清理，对文献资料作了考据论述，为中国古代建筑史的研究积累了珍贵的资料，奠定了中国建筑史学科的雏形，使中国传统建筑营造的瑰丽成就以理性的方式傲立于世界建筑文化之林。

12.4.3 梁思成与林徽因

梁思成、林徽因夫妇是我国著名的建筑学家，20 个世纪 30 年代初，梁思成夫妇学成归国后，第一次用现代科学方法研究中国古代建筑，成为这个学术领域的开拓者，他们的工作为中国古代建筑研究奠定了坚实的科学基础，并写下有关建筑方面的论文、序跋等二十几篇。他们还是中华人民共和国国徽以及人民英雄纪念碑的主要设计者。

梁思成是中国古代建筑历史和理论的开拓者和奠基者之一。除了学业、专业能力优良外，他多才多艺，担任过清华年报的美术编辑，当过学生管乐队的队长，在学校运动会跳高比赛中得第一，读书期间与同学合译了威尔斯的《世界史纲》，1923 年由商务印书馆出版。

林徽因是中国第一位女性建筑学家，还是一位成绩斐然的作家、诗人。在文学方面，林徽因一生著述甚多，其中包括散文、诗歌、小说、剧本、译文和书信等作品，其中代表作为《你是人间四月天》。

梁思成的早期建筑作品有北京仁立地毯公司改建工程，是他在创造新建筑的道路上所做的努力和尝试。他没有改变其原有的平屋顶，没有生硬地将中国传统建筑的大屋顶生搬硬套，他用了一系列与结构结合得很好的中国传统建筑装饰元素，用橱窗上的一斗三升及人字拱产生出中国传统建筑中特有的丰富的曲线变化。

在抗战的艰苦岁月里，同济大学、金陵大学、中央研究院、中央博物院、中国营造学社等迁到四川南溪县李庄，名气甚微的李庄，自此声名远播。梁思成与林徽因在这里艰苦生活了五年。在李庄，梁思成整理佛光寺、永寿寺等图稿，研究李庄的古建筑，还跑到重庆、乐山、宜宾、眉山等地，研究古墓、古塔、古民居，1941 年，调查南溪县民居及明旋螺殿、彭山、新津、灌县及成都的建筑。梁思成在李庄写成了耗费了他半生心血的《中国建筑史》，后来在美国出版。

抗战胜利后，梁思成参与联合国大厦设计。

梁思成先生于 1946 年 10 月创办清华大学建筑系。

林徽因于 1955 年 4 月 1 日因病去世，年仅 51 岁。

梁思成于 1972 年 1 月 9 日去世，享年 70 岁。

梁思成、林徽因，一对学者伉俪，我国建筑领域的开拓性人物，东方文化的巨人。

这对杰出的伉俪，因着兴趣与心底的爱，骑驴跋涉，颠簸缓行，攀爬伫立，伴着艰涩的声音推开蒙尘的门，用拿来的工具和方法，在孤灯下，燃着人的理性，描着木的图，绘着土的画。艰难中，用智慧、博学、笑声和健康，做了一个本土建筑的记录者、中国建筑的讲述者、世界文化光芒的剪烛人。个人的孤灯湮灭后，其背影所过，是一条中西建筑文化清风徐徐的道。纸存千年，其天性使然而又责任毕生的，其德何止千年？（作者写于 2011 年 4 月清明节暨清华百年校庆之际）

本讲小结：

中国建筑之近现代道路是泥泞而艰难的，积贫积弱，外强欺凌。一脉相承的大屋顶木构架建筑营造还在继续，而其诞生、孕育、完善所赖的社会经济体系已经发生了天翻地覆的巨变。与各种外来势力同来的西方近代建筑以舶来的方式出现，有的甚至是强加，良莠不齐，有的精工细作，有的粗制滥造，有的步伐也与其发源地错位。整体上，中国近代建筑营造没有根本性的巨大的社会财富积累基础，没有自己整体性的建筑新材料、新技术的出现，没有形成一大批具有时代精神的职业建筑师，也就没有与那个时代同步的现代主义建筑实践的喷发。

但是，中国社会具有巨大的兼容性和衍生能力，经过多方面的积累和突破，使中国建筑营造在艰难的近现代道路上，开始初步形成了新的材料基础和技术能力，并开始用自己的审美来组织新的建筑营造，形成了一定的社会机制，并有自己的团队承建、营造自己的建筑工程。同时，中国建筑的思考者与实践者，自始至终地探求着自己的建筑话语。中国有了第一代具有现代意义的职业建筑师，他们是那个多灾多难的时代里的一小批多才多艺的人。

中国第一代建筑师，精于学习，深得西方建筑学院教育之精髓；勤于实践，把中国建筑营造推上一个历史新高度；独立思考，积极探索与时代同步的现代主义建筑。更以时代的敬业精神，形成学术团体之雏形；以学贯中西并坚忍不拔，奠定了中西建筑文化平等交流的基石；以其积年而成之渊博，开启了中国现代建筑教育的大门。

图 12–1　中国北京清华学堂

清华学堂所建设的第一批建筑是当时北京洋风建筑的代表。题额为“清华学堂”的一院，为高等科的所在地，其西部建于1909~1911 年，是当时惟一的二层建筑。1916 年清华学堂大楼向东进行了扩建，扩建后总建筑面积达 4560 平方米。三段式立面红顶灰墙白线角，主入口设在拐角处，覆斗形孟莎顶凸出。楼梯宽大气派，窗户高大明亮，高质量的木地板，白色的抹灰墙壁，一切细节给人舒适明快的感受。清华学堂于 1911 年 4 月 29 日开学，这就是清华历史的开端。

图 12-2　中国北京清华大礼堂

清华大礼堂始建于 1917 年 9 月，位于清华大学中部，与二校门隔大草坪相望，是清华大学早期建筑群的核心。大礼堂仿自美国宾夕法尼亚大学的礼堂，建筑面积约 1840 平方米，有 1200 个座位。设计者是墨菲和丹纳，是一座罗马式和希腊式混合古典柱廊式建筑，其穹顶有拜占庭风格。白色爱奥尼柱式柱廊、大铜门、红色砖墙、高高的穹顶搭配在一起散发着光彩，典雅庄重。据说，其每一块砖头，乃至旗杆，都是坐着船漂洋过海而来，其精美的设计与施工，材料的整体和谐之美，体现了当时西方建筑营造的较高水平。

2001 年，清华早期建筑被定为国家第五批重点保护文物。

图 12–3　中国上海外滩汇丰银行

汇丰大楼建筑风格属新古典主义希腊式，五楼中间有半圆形希腊式穹顶，高 2 层，整幢大楼显得古朴、典雅。全楼横向分为五段，中部有贯穿三层高的仿罗马科林斯式双柱。大门内有高近 20 米的穹顶大厅，上层四周呈八角形，每个方向的壁面及穹顶均有彩色陶瓷锦砖镶嵌组成的大型壁画。营业厅内有拱形玻璃顶棚和整根意大利大理石雕琢的爱奥尼式柱廊。

汇丰银行大楼于 1921 年 5 月 5 日奠基，1923 年 6 月 13 日竣工。当时的造价为 1000 万元，由英商会和洋行设计，是外滩西洋建筑群中突出的作品。当时的英国人曾称之为“从苏伊士运河到远东白令海峡间最华贵的建筑”。时至今日，历尽风雨的汇丰银行大楼依然是上海外滩最典雅端庄的建筑之一。

图 12-4　中国南京中山陵局部

中山陵坐北朝南，面积共 8 万余平方米，其主要建筑排列在一条中轴线上，体现了中国传统建筑的风格。中山陵的设计，构思巧妙，别具匠心。警钟形的空间造型含意深刻，表达了“革命尚未成功，同志仍需努力”的警世遗训，与中山先生的思想气度融为一体。

作为中国第一代杰出的建筑师，吕彦直继承了中国传统建筑的一些优秀经验，同时又学习了西方先进的科学技术，他把二者结合，以其坚忍不拔的实践、出众的才华和深厚的中西建筑文化修养，为中国建筑师探寻着职业尊严，堪称是中国近现代建筑文化的奠基人。

梁思成先生视中山陵为“象征我民族复兴之始也”。

图 12–5　中国南京中山陵音乐台

音乐台位于中山陵广场东南，占地面积约 4200 平方米，由杨廷宝等设计，1932 年秋动工兴建，1933 年 8 月建成。整个音乐台为钢筋混凝土结构，场地平面布局为半圆形，在半圆形圆心处设置一座弧形乐坛，乐坛两侧设有台阶与花棚衔接。音乐台在利用自然环境以及平面布局和立面造型上，充分吸取了西方古典建筑艺术特点；而在照壁、乐坛等建筑物的细部处理上，则采用中国古典建筑艺术的表现手法，从而创造出了既有开阔宏大的空间效果，又有精湛雕饰的艺术风范，达到了建筑与环境的完美和谐统一。

音乐台是中国近现代至今非常难得的尺度适宜的优秀的室外空间营造范例。

图 12–6　中国清华大学 2 号楼

梁思成先生反对不顾功能和结构的装饰，他赞同现代建筑。他说："所谓国际式建筑，其精神观念，却是极诚实的，由科学结构形成其合理外表。"他专注于中国历史建筑营造体系的系统研究，而其少见的实践作品对现代建筑的材料方法运用得体，又积极传达传统民族文化信息，"一方面可以保持中国固有之建筑美而同时又可以适用于现代生活环境"。

清华大学 1、2、3、4 号楼是梁思成先生在当时的历史条件下将传统建筑之精髓与现代设计之理念结合实践的一组典范。

第 13 讲　建筑文化的交融与个性

经济繁荣、科技突飞、文化交融使建筑文化在交融中呈现出多元化。新材料、新结构、新工艺、新设备、新设计方法、新施工方法等又促进了建筑文化的进一步个性创新。交融与个性是世界建筑文化发展的两个主题。

13.1　财富都会与新历史——纽约、芝加哥、拉斯韦加斯

美国作为世界经济的中心，也是一百多年来世界文化交汇所在，财富的积累造就了巨大的城市大都会，也造就了摩天大楼楼群和文化大都会，而这种成就也正在变为历史的一部分。

13.1.1　纽约帝国大厦与大都会博物馆

帝国大厦位于纽约第五大道 350 号，夹在西 33 街与西 34 街之间，可容纳 8 万人，是纽约的地标性建筑之一。帝国大厦地上 102 层，楼高 381 米，于 1951 年增添的天际线高 62 米，总高 443 米。其高度目前在美国乃至全世界依旧名列前茅。帝国大厦已被美国土木工程师学会（ASCE）评价为现代世界七大工程奇迹之一，纽约地标委员会选其为纽约市地标，1986 年该建筑被认定为美国国家历史地标。

第一次世界大战之后，战争阴影尚未完全消失，世界性的经济危机持续蔓延。在风雨飘摇的年代，美国依旧实力雄厚，信心十足。1931 年 5 月 1 日，帝国大厦正式落成，美国总统赫伯特·胡佛在首都华盛顿特区亲自按下电钮，点亮大厦灯光，千百个窗户射出光芒，美国以实力宣告，不需要全世界的力量，美国人自己就可以建造通天塔。在设计和装饰上都充分展现了现代结构、现代材料、现代施工和现代管理的成熟。

帝国大厦外部装饰颇显实力，材料豪华，做工精细。大厦从底部的开始，设置了层叠收缩的装饰性檐口，石灰石和花岗石的贴面显示了建筑独有的优雅气质，还有 6500 扇窗户的玻璃幕墙，大厦里面的墙壁装饰也很有特色，多为来自意大利、法国、比利时、德国的不同颜色的大理石，一楼大厅更是各种艺术品的殿堂。1956 年，被称为自由之光的旋转灯被安装到了大厦顶部。自 1964 年起，大厦上部 30 层的外表全部用彩灯装饰，通宵闪亮。1984 年，自动变色灯装上了大厦顶端，灯光的表现力变得更为丰富多彩。每当到了美国传统节日时，大厦顶部泛

光灯的颜色就会发生改变。它引领了当时的潮流，令后来者纷纷效仿。

纽约大都会博物馆是世界上最大的艺术博物馆之一，其主馆位于美国纽约州纽约市中央公园旁，占地面积约有 8 公顷，展出面积有 20 多公顷，整个博物馆被划分为 19 个馆部。分馆位于曼哈顿上城区崔恩堡修道院，那里主要展出中世纪的艺术品。它的博物馆的室内设计模仿不同历史时期的风格，从 1 世纪的罗马风格延续至现代美国。

大都会艺术博物馆于 1870 年发起筹建，当时的发起人期望博物馆能够给予人们有关艺术与艺术教育的熏陶。1872 年 2 月博物馆开幕，当时的博物馆位于第五大道 681 号。1871 年，博物馆与纽约市商议后，得到中央公园东侧的一片土地，将此作为永久馆址，由美国建筑师设计。新馆址很快就不敷应用，不断扩建，主要扩展部分由 1912 年开始兴建，到 1926 年完工。1971 年又开始了为期超过 20 年的扩建，以便市民更容易接近展品，研究人员更方便使用设施，让整个博物馆更有趣，更有教育意义。

13.1.2　芝加哥学派与西尔斯大厦

芝加哥学派是美国最早的建筑流派，是现代建筑在美国的奠基者，诞生于芝加哥大火之后。芝加哥学派突出功能在建筑设计中的主要地位，明确提出了形式服从功能的观点，力求摆脱折中主义的羁绊，探讨新技术在高层建筑中的应用，强调建筑艺术应该反映新技术的特点，主张简洁的立面以符合时代工业化的精神。其鼎盛时期在 1883~1893 年，它在建筑造型方面的重要贡献是创造了立面简洁的独特风格，在工程技术上的重要贡献是创造了高层金属框架结构和箱形基础。

1885 年完成的“家庭保险公司”10 层办公楼，是第一座钢铁框架结构建筑，标志着芝加哥学派的真正开始。沙利文提倡的“形式服从功能”为功能主义建筑开辟了道路。他主持设计的芝加哥 CPS 百货公司大楼体现了高层、铁框架、横向大窗、简单立面等建筑特点，是芝加哥建筑学派中有力的代表作。其立面形成了新的三段式，底层和二层为基座，上面各层办公室为主体，顶层设备层为顶部。以芝加哥窗为主体的简洁立面反映了结构功能的特点。

其后近一百年，芝加哥的高层建筑建设一直进行着，至西尔斯大厦达到巅峰。

西尔斯大厦在 1974 年落成时曾一度是世界上最高的大楼，超越了当时纽约的世界贸易中心，保持了世界上最高建筑物的纪录 25 年。西尔斯大厦坐落在芝加哥市中心偏西，主体楼高 442.3 米，地上 110 层，地下 3 层，总建筑面积 418000 平方米，加上楼顶天线后总高 527.3 米，根据不同的摩天大楼高度计算方法，其高度依然在世界名列前茅。

西尔斯大厦是当时世界上最大的零售商西尔斯百货公司的办公为主的综合楼，由 SOM 建筑设计事务所设计。大厦造型是建筑设计与结构创新相结合的成果，采用 9 个约合 23 米 ×23 米的钢架结构方筒束成一个整体，挺拔利索，简洁稳定。

大厦分成 4 级，第一级到 50 层为止，9 个方筒全用；二、三两级各截去对角两个方筒；最高一级减去三个方筒，留下两个一直至 110 层。这样，楼在空中形成了高低错落的伸缩型节奏，造型变化丰富，整体结构稳定。大厦不同方向的立面形态各不相同，突破了一般高层建筑呆板对称的造型手法。束筒结构体系概念的提出和应用是高层建筑抗风结构设计的巨大进步。西尔斯大厦用钢材 76000 吨，每平方米用钢量比采用框架剪力墙结构体系的帝国大厦降低 20%，仅相当于采用大跨框架结构的 50%。大厦由 1600 名工人用 3 年时间建成。

西尔斯大厦顶上两根巨型天线直刺青天，深褐色的铝质外壁和青铜色的玻璃幕墙在阳光下璀璨发光。其第 103 层叫做摩天台，对游人开放，可俯视芝加哥的朝晖和夕阳中气象万千的景色。有时楼顶红日高照，楼下云积雨落，景象万千。

西尔斯大厦安装了 102 部电梯。一组电梯分区段停靠，在底层有高速电梯分别直达第 33 层和 66 层，再换乘区段电梯至各层，另一组从底层至顶层每层都可停靠。大厦有两个电梯转换厅，分设于第 33 层和第 66 层，有五个机械设备层。

西尔斯大厦采用了当时最先进的在房间内和各种管井、管道内普遍装设烟感器、报警器和电子控制的消防中心的消防系统，楼内的自动喷水装置在火警发生时可将水自动喷洒于任何地点，位于大厦不同高度上的屋顶平台在火警时可用于安全疏散。

曾经站在时代前沿的芝加哥学派引领了美国现代建筑的历史，其本身也成了一个历史名词。曾经引领整个世界建筑营造的摩天大楼，也在成为新的历史，其辉煌依旧，并与其他人类建筑方式一起共存于今天建筑文化多元发展的时代。

13.1.3 金钱与可能——拉斯韦加斯

拉斯韦加斯是美国内华达州的最大城市，因以博彩业为中心的庞大的旅游、购物、度假产业而著名，是世界知名的度假胜地之一。

拉斯韦加斯拥有几十家大型综合体与不计其数的汽车旅馆，房间超过 10 万间，每年可容纳几千万的观光旅客，同时也给每周参加各种大型会议的旅客提供一个安适的奢华空间。每一个大型综合体是一个主题乐园，其外观大多为超级豪华的旅馆，旅馆中有各种餐厅、游乐场、商店、秀场、赌场等各式休闲设施。体形同样庞大的停车大楼是每一个综合体必不可缺的组成。综合体的设计金碧辉煌，用以吸引游客，如米高梅、巴黎、纽约、火鹤、恺撒皇宫及马戏团等十分豪华，世界上最大的十家度假旅馆在拉斯韦加斯有九个在营业。在拉斯韦加斯大道南端，新建大型综合体比较集中。

米高梅广场是赌城中比较大的娱乐广场，坐落于赌城的中心区拉斯韦加斯大道及热带路的交汇路口上，于 1993 年底完工。坐落于米高梅广场上的米高梅酒店有 5005 间房，在建筑风格方面仿照了 18 世纪意大利佛罗伦萨的别墅式样。

由一个豪华门廊进入门厅，内部装潢精雕细刻，美丽的大理石衬托着各种五彩缤纷的装饰，耀眼夺目，极尽奢华。

拉斯韦加斯近十余年已经逐步成熟，从一个巨型游乐场逐步转化为一个真正的城市了。每年来拉斯韦加斯旅游的几千万旅客中，来购物和享受美食的占了大多数，专程来赌博的只占少数。内华达州这个曾经是个不毛之地的戈壁沙漠，变成了一个拥有 170 万人口的现代化沙漠城市。

13.2　世界职业——个性与共鸣

在建筑文化的演变发展中，建筑师起着重要作用。建筑师职业的意义，首先是其专业素质和敬业精神，而在深层次上，是其对建筑特性限制的个性理解和在这种个性理解之上的杰出创造，这种创造，有时是地域性的或时代性的，有时是一种商业潮流，而有时是触动了普遍性的人的感受。建筑师的职业是世界性的，而建筑师的个性有赖于其专业素质，有赖于其文化底蕴，更有赖于其对人类情感的共鸣，并能够把这种共鸣转化为空间实体。

13.2.1　20 世纪初上海的匈牙利建筑师邬达克

20 世纪初的上海，被称为冒险家的乐园，既有商业暴利驱使的冒险，也有建筑师的职业工作，其中不乏敬业、成功的欧美建筑师，邬达克便是其中之一。

邬达克（1893~1958 年），是 20 世纪前半叶上海极有影响的匈牙利籍建筑设计师。他出生于捷克斯洛伐克，1914 年毕业于布达佩斯皇家学院，是匈牙利皇家建筑学会会员，1918 年来沪，后开办建筑设计公司——邬达克公司。邬达克的早期建筑作品有西班牙和东欧情节，兼有严谨、唯美的古典复兴风格，后来受到了美国装饰主义建筑风格的影响，在 20 世纪 30 年代完全成为了一个先锋派的建筑师。从 1918 年到 1947 年的近 30 年间，他为上海留下了许多经典之作，超过 60 栋建筑，而 30 年代的八九年间，问世的作品有 26 个之多。其作品中的三分之一现在被列入上海市优秀近代建筑名录。

邬达克的建筑作品类型广泛，包括住宅、大戏院、医院、银行、教堂、办公楼、电影院、旅馆、剧院、工厂、学校、俱乐部、高层公寓、私家别墅等。这些作品无论从建筑类型还是从投资规模上来看，都足以令人瞩目。这些建筑的风格迥异，既有仿古典建筑也有现代风格，既有摩天大楼也有小型别墅。

邬达克早期设计的亚细亚大楼、怡和洋行大楼采用了对称严谨的仿古典主义，汇中饭店模仿文艺复兴的样式，英国总会采用了古典的巴洛克风格，这些都是古典主义的代表作。他逐渐成为了上海最有名望、最活跃的建筑师，几乎垄断了当时上海的经典建筑设计。他后来设计了诸如国际饭店、大阳明电影院、百乐门舞厅等著名的上海建筑。

30年代是邬达克设计的转折点，其设计风格突然彻底转向现代，邬达克在1933年以大阳明电影院的设计表现出了先锋倾向。大阳明影院设计简洁新潮，使用大片玻璃窗及玻璃灯柱，室内顶棚及墙面线脚自然流畅，一反复古样式的烦琐。大阳明电影院是上海西式建筑转向现代主义的经典之作，使邬达克作为新潮建筑师立刻受到建筑界的瞩目。

邬达克在今天往往是作为一个现代派或芝加哥学派的建筑大师被人们认识。他采用现代建筑风格，将钢筋混凝土结构与实用装饰构造相结合，而零星的古典风格点缀又让他与建筑的折中主义挂上了钩。

其实，邬达克的职业生涯更多体现了一个建筑师的个性演变，其扎实的专业素养与上海的建筑需求密切结合，其表面风格的演变是其对建筑功能与业主的独特理解的必然体现。邬达克足足在老上海住了近30年，在这些年里，邬达克给上海留下了几十栋建筑遗产，也把他自己的名字深深地刻进了老上海的风云历史。

13.2.2 林璎与美国华盛顿越战纪念碑

越南战争纪念碑，又称越战墙等，位于美国首都华盛顿中心区，坐落在离林肯纪念堂几百米的宪法公园的小树林里，由美籍华裔建筑师林璎（1959～ ）设计，1982年建成。

林璎于1959年10月5日出生于美国俄亥俄州雅典城。林璎小时候就展现出了数学和艺术方面的天赋，后被耶鲁大学录取，成为该校建筑学院学生，1981年获学士学位，1986年获硕士学位。1987年，林璎被耶鲁大学授予美术荣誉博士学位。她说："雕塑是诗，而建筑是散文。"其作品遍布美国各地，有田纳西州克林顿区的儿童保护基金会礼堂、纽约的非洲艺术博物馆、纽约大学亚太美国人中心和为洛克菲勒基金设计的艺术品等。她参加其成名作越战纪念碑设计竞赛时才21岁，上大学三年级。

1980年秋天，由美国建筑家学会组织在全国公开征集纪念碑设计方案，基本要求之一是碑身上镌刻所有阵亡和失踪者的姓名。方案设计者被隐去姓名，由8位国际知名的艺术家和建筑大师组成评定委员会，通过投票选出最佳设计。

1981年5月1日，在1421件应征作品中，林璎的被登记为1026号的设计成为首选，其设计如同大地开裂，具有强烈的震撼力。她的设计方案没有立即引起普遍认同，对此方案持否定态度的人大多数最后终于被说服，1982年3月11日，林璎的设计获得最后批准。3月26日工程动工，当年10月，纪念碑主体就基本完成了。

林璎的方案可以被称为纪念墙，大地被切出一个"Y"字形的斜坡裂口，黑色的像两面镜子一样的花岗石墙体，两墙相交的中轴最深，约有3米，逐渐向两端浮升，直到地面消失。就好像是地球被砍了一刀，留下了这个不能愈合的伤痕。"V"形的碑体向两个方向各伸出200英尺，分别指向林肯纪念堂和华盛顿纪念碑这两座象征国家的纪念建筑，纪念建筑在天空的映衬下显得高耸而又端庄，而纪念墙则伸入大地之中绵延而哀伤，一切都在阳光普照的世界和黑暗寂静的世界之间，场所寓意丰富而深刻。

1982 年 11 月 13 日，越战纪念碑落成向公众开放。越战纪念碑获美国建筑师协会“美国 20 世纪最受欢迎的十大建筑”第 7 名、美国建筑师学会 2007 年度“25 年奖”。虽然这个设计在当年引起了争议，但今天该纪念碑已成为衡量其他纪念碑的标准之一。

林璎的最新荣誉是因其建筑与环保的贡献，获得 2009 年度美国国家艺术奖章，这是美国官方给予艺术家的最高荣誉，而林璎是此次获奖者中惟一的亚裔。2010 年 2 月 25 日，在白宫东厅，美国总统奥巴马为林璎授奖。

13.2.3　东京表参道商业街与 Prada 专卖店

表参道是东京的四个主要的特色时装店的聚集地之一，总长不过 1000 米左右，云集了许多世界著名品牌的旗舰店，流行元素含量很高，其街道、建筑、橱窗设计都颇有创意，其中不乏欧洲、日本等国优秀建筑师的作品。

表参道自原宿站前沿伸到青山通交汇口，全长约 1 公里，两旁种植直挺而美丽的榉木，车行道和步行道被浓密的树荫覆盖，沿街间或有休息座椅。整体街道及建筑尺度非常宜人，既不拥挤，也不空旷，每个店面风格迥异，既可享受林荫步道的舒适，又可在各式商店流连，还有各种风情的咖啡馆。隐藏在树丛间别致的石笼街灯，也是另一特点。

在表参道商业街建筑中，三个建筑最有特色，其体量基本相似，作为大品牌和建筑创意的结合，特立独行，极具风格，体现了建筑师们对于建筑和品牌的理解。

妹岛和世和西泽立卫设计了迪奥旗舰店，沿街走过，并不很夺目，纯粹的玻璃外立面似乎有些平淡，但在纷杂的街道上，其平淡纯净却呈现出一种极具欣赏价值的美感。玻璃外皮内丰富的细节和空间的划分，体现出迪奥一贯推崇的优雅气质，尤其在灯光下，有梦幻色彩。

伊东丰雄设计了托特旗舰店，30 厘米厚的水泥板分隔出多个不规则空间，用玻璃和铝板填充，形成了抽象的树形结构。从入口的细节至空间的处理，内外融为一体。

赫尔佐格和德梅隆设计了表参道端头的 Prada 旗舰店。

Prada 店是一座透明的六层大楼，强调垂直空间的层次感，外墙由数以百计的菱形玻璃框格组成，相当前卫。视角不同，会感受到外墙形态的改变，同时流露着简约的魅力。菱形的玻璃单元凹凸程度不同，在光线照射下犹如亮丽剔透的水晶，光怪陆离。

Prada 店内部空间的魔幻效果更为有趣，在高达六层的玻璃体大楼内，透彻空灵的空间可以使人感到置身于剔透的水晶内部。旗舰店的室内空间层层相扣，由底部到顶部仿如一个整体，顾客难以识别层与层之间的分隔。整个建筑由几个横向和竖向的变形仓筒来支撑，简约而华丽的建筑表皮既是外墙，透明与封闭，又兼作外窗、远眺、灯光、橱窗、仓储、更衣，又与结构支撑有机地结合在一起，又能符合防火安全等有关法规的规定。

Prada 店充分反映出建筑师对建筑表皮的理解有进一步的独到之处，缔造了全新的购物空间概念，借助建筑物本身融入时尚生活。正像赫尔佐格所说："这是极刺激的合作经验，也是与 Prada 文化交流的有趣论坛，我们共同造就的建筑物以最激烈的方式挑战了人们的视觉和购物体验。"以菱形分隔为建筑的基本元素，或凸起或凹入的玻璃外皮在阳光之下闪耀，像是一块无数折面的水晶，熠熠发光，简单而纯粹，又精彩无限。

13.3 演变的核心——功能个性理解与材料本质审美

在建筑文化的世界交融中，日本是另一种典范，日本位于东方，而积极学习西方，实际上，日本对外学习的历史悠久，建筑文化也不例外。远自隋唐，日本就积极向中国学习建筑营造之道。在学习和演变中，日本建筑始终围绕着自己对建筑功能的自然、地域、场所的特定理解，并在营造实践中不断地体现和提升对材料本质的审美。功能个性理解与材料本质审美，是建筑文化演变的两个原则。

13.3.1 檐下空间与材料本身的美

檐下空间与材料本身的美是日本传统建筑的营造。

日本优美的自然环境培养了他们热爱自然的天性，这种感情在建筑上的表现就是尊重自然，似乎不那么强调实体形，建筑形体更多融汇于自然之中，其传统建筑营造具有五个特点：

其一，对非永久性的清晰认识。

日本传统建筑结构体系类似于中国的建筑结构，而且也曾深深受到中国建筑的同步影响，都是梁、柱、斗栱结构体系。同时，地震、海啸、台风、火山爆发频发，灾害与优美共存，这就对任何现实事物的永久性提出了质疑，这种深刻的普遍认识也体现在建筑上。相比中国传统建筑，日本传统建筑更是纯粹木框架体系，更少用墙作支撑，更多靠纤细的柱子来支撑，搭建意味很重，貌似不牢固的结构方式，对地震之国有特殊意义，它是一种柔韧性结构，它的单薄和易变性正是其安全保证，使建筑在不太牢固的地基上竖起来。

其二，结构与构造一体形成精致的细部。

日本传统建筑搭建意味很重，并不意味着其营造的轻慢，相反，其在构件的加工和施工安装上，要求十分精确。结构与构造一体的木构件注重外部造型，以细腻和精巧见长，交接严丝合缝，没有空隙。其结合点简单而精致，建筑整体给人以精细之感。

其三，洗练的装饰和注重对材料本质美的体现。

日本传统建筑的优美多靠整体比例协调、做工精细，而不是靠装饰，当然这不是绝对的。大多数建筑材料尽量保持其自然状态，木制构件多不涂颜色，保持本色，追求的是优雅与朴素的统一感，重视发挥材料本来所特有的材质、肌理、色彩等。其对自然材料潜在的美的认识能力，是出类拔萃的，对大自然赋予材料的肌理美的探究十分独到。

日本传统建筑极为重视木材的纹理美观，用于建筑时大多不加任何油饰，把自然生长的木头的肌理之美与构件形态结合起来，近乎完美。同时，对于竹、木、草、树皮、泥土和毛石，不仅合理地用之于结构和构造，发挥其物理特性，更充分展现材质的色泽的美。竹节、木纹、石理经过匠师们的精心安排，以本色的形式交汇，形成日本传统建筑特有的魅力。

其四，沟通内外而自在的檐下空间。

日本传统建筑，整体上呈直线造型，构件线条平直、棱角分明，整体呈明显的几何形。中国的建筑营造传入日本后，日本建筑的檐也开始向上弯曲，但它的曲率要比中国的平缓得多，而在建筑群体上，同中国古建筑的一个显著不同之处是许多的建筑群避免纵轴对称布置。因为日本多雨，加之其建筑地基营造等因素，其出檐要比中国建筑更远。日本建筑对于檐下空间的精心营造，使其既是沟通内外之处，更是可以自在独处的独立空间，这在一定程度上丰富了以中国木构架为核心的东方建筑空间类型。

其五，在交融中形成和延续独特的体系。

日本传统建筑实际上已经在原创、学习、交融中形成了自己的独特体系，并一直延续发展。日本传统建筑以木头和石头为主要原材料，崇尚简洁的构件和材料本身的美，往往以全开的推拉门扇向着庭院和道路，不用窗帘而是使用透光的白纸拉窗。其丰富的檐下空间的处理、过渡空间与主体空间的变通、落地推拉门扇体系、营造的临时感与细部的精致隽永之矛盾统一等，都是其鲜明特征。

日本建筑文化也有清晰的空间等级秩序，而其等级界面往往就是一道白纸拉扇。

日本传统建筑的精华，既忠于材料的本性，更依其本性作适当运用。其杰出作品，既娴熟使用天然材料，更巧妙地使材料的自然美得以升华，具有一种以此自然指代彼自然的超然美，这始于匠师对物化的灵感，达于普通人对自然的顿悟，至此而共鸣。这一点，在优秀的日本园林及具有禅意的枯山水中体现得淋漓尽致。

事实上，日本传统建筑营造的成就是多样的，其文化的内涵也是丰厚的。不要简单地把日本建筑理解为纤小素雅，其实，有的日本传统建筑营造是夸张雄浑而色彩浓艳的。

13.3.2 京都清水寺与大阪古城墙

清水寺坐落在京都东山三十六峰之第二十九峰——音羽山的中西部腹地，占地 13 万平方米，始建于奈良时代（707~805 年）末期的宝龟九年（778 年），距今已有 1200 余年的历史。现清水寺基本保持了宽永年间重建的格局。

全寺以本堂为中心，共有 30 多处堂塔建筑。其中，本堂和舞台被指定为国宝，三重塔、西门、仁王门、奥院、子安塔、春日社等 16 处殿堂被列为国家重要文化财产。另外，“成就院”庭园被指定为国家级名胜，以借景式造园手法驰名。

本堂是清水寺的主要建筑，也称大悲阁，1633 年重建。整个建筑高大雄伟，正面十一间（约 36 米），侧面九间（约 30 米），高 18 米，采用寄栋造法，由几排巨大的圆柱分成“外阵”、“内阵”和“内内阵”三部分，屋顶为极具特色的桧皮茸顶，檐角微翘，呈优美曲线，屋檐下挂有遮光和防风雨的板窗，体现了平安时代（806~1192 年）的宫殿和贵族宅邸的建筑风格。本堂内，“内内阵”的大须弥坛上安奉有三座佛龛，清水寺本尊十一面千手千眼观音菩萨像、地藏菩萨、毗沙门天就供奉在这三座橱子里。

三重塔位于清水寺西门后，始建于平安初期的 847 年，现塔为江户时期（1632 年）再建。塔高 30.1 米，是日本最大的三重塔。支撑塔身的圆柱的间距从一层到三层的递减率很小（一层为 5.2 米，二层为 4.6 米，三层为 4 米），使得塔身看起来比实际要高，具有安定感。1987 年，进行了解体修理，恢复了其原来的艳丽色彩。塔内一层中央，在属禅宗的须弥坛上供奉着真言密教的本尊大日如来像，四周墙壁上画有真言八祖像，天井、柱子上均绘着具有同样艳丽色彩的密教佛画和飞天、龙等图案。

三重塔色彩浓重，又体现了日本建筑比较少见的另一面。

成就院原称本愿院，为室町时代（14 世纪）营造的庭园，环境优美幽静，在宽永初年的火灾中，与本堂一道被毁，现为 1639 年重建，是江户初期（1603~1867 年）庭园的代表作，面积只有 1500 平方米，但庭园北墙做得很低，使北面高台寺山和右边音羽山的风景与庭园融为一体，成为庭园的远景，构成了绝妙的借景式园林。园中有池，石灯花木，鹤松龟石，种种形态错落有致，极富情趣，让人浮想联翩。

大阪是日本第二大城市、重要工商业城市、水陆交通中心、著名历史古城，位于本州岛西南部，濒临大阪湾，自古以来便是古都奈良和京都的重要门户，是日本商业和贸易发展最早的地区。4~7 世纪，几代日本天皇曾在这里建都。后因附近多山，上町台一带坡地面积广大且平缓，始称大坂，后来演变为大阪。大阪拥有数量众多的名胜古迹。在这些古迹中，以天守阁为核心的大阪古城墙独具石砌特色。

1583 年，大将军秀吉调集 3 万民工，大兴土木，花费 3 年时间，建成地势险要的军事要塞，有护城河和长 12 公里的城墙，城内修筑了宏伟华丽的宫殿和式样别致的房舍，黄色的屋顶，镏金的雕梁画栋，充分显示出日本当时高超的建筑艺术。另外，还在西部低洼处开挖运河，架设桥梁，使大阪获得“水都”、“桥都”的称号。城内的天守阁，高 56 米，为 5 层九重建筑，阁内陈列着自 1568 年至 1598 年桃山时代的美术珍品。现大阪古城墙和天守台是将军秀忠于 1620 年在旧址上重建扩建的。

13.3.3　钢索与混凝土——代代木体育馆

20 世纪 60 年代日本举办了奥林匹克运动会，这次东京奥运会是日本在二战后经济起飞的标志，它也为日本新的建筑营造提供了一次展示自己的国际舞台，推出了一批日本自己的具有国际影响的建筑师，并以此为契机，开启了日本与西方建筑的文化大融合。在这个融合中，日本建筑师把握住了对于功能的个性理解和对材料本质美的探求方向，形成了多代具有国际影响的建筑师出自本土的局面。

东京奥运会的主场馆代代木体育馆于 1964 年建成，由丹下健三设计，是那个时期日本建筑营造的最高水平，被誉为划时代的作品。代代木体育馆的总用地面积为 9.1 公顷，总建筑面积为 34204 平方米，主要由游泳馆、球类馆及附属建筑部分组成。

其一，均衡而非对称的总体布局与空间组织。

代代木体育馆均衡而非对称的布局，既体现在平面布局上也体现在竖向处理上。地段南北有近 6 米的高差，两馆南北呼应形成中心广场，其主轴线与用地北面的明治神宫的轴线一致，场地主要入口位于西北的原宿和南面的涩谷。游泳馆为两个相对错位的新月形，球类馆为螺旋形。两馆皆以流畅圆滑的曲线形成的三角形大厅空间为主入口，在布局上遥相呼应。

其二，对时代技术的忠实应用和个性组织。

代代木体育馆结构的表现具有原始的想象力，达到了材料、功能、结构、比例，乃至历史观的高度统一，被称为 20 世纪世界最美的建筑之一。60 年代日本工业技术的进步，给建筑营造提供了足够的物质手段。游泳馆、球类馆都采用新型悬索结构，然而又被认为具有日本独特的造型风格，因而受到广泛赞誉。圆形本来是向心的，封闭的，富有创造性地忠实应用先进的悬索结构，实现的是明朗开放的激情空间。

其三，柔和的顶部采光与传神的檐下空间带来的共鸣。

游泳馆两个错开的新月形把封闭的圆形空间变成了开放性的双螺旋形空间，符合游泳馆的功能，并以两侧的三角形空间作为大厅，把人流自然地引入馆内。其两个入口处立着两根巨大的钢筋混凝土筒形支柱。支柱间用吊索相连，吊索下的几十根钢缆从体育馆的长轴方向引向观众席的四周，观众席上部的顶棚曲面犹如篷幕，从长轴方向垂向四周，空间的整体感强，吊索的开口处用顶部采光，顶棚上舒展自如的钢缆曲线，柔和的顶部采光，使得内部空间高亢开阔。这个中间隆起的大空间，把观众观看比赛时的炽烈感情引向高潮。

钢缆与顶棚曲面的编织一直延续到大厅三角形空间乃至室外，新的巨型檐下空间出现了：现代材料，钢索编织，缆绳大幕，混凝土的塑性，又如有顶棚的船坞。

13.4　融贯中西的建筑大师——贝聿铭

贝聿铭是美籍华裔建筑师，1917 年 4 月 26 日生于广州，祖辈是苏州望族，其父是中国银行创始人之一贝祖怡。他 10 岁随父亲来到上海，18 岁到美国，先后在麻省理工学院和哈佛大学学习建筑，于 1955 年建立建筑事务所，1990 年退休。作为 20 世纪世界最成功的建筑师之一，贝聿铭设计了大量的划时代建筑。

贝聿铭属于实践型建筑师，作品多论著少，被誉为“现代建筑的最后的大师”。

贝聿铭善用钢材、混凝土、玻璃与石材，其作品丰厚，而以公共建筑、文教建筑为主，可以归类为广义的文化建筑，其成就也可以说是建筑文化的经典范本。他设计并主持的美国华盛顿国家美术馆东馆、法国巴黎卢佛尔宫扩建、日本 MIHO 美术馆、中国苏州博物馆是四个典型的文化艺术博物建筑，其分布、地域、背景、创作特色纷呈，又具有鲜明的贝氏风格，那就是在巨大挑战中实现个性的典雅、纯净、几何形体，品质隽永。

13.4.1　美国华盛顿国家美术馆东馆

东馆位于国家美术馆西馆东边的一块 3.64 公顷的梯形地块上，东望国会大厦，南临林荫广场，北面斜靠宾夕法尼亚大道，西隔 100 余米正对西馆东翼。附近多是古典风格的重要公共建筑，业主又提出许多特殊要求。东馆包括展出艺术品的展览馆、视觉艺术研究中心和行政管理机构用房。东馆的设计有五个特点：

其一，用一条对角线把梯形进一步分解，分成两个三角形。进一步的分解使空间形体变得清晰而明确。西北部是等腰三角形，面积较大，用作展览馆，底边朝西馆，东南部是直角三角形，为研究中心和行政管理机构用房。对角线上筑实墙，两部分只在第四层相通。

其二，造型忠实反映平面，强化几何形体。展览馆三个角上凸起的断面为平行四边形的四棱柱体。西立面如同一个长方形凹框，加一个锐利的尖角。展览馆和研究中心的入口都安排在此，展览馆入口中轴线在西馆的东西轴线的延长线上，而研究中心的入口偏处一隅，不引人注目。一个棱边朝外的三棱柱体划分了这两个入口，整个立面很均衡又不完全对称。

其三，如同现代雕塑内部的中央大厅。中央大厅高挑明亮，自然光从 1500 平方米大小的顶棚上倾泻而下，经过天窗上分割成不同形状和大小的玻璃镜面折射后，落在由华丽的大理石筑就的墙面、天桥及平台上，柔和而浪漫，一切的主题都是三角形。以此三角形大厅作为中心，不同高度、不同形状的平台、楼梯、斜坡和廊柱交错相连，人们通过楼梯、自动扶梯、平台和天桥出入各个展览室，大厅内布置树木、长椅，顶棚下悬挂着出自抽象艺术家亚历山大・卡尔德之手的红色翼状装饰物，如同红枫，气韵生动。行走其间，如同在一件巨大的现代雕塑艺术品内部穿梭。

其四，尊重西馆，明确自己。东馆内外所用的大理石的色彩、产地以至墙面分格和分缝宽度都与西馆相同。但东馆的天桥、平台等钢筋混凝土水平构件用枞木作模板，表面精细，不贴大理石。混凝土的颜色同墙面上贴的大理石颜色接近，而纹理质感不同。

其五，金字塔天窗与地下通道。东、西馆之间的小广场铺花岗石，中央布置喷泉、水幕，还有五个大小不一的金字塔，既是建筑小品，也是广场地下餐厅借以采光的天窗。参观者还可以乘坐在此地下的自动步道自由往来于东、西两馆。

贝聿铭以其鲜明的个性妥善地解决了复杂而困难的设计问题，塑造了东馆本身这件巨大的雕塑式的现代艺术品，并获得了美国建筑师协会金质奖章。小广场上的金字塔或许是卢佛尔宫改造的预演，其实，地下空间的组织，倒更是在卢佛尔宫大力营造地下空间的序幕。卡特总统曾说：“这座建筑物不仅是美国首都华盛顿和谐而周全的一部分，而且是公众生活与艺术之间日益增强联系的艺术象征。”

13.4.2　日本美秀美术馆

美秀美术馆是贝聿铭先生的又一个杰作，建筑坐落在日本滋贺县信乐山脉的自然保护区，被原始森林环抱，1997 年 11 月竣工，是把艺术和自然融为一体的完美的艺术作品。

这座美术馆坐落在群山环抱、风景秀丽的京都自然保护区琵琶湖的东南侧，日本著名的陶艺之乡的桃谷之中，其四周有大户川及田代川等美丽河川，在去美术馆的途中可享受传来的流水声及瀑布声。业主对建筑师完全信任，尊重其意见，花费 250 亿日元的总造价建成这座人间“桃花源”，一座山，一个谷，一座桥，还有躲在云雾中的建筑。其特点有三：

其一，与世隔绝，隐现于自然。

美秀美术馆位于自然保护区，按照日本的建筑法规，建筑最高处必须在 13 米以下，可见屋顶面积不超过 2000 平方米，因此建筑分为地上地下两层，80% 的建筑面积布置在地下。在地下空间中做博物馆对贝聿铭来讲，是其擅长。建筑师以其深厚的东方修养与其空间序列结合，将建筑物隐现于地下空间与山坡苍翠中，隐现延绵，绝非和盘托出，也非截然分开，中国山水画的意境非凡，提升了自然环境。贝聿铭说："在这个设计中，与世隔绝是一个最重要的因素。"这个与世隔绝，是东方的隐现于自然，而不是黑白两重天。

其二，线至美，曲至幽，如无声长卷。

美秀美术馆的流线有"桃花源记"的意味，是精神性哲学的实践，不仅是指室内，更是指其惟一性的室外 100 公顷范围乃至更深远的环境、景观、流线的整体营造。中国古代的绘画神品往往表达出：山，谷，溪水，瀑布隐现；一条小路，一座桥，柴扉若无，惟有草庐一角；溪水畔推扉有童声，山水中抚琴听流水。隐现于幽静中，离即与人间。美秀美术馆最难得之处就是对这样的意境作了积极谨慎而极为成功的实体营造探索。

去美术馆和路遥远而多美景，进入美术馆区域，停车下来，是迎宾楼，用于办理票务及接待。迎宾楼前有圆形广场，可以换乘专用小摆渡车，也可步行，沿弯曲狭长的樱花小道，花香草绿，到弯曲幽静而有些暗的人工隧道，蜿蜒前行，豁然而亮。隧道尽端为一索桥，纤细而优美的索线在洞口的端部呈放射状舒展开来，经椭圆形钢架后收缩，独具力与美的张弛，而索网形成的虚空间构图中心正是指向美术馆。吊桥的银色拉索在青山绿柏的映衬下犹如琴弦而无声。沉浸在鸟语花香的自然怀抱中，不知不觉至馆前圆形铺地的广场。

被高度抽象概括的玻璃歇山屋顶建筑稳坐于三层台基之上，馆前有石阶，石阶两侧有庭灯，歇山式玻璃屋顶下有月亮门。从月亮门进入前行，玻璃大厅内，豁然开朗，一片光亮，近处造型优美的松树，远方壮美的青山叠翠的山谷，一览无余，又可见贝聿铭先前为神慈秀明会所建的钟塔遥相呼应。仰首看去，天窗错综复杂，多面多角度组合，壁面与地面的材料采用法国产的淡土黄色的石灰石，这与贝聿铭为设计卢佛尔宫美术馆前庭使用的材料一样。应该说，这方面也满足了小山美秀子本人追求一流水平的希望。"我肯定来这里的人将会明白我是有意识地设计此美术馆与自然融为一体。"就因为贝聿铭的这个有意识的想法，美术馆这座建筑在两方面体现着贝聿铭的设计意图：建筑物耸立于自然中，同时亦成为大自然的一部分。

其三，博物馆功能与科技的完美结合，一丝不苟。

美秀美术馆的迎宾楼、路、桥、坡、馆，乃至草木松树，都是建筑师倾力设计营造的，实现了博物馆功能与科技的完美结合。其外观是传统的日本式的，结构是现代科技的结晶，实现了贝先生将传统与现代相结合，融合东西方建筑文化的理念。

独具特色的吊桥建成 5 年之后，获得了有 72 年历史的瑞士国际构造工学会颁发的 2002 年优秀构造奖。来自国际构造工学会的评语是："其构造技术的精巧，无论是一个小的构造部件，还是革新性排水系统，都创造出轻松开放的气氛。它和周围的自然调和在一起，具有构造美和艺术美的高贵气质。”

美术馆营造过程中，精心保护自然资源，特别是坡面和树木的成长，修了专门的道路，并搭建了一系列平台，填土过程中，设计了一道防震墙，墙高 20 多米，将地下二层的建筑与山体岩石隔开，经过覆盖，几年后山上的原始风貌已经恢复，自然景观完好如初，看不出开掘过的痕迹。工程中还使用了专门开发的染色混凝土。

优秀的建筑营造往往来自于各种限制，并丰富着建筑文化的内涵，美秀美术馆就是范例。

13.4.3　中国苏州博物馆新馆

苏州博物馆位于江苏省苏州市，1960 年建立，坐落于太平天国忠王李秀成王府旧址，主体建筑为殿堂形式，建筑面积 7500 平方米，是全国重点文物保护单位。苏州博物馆新馆于 2006 年 10 月建成新馆，建筑面积 19000 平方米，是贝聿铭的又一力作。其特点有三：

其一，充分利用地下空间，尊重相伴的老建筑，新馆和古建筑交相辉映。

新馆为充分尊重所在街区的历史风貌，主体部分大面积设置了地下一层，地上主体以一层为主，主体建筑檐口高度控制在 6 米之内，中央大厅和西部展厅设置了局部二层，高度 16 米。修旧如旧的忠王府古建筑是苏州博物馆新馆的一个组成部分。

其二，整体布局，融会贯通。

新馆建筑群坐北朝南，被分成三大块：中央部分为入口、中央大厅和主庭院；西部为博物馆主展区；东部为次展区和行政办公区。这种以中轴线对称的东、中、西三路布局，和东侧的忠王府格局相互映衬，十分和谐。新馆巧妙地借助水面，与紧邻的拙政园、忠王府融会贯通，成为其建筑风格的延伸。新馆与原有拙政园的建筑环境既浑然一体，相互借景、相互辉映，符合历史建筑环境要求，又有其本身的独立性，以中轴线及园林、庭园空间将两者结合起来，无论空间布局还是城市肌理都恰到好处。新馆正门对面的步行街南侧为河畔小广场。小广场两侧按修旧如旧原则修复一组沿街古建筑，成为公众服务配套区。

其三，苏州风格，院落空间，不步前人后尘，努力于此处创新。

新馆汲取了传统的苏州建筑及园林风格，把博物馆置于院落之间，使建筑物与其周围环境相协调。其庭院在造景设计上摆脱了传统的风景园林设计思路，贝聿铭说过，传统假山艺术已无法超越。新馆力求提炼传统园林风景设计的精髓，探索园林建筑发展的方向。

新馆设计了一个主庭院和若干小内庭院，布局精巧。最为独到的是中轴线上的北部庭院，不仅使游客透过大堂玻璃可一睹江南水景特色，而且庭院隔北墙直接衔接拙政园之补园，新旧园景融为一体。其东、南、西三面由新馆建筑相围，北面与拙政园相邻，大约占新馆面积的 1/5 空间，是一座新的创意山水园，隔北墙直接衔接拙政园之补园，由铺满鹅卵石的池塘、直曲小桥、八角凉亭、竹林等组成，其北墙之下为独创的片石假山，呈现出清晰的轮廓和剪影效果，看起来仿佛与旁边的拙政园相连，新旧园景笔断意连，巧妙地融为了一体。这座新的创意山水园既不同于苏州传统园林，又具中国人文气息和神韵。

本讲小结：

建筑文化的交融与个性，既体现为同一区域的建筑文化多元化，更体现为不同区域的混杂，渐变和突变都是其方式。这一切有赖于社会经济的发展交汇，建筑师也对实际建筑营造的突破与演化有巨大的推动作用，其职业贡献和文化底蕴三个落脚点：其一，既要结构的真实表达，更要结构体系的美，还要体现建筑营造过程的美；其二，对建筑材料的本质认识，达到一种尽心加工的自然，或上升为一种秩序之美；其三，对技术的适度应用与加工技艺的孜孜追求。当建筑师及整个建筑营造以鲜明的个性实现的时候，建筑文化的交融具有了发展变化的实际内涵。建筑文化的交融与个性就是这样的一对矛盾的整体。

中西建筑文化有着本质区别，并非其所有区别都是本质的，有的区别也是动态表象。解读建筑师的作品可以超越其出身，而更多去了解其经历与修养，其对建筑的特定地域、背景、空间环境的理解，其对建筑营造过程的全方位把握，其深厚的专业功底和对各种建筑材料的娴熟掌握，其对自己熟悉的材料和工艺的孜孜改进，尤其是其面对问题灵光闪现之前时的深思熟虑。如果过分关注建筑营造细部的出处与来由，是不利于建筑文化的交融的；仅仅叹服于建筑师的灵光一现，就更无法理解建筑文化的个性魅力。

图 13-1　美国纽约帝国大厦

以纽约帝国大厦为代表的一大批摩天大楼建筑的落成，表明了经济的快速增长和财富的极大集中，摩天楼建筑高度的增加、装饰的简化、施工时间的缩短也表明人类对现代技术和材料的把握和运用都已经发展成熟，形成了专门的摩天楼营造体系。同时，财富的集中和技术的成熟也带来了一些问题，至少今天的人们不再以摩天大楼为经济腾飞的惟一标志了。

帝国大厦的修建只用了 24 个月，是世界上罕见的建造速度纪录。建筑主体采用钢结构，造型采用铅笔形分段缩进的做法，丰富了建筑形象，也使结构更加稳定。

这张照片是站在帝国大厦下面，背对帝国大厦向后仰望拍摄的。

图 13-2　在美国纽约帝国大厦俯瞰

纽约，是美国最大的城市，也是全球的商业、金融、交通、艺术中心。曼哈顿，是纽约都会区的中心，也是全美人口最为密集的地区，摩天大楼（Skyscraper）簇立。事实上，摩天大楼并没有覆盖全美国，却曾经代表着工业文明和科学技术的骄人成就，是美国大城市乃至整个美国的象征，在美国很多大城市，向着摩天大楼的聚集地走，基本都可以走到市中心。

在帝国大厦俯瞰，许多摩天大楼变小了，簇拥在一起，而每一栋楼背后都是一个甚至几个关于财富的故事，这一簇簇财富的故事，其内容是财富的高度积累、高度集中与高度炫耀，是又一个时代的宫殿，是智慧、材料与能源的巨大的集中的耗费。

图 13–3　美国拉斯韦加斯夜景

拉斯韦加斯的城市经济主要依赖旅游业，集中全市就业人口 30 万，每年接待游客约 3870 万，市内多豪华的夜总会、旅社、餐馆和赌场，有娱乐区和国家博览馆，城郊是矿区和牧场。由洛杉矶沿着 15 号公路直行，便可抵达这座身处于内华达沙漠中的不夜城。

市中心以拉斯韦加斯大道为纽带，大道热闹非凡，两边有自由女神像、埃菲尔铁塔、沙漠绿洲、摩天大楼、众神雕塑等雄伟模型，模型后矗立着鳞次栉比的美丽豪华的赌场酒店，每一栋建筑物都精雕细刻，彰显繁华，非同一般。

拉斯韦加斯，典型的以奇异建筑为舞台的奢华消费之地，并形成了一种独特的文化。

图 13–4 美国华盛顿越战纪念碑

上图为向大地凹裂的纪念碑整体，下图为纪念碑向下凹裂的边界细部。

这些黑色的花岗石来自印度，在美国佛蒙特州切割，在田纳西州镌刻阵亡者姓名。熠熠生辉的黑色大理石墙上，依每个人战死的日期为序刻着美军 57000 多名于 1959 年至 1975 年间在越南战争中阵亡者的名字。这些姓名都一般大小，每个字母高 1.34 厘米，深 0.09 厘米。

因为林璎的坚持原则和据理力争，我们才能看到今日的越战纪念碑，才能看到一位才华横溢的建筑师的原创精神。林璎说："当你沿着斜坡而下，望着两面黑得发光的花岗石墙体，犹如在阅读一本叙述越南战争历史的书。"

图 13–5　日本清水寺

清水寺本堂建筑构件大多不事雕饰，突出木材本质，纹理清晰至美，只是在栏杆、地板和门扉的节点上使用一些金叶或铜构件，这惟一的纯装饰与屋面及简洁明净的结构构件相得益彰。舞台位于本堂南侧，是本堂南半部分在锦云溪陡峭的山崖上的有机延伸，是放大的檐下空间，面积约 190 平方米，供举行活动时演出伎乐、能、狂言等日本传统剧种。舞台结构形式独特，非常罕见，数十根巨大的榉木柱纵横交错，在山崖边支撑起了悬空式的“舞台”。在这儿，日本建筑形式呈现出其另一面，即对自然的有力驾驭。

日本建筑既在发展过程中积极学习中国建筑，又有其独特独立的发展脉络。

图 13-6　日本清水寺一隅

树木多姿，时光荏苒，嫩芽变为落叶，季节的轮回都自然而无声地散落在坡地上，还有风雨的痕迹，有色彩的斑斓，有积累的厚度，有落叶化土而沃土养木，更有时间的深度。

日本园林如同日本建筑一样，有其独立而鲜明的个性，共同构成独特的日本建筑文化。

事实上，世界各国的建筑实践，均以实用安全为主，而少量的重要建筑却集中体现了其主要成就。在一定条件下，个别的独特案例进一步达到了形式主义的极致之美，又集中体现了其建筑文化的独特内涵。

这就是对于建筑文化普遍特征与突出个性的辩证认识。

图 13–7　日本大阪古城太鼓箭楼遗址

大阪古城墙是用巨石堆砌的高大坚固的城墙，有的地方高达 10 米，是日本所有古老城墙中最高的。其石头砌筑有三个特点：其一，石头大小不一，差异巨大，有的大于一两人，有的只约尺余；其二，大小石头以自然混杂的方式砌筑，其交接密实，严丝合缝，外形平整，鬼斧神工，令人惊叹；其三，仔细分析，石头排列有一定规律，城墙边缘与险要处边缘大石居多，城墙凸角略以凹弧线放大扎根于护城河，此处巨石居多而角度向内略倾，极为坚固，显然整个城墙的选材与施工的每一步骤都有缜密计算，刻意组织中，呈现自然外观。

一定程度上，日本建筑文化呈现出以精致"打磨"为手段的貌似无序的粗野，近乎原始地呈现材料的力量，或许这也是现代乃至当代日本建筑发展的一个基因。

图 13-8　日本东京代代木第二体育馆

代代木体育馆在建筑文化的交融与个性上的巨大贡献在于它不是传统形式的继续，而是以对新材料的个性化组织，渗透着建筑师本人的自觉认识，呈现出一种新的日本风格。

建筑造型似瞬间海浪漩涡的形态，独特而给人很强的视觉冲击力。

整个造型几乎没有直角直线，悬索有力的弧度，实墙粗犷的质感，屋脊曲旋的造型，令人联想起传统的建筑构件的变形与夸大，也寓意着远古时代东方的建筑雏形。

具有非凡的原创性，是任何一个建筑实践能够丰富和发展建筑文化内涵的坚实基础。

图 13–9　法国巴黎蓬皮杜文化中心

巴黎作为学院派的发源地，对世界建筑文化发展影响深远。同时，巴黎又是当代建筑艺术发展的探索之地。蓬皮杜文化中心就是这样一个典范，一种表皮与内脏里外错位式的构筑方式，是对建筑本身的一种先驱式的实验。这就是艺术的土壤与艺术土壤的丰富性。

实际上，学院派建筑本身也并非对历史建筑的完全沿袭，而是站在当时的历史坐标上，把时代的材料与经典的审美相结合，为时代的功能服务。艺术的发展规律是向前而不是向后的，最具意义的行为是实验探索的而不是叠加重复。

在这组形体组合中，似乎一切比例与尺度在消失，而人的基本尺度透过楼梯明确呈现。

图 13–10 美国华盛顿国家美术馆东馆局部

华盛顿国家美术馆东馆（简称东馆）是美国国家美术馆（即西馆）的扩建部分，有着古希腊建筑风格的国家美术馆西馆是华盛顿人心目中的艺术圣殿。1937 年，国会确定美术馆扩建用地。实际工作直到 1968 年才展开，历时十年，东馆于 1978 年落成。

东馆已有鲜明的贝氏风格，富于个性的典雅纯净的几何形体，雅而安闲的隽永品质，三角形主题和大理石饰面的精细对缝贯彻始终。

图 13–11　日本 MIHO 艺术馆局部

MIHO 艺术馆天窗进一步体现了贝氏风格对几何构图的精确把握和对精细制造的孜孜以求。6.18 米的窗框是基本的结构元素，巨大的金属管组成的三角形空间桁架体系随着空间的轮廓起伏。为了达到精巧的三维尺度效果，使用了高强度的碳钢。

从热阻、抗弯、保色、维护等方面出发，选用了铝合金格栅，但精心做成仿木的淡黄色。仿木色格栅通过梦幻般的影子泼洒在美术馆的大厅及走廊中，映射出传统的日本竹帘式的“影子文化”。在歇山屋面的垂直部分又没有格栅，一角蓝天，别有意境。

贝氏风格并非是一成不变的，而是建筑师主观个性与客观地物的有机结合。

图 13–12　中国苏州博物馆新馆

新馆的主色调为白色粉墙，而新的屋顶演绎成了一种新的几何组合，进而用灰色的花岗石取代了灰色小青瓦坡顶，以求更好的色彩和纹理的统一，玻璃屋顶与石屋顶相互映衬，木梁乃至木构架体系被简洁的钢结构代替，自然光静静地渗入建筑内部。室内导向明确，令人心旷神怡。几何形屋顶、钢结构、格栅，从华盛顿美术馆东馆到美秀美术馆，至苏州博物馆新馆，贝氏风格对其把握和应用愈加娴熟而各具特色。

建筑文化的交融基础是特色鲜明的个性，而个性又是汇入大海的湍湍激流。

第 14 讲　四届北京十大建筑

14.1　时代的经典——国庆工程之十大建筑

20 世纪 50 年代是中国人民激情燃烧的年代，人们对一切的感觉都是全新的和火热的。人们渴望新的建筑功能、新的建筑形式、新的建筑营造，人们的激情在燃烧。国庆工程之十大建筑的建设是一次高质量、高速度的全民营造运动。

为迎接中华人民共和国建国 10 周年，全国各地建设了一批献礼工程。集中了国家财力物力的中央人民政府在首都北京兴建的一系列重大项目通称为十大建筑。在计划时，有人民大会堂、中国革命历史博物馆、中国革命军事博物馆、全国农业展览馆、民族文化宫、北京火车站、工人体育场、钓鱼台国宾馆、华侨饭店、中国美术馆、国家大剧院、科技馆。其中，国家大剧院、科技馆下马，中国美术馆缓至 1962 年建成。华侨饭店于 1988 年拆除，在其原址上建华侨大厦。若将同时期建成的民族饭店统计在内，以下十大建筑是今天比较公认的国庆工程之十大建筑：

①人民大会堂；②中国革命历史博物馆；③中国革命军事博物馆；④全国农业展览馆；⑤北京火车站；⑥北京工人体育场；⑦民族文化宫；⑧民族饭店；⑨钓鱼台国宾馆；⑩华侨饭店。

国庆工程之十大建筑是高质量、高速度的国家行为，全民营造，影响巨大。其内容是急需的国家活动的基本场所、城市结构的根本支撑、经济发展和社会生活的必备硬件。

1958 年 9 月 6 日，当时北京市副市长万里召集北京 1 万多名建筑工作者开会，作关于国庆工程的动员报告。全国 34 个设计单位，还有上海、南京、广州等地的 30 多位建筑专家为主设计，并有其他专家、教授、工人、市民都提出了自己的建议，人们对各项工程先后提出了 400 个方案。周恩来总理提出“古今中外、皆为我用”的原则，全国的建筑界精英和劳动大军边设计、边备料、边施工，在大约 10 个月内高质量地基本地完成了从设计到竣工的全过程，其工程设计和建筑施工的质量直至今天都是经得起历史考验的。

北京是首都，是政治、经济、文化中心。对国庆工程之十大建筑的解读，或许可以从这三个方面各选一个典型建筑来讲述。

14.1.1　政治中心——人民大会堂

人民大会堂是国庆工程之十大建筑中的第一工程，是北京作为首都的政治地位的集中体现。它是中国全国人民代表大会举行的地方，是全国人民代表大会和全国人大常委会的办公场所，是党、国家和各人民团体举行政治活动的重要场所，也是中国国家领导人和人民群众举行政治、外交、文化活动的场所。

多年来，在新的国家大剧院及其他观演建筑落成之前，人民大会堂还承担了许多观演任务。至今，其承办各类活动的意义还在我们心中占有特殊地位。

人民大会堂位于首都北京中心天安门广场西侧、西长安街南侧，设计时总建筑面积为 101800 平方米，包括 9600 多座的万人大礼堂、5000 人宴会厅和全国人大常委会办公楼三个主要部分。建筑东西长 174 米，南北长 336 米，最高处 46.5 米，层数从 2 层到 5 层不等，后有改扩建。人民大会堂的一大特色是全国每一个省、市、自治区及特别行政区都以一个以其名字命名的厅，既便于使用，也象征了祖国的统一和完整。

在周恩来总理的亲自主持下，1958 年 9 月，全国 17 个省、市、自治区的 34 个设计单位及建筑师云集北京，从 84 个平面、189 个立面中，经过 7 轮筛选评审后，选出三个方案报送党中央、国务院审定，选定了赵冬日、沈其的方案，由张镈担任总建筑师。人民大会堂采用边设计、边施工的方法，以高度的政治热情和专业责任心，在中央的直接指挥下，集中了大量的人力物力，仅用 280 天完成，于 1958 年 11 月动工兴建，于 1959 年 9 月竣工献礼。

人民大会堂在大尺度空间的尺度感与空间效果上的探索也独树一帜，周恩来总理提出的“天水一色”的原则为大家在顶棚、墙壁、灯光关系上醍醐灌顶，传为佳话。

周恩来总理在国庆十周年时，对人民大会堂的建设给予了高度评价：“北京的人民大会堂这样大的建筑只用了十个多月的时间就建成，它的精美程度，不但远远超过我国原有同类建筑的水平，在世界上也是属于第一流。”

14.1.2 交通中心——北京火车站

北京火车站是国庆工程之十大建筑中惟一的城市基础设施，也是典型的经济命脉大建筑。自建成至今，它一直超负荷地承载着国民经济大动脉之枢纽的任务。

北京火车站位于东城区，现二环路内，原北京内城城墙以北、东长安街以南。在其建设之前，有前门火车站，位置局促，不敷使用。北京火车站规划每日客流量约 20 万人，每小时集结 14000 人，设铁路 12 股，每天到站 200 对。

北京火车站占地面积 25 万平方米，总建筑面积约 8 万平方米。候车大楼坐南朝北，东西宽 218 米，南北最大进深 124 米，建筑面积约 7 万平方米。站前广场面积 40000 平方米。杨廷宝先生主持、钟训正等（南京工学院）设计的方案中选，由陈登鳌及北京工业建筑设计院进行施工图设计。其在我国第一次采用预应力钢筋混凝土大扁壳，跨度为 35 米 ×35 米。

北京火车站自落成之日起，就是或浩浩荡荡或形单影只的旅客的必经之地，旅途中的人觉得它或亲切或冷漠、或冷清或拥挤，但它确实是十大建筑乃至更多知名建筑中间，我们实实在在地使用最多的建筑。

实际上，在空间组织上，北京火车站候车大楼的几个候车大厅都与门厅短边对接布置，门厅可以直通二层，宽敞明亮而又不失尺度，空间导向清晰，在人流骤增时又便于集散。候车大楼对空间尺度与特殊流量把握得恰到好处，堪称用最简单的方式解决最复杂的问题的杰作。北京火车站多年的超负荷运行实践证明，这是一个时代力作，其空间、功能、心理、导向、采光、通风诸多方面的综合成就斐然，更令我们对今天的那些失去了基本尺度与功能的超大漠然而混乱无序的空间进行反思。

14.1.3　文化中心——民族文化宫

民族文化宫在国庆工程之十大建筑中有独特的文化地位，是中国 56 个民族进行文化交流的地方，具有鲜明的民族特色并因其在艺术形式上对民族形式的借鉴与创新而成为经典。

民族文化宫坐落在北京长安街西侧，建筑面积 30770 平方米，中间塔楼 13 层，高 67 米，中央展览大厅向北伸展，东西翼楼匍匐两侧而延伸，平面如一山字，设有展览馆、文娱活动设施、图书馆，会议厅有少数民族语言翻译设施，其空间处理宽敞明亮，尺度适宜。

民族文化宫由张镈主持设计。

民族文化宫中间的塔楼塔身高耸，楼体洁白，于欧美建筑有借鉴，而飞檐宝顶冠以孔雀蓝琉璃瓦，宁静优雅，中国民族风格鲜明。平面布局与佛教之曼荼罗宇宙图式，层层窗罩与藏族建筑，大门造型与伊斯兰图案，诸多艺术手法于文化有借鉴相合之处，整体和谐一致，又在具体处理上体现了设计与施工的精湛到位。

民族文化宫整体建筑造型别致、富丽、宏伟、壮观，积极探索了高层建筑的民族形式。

或许，我们对建筑艺术、文化、营造的认识要综合而具体。对建筑“风格”的定位、评价是一种比较简单的评价建筑艺术的方法，而对不同的风格、不同的人又有不同的喜好与抵触。局限于对建筑“风格”的定位、评价，必然带有简单化和机械思维。对民族文化宫的解读，绝不应局限于对其折中主义风格的讨论，而是应该了解其大的时代背景，分析其总体的功能与空间，体会其设计与施工的精湛品质，看到其民族建筑艺术之瑰丽，学习其丰富的建筑文化内涵，理解那个伟大时代中伟大的建筑营造成就。

国庆工程之十大建筑是那个年代中国建筑师进行的一次独立而封闭的对现代建筑的集体创作探索，国庆工程之十大建筑创造出了时代的而必然带有传统的建筑形式，实现了高效率、高品质的建筑营造质量，以一种特有的时间紧、任务重的方式历练出了北京乃至全国优秀的建筑设计与施工队伍，并或多或少地带有可贵的个性色彩。她是劳动者热情的集中迸发，是全民营造的激情燃烧。

站在今天来看，国庆工程之十大建筑的艺术创作也是活泼而务实的。人民大会堂与西方古典柱式，农业展览馆与中国大屋顶，中国人民革命军事博物馆与前苏联模式，民族文化宫与中国新民族形式的探讨，都有或多或少的必然或偶然联系。这真实体现了中国建筑师在当时的历史条件下难能可贵的专业素养和艺术追求。

14.2 号角与春风——20 世纪 80 年代北京十大建筑

20 世纪 80 年代是中国改革开放的年代，向科学进军的号角已经吹响，改革开放的春风吹遍大地，而一年一度愈演愈烈的中央电视台春节晚会也使人们认识到了电视这个现代媒体的力量。1988 年正值中国改革开放十年，1988 年评选的 20 世纪 80 年代“北京十大建筑”饱含着那个年代的特点——懵懂与朝气，是走向成熟的必然历程。一方面，设计、建设过程中积极奉行“适用、经济、美观”的方针；另一方面，建筑功能、建筑类型和投资方式都发生了变化。

20 世纪 80 年代北京十大建筑是：

①北京图书馆新馆（今国家图书馆）；②中国国际展览中心；③中央彩色电视中心；④首都国际机场候机楼（2 号航站楼即今 T1 航站楼）；⑤北京国际饭店；⑥大观园；⑦长城饭店；⑧中国剧院；⑨中国人民抗日战争纪念馆；⑩北京地铁东四十条站。

对 20 世纪 80 年代北京十大建筑的解读，或许可以从攀登科学高峰、媒体的力量、对外开放这三个方面各选一个典型建筑来讲述。

14.2.1 科学的高峰——北京图书馆新馆（今国家图书馆一期）

北京图书馆新馆位于西郊紫竹院北侧，占地面积 7.42 公顷，建筑面积 14 万平方米，建于 1988 年。北京图书馆新馆由原建设部建筑设计院、中国建筑西北设计院负责，杨芸、翟宗潘、黄克武主持设计。它入选了 20 世纪 80 年代“北京十大建筑”，体现了当时整个社会攀登科学高峰的价值追求。

北京图书馆的前身是清宣统元年（1909 年）清政府学府部奏请筹集的京师图书馆，主要用于收藏善本书等古籍，馆址在什刹海广化寺（鼓楼西鸭儿胡同内），辛亥革命后由北京政府教育部接管，1912 年 8 月 27 日开馆，正式接待读者。1928 年，改名为国立北平图书馆，馆址迁到北海居仁堂。1931 年于北海公园西侧建成宫殿式新馆，因馆内藏有文津阁的《四库全书》，所以馆前街名为文津街。这里环境幽美，明代时是著名的玉熙宫，明末时是皇家的别院。清代时宫殿荒废，后建图书馆，全馆面积 8000 平方米，1949 年改名北京图书馆。80 年代，北京图书馆已具有悠久历史，是全国图书馆事业的中心，是综合性图书馆，也是国家的总书库。

北京图书馆新馆设计，体现了历史悠久、文化典籍丰富的国家图书馆地位，并做到了藏书接近读者，更好地为读者服务。新馆造型对称严谨，高低错落，协调统一，采用了高书库、低阅览的布局。书库呈双塔造型，亭亭玉立。低层阅览室建筑群环绕书库，形成三个内院，内院汲取传统庭院手法，种植花木，布置水池、曲桥、亭子，馆园结合，环境幽美。

新馆建成后，包括文津街分馆在内，馆舍建筑面积为 17 万平方米，可藏书 2000 万册，设有阅览室 30 余个，拥有阅览座位 3000 多个，日平均可接待读者七八千人次，还附有展览厅及 1200 座的报告厅，形成了一座规模大、设施全、技术较先进的现代化大型公共图书馆。

新馆采用孔雀蓝色的琉璃瓦大屋顶和外檐，外墙面为淡灰色的面砖，白色花岗石基座台阶和汉白玉栏杆，配以古铜色铝合金窗和茶色玻璃，在绿荫的衬托下，朴实大方，有传统书院特色。室内环境设计，创造了舒适安静的阅览环境和工作条件。

14.2.2　媒体的力量——中央彩色电视中心

中央彩色电视中心（简称中央彩电中心），位于北京的玉渊潭湖畔，高 136.5 米，总建筑面积 8 万多平方米，建成于 1987 年，它入选了 80 年代“北京十大建筑”，象征着我国电视媒体传播力量的隆重出场。

中央彩电中心由广播电影电视部设计院组织设计，主要设计人是严星华、孙芳垂、金孟申、章之俭、张灵钊、李林生、汪祖培等。

中央彩电中心由播出楼和制作楼组成，建筑平面采用方圆结合的形式，节目制作区和播出区自然地结合在一起，使用功能得到满足，工艺流畅合理。彩电中心造型高低错落，协调有致。俯览彩电中心，平面呈“C”形的制作楼和呈“T”形的播出楼，寓意中国中央电视台英文缩写“CCTV”的字头，体现了设计的独具匠心。

播出楼为书柜形的 24 层高楼，楼内除办公用房外，还有 5 个演播室、4 个插播室及新闻节目制作、资料、微波和电视发射、接收机房等。制作楼为半圆形 3、4 层裙楼，制作楼内有 14 个演播室、8 个立体录音室及审看室、化妆室、练功房、候播室、汽车库、器材库、机房、后期制作房等。制作楼内环为人员通道，外环为设备通道。

中央彩电中心的室内设备水平先进，录音室的隔声墙、解说室的地板、演播室的灯光等，都是当时一流的。

14.2.3　对外开放——长城饭店

北京长城饭店坐落在朝阳区亮马河畔，总建筑面积 82930 平方米，地上主楼 22 层，地下车库 3 层，地面上高度为 83.85 米，总投资约 7500 万美元。1980 年 3 月 10 日开工，1983 年 12 月 10 日部分竣工试营业。

长城饭店按照国际上第一流水平的大型旅游饭店标准，由美国贝克特国际公司进行设计，由北京市第六建筑工程公司和北京市设备安装公司等单位施工，由中国国际旅行社北京分社和美国伊沈建设发展有限公司合资建造和经营的饭店。它入选了 80 年代"北京十大建筑"，体现了友好合作、对外开放的精神。

长城饭店有客房 982 套，包括 2 套总统套房，3 套贵宾套房，共 1001 间（自然间），1697 个床位，造型为三翼 18 层高的长方形高层建筑。公共服务设施设于裙房建筑内，有宴会厅、休息厅、会议室、咖啡馆、餐厅、夜总会、电影院、室内游泳池等。裙房建筑的屋顶设计成中国式的露天庭院，点缀水池、花草，并设网球场。

长城饭店 6 层高的内庭设计在当时颇具特色。内庭布置有喷泉、水池、花木，并设茶座。内庭装有四部玻璃游览电梯，旅客可直达八角形的屋顶餐厅，俯瞰城市风光。

长城饭店主楼外墙采用玻璃幕墙，这是中国建筑首次大面积使用反射玻璃幕墙，其独特的建筑艺术效果很有吸引力。整个建筑物如同若干面巨大的镜子，可以映照出周围景色和天空云彩，随着一天时光变化，玻璃幕墙的视觉效果也不断变幻。建筑物的庞大体量也一定程度地融合于周围环境之中。

长城饭店设计细致，包含有标志设计，只是当时不太为人体会、注意，而实际很有必要。这些标志设计如店徽、招牌、指示牌等，还有行车道路面、地下车库的汽车行走方向的箭头指示，车库柱子上有停车层数及停车间的编号指示，这一切都是为旅客着想。

20 世纪 80 年代北京十大建筑是一个有序的复兴前奏，可以用回归、复出、萌动、出发、学习、探索、激情、追求、思考等各种词汇来描述，而又似乎难以用一个词汇来概括，其总体是有序和充满了朝气的。

比较国庆工程之十大建筑，20 世纪 80 年代北京十大建筑有以下鲜明变化：产生过程是崭新的，首先由专家评议推荐，最终从 23 万张群众投票中产生；建筑艺术形式开始变得丰富，既有现代的，也有民族的，有中国建筑师设计的，也有外国建筑师的作品，体现出不同而丰富的建筑文化理解。投资主体和营造模式发生了变化，其大多数建筑基本还是国家计划基本建设投资，但已经不再是中央政府直接调动的全民营造。功能建筑丰富，体现了改革开放在建筑功能上的拓展，涉及多个领域。

14.3 体育、文化、商业——20 世纪 90 年代北京十大建筑

20 世纪 90 年代，建设量进一步扩大。到 2001 年，年竣工面积从 20 世纪

80 年代的 840 万平方米增长到 2555 万平方米。一方面，蓬勃发展的建筑市场为建筑师提供了梦寐以求的创作机遇和平台，这是建筑师队伍的集合号，中国建筑师队伍凭借着商业和文化这两个纠缠而矛盾的平台成长起来。另一方面，西方后现代建筑思潮对中国产生了巨大冲击。此时的西方世界先后步入后工业社会，建筑思潮转向后现代，并激烈地抨击现代主义的弊病。中国还在为工业化过程补课，中国建筑师也并没有理解现代主义建筑思潮的真谛。对北京这个历史名城而言，一方面，国际化程度不断提高，另一方面，传统文化个性变得模糊不清。

20 世纪 90 年代“北京十大建筑”评选活动由北京市规划委员会等单位主办，由北京城市规划学会承办。有五个标准：在北京市范围内，建筑面积在 1 万平方米以上，竣工验收时间在 1988 年 1 月 1 日至 2000 年 8 月 30 日之间的地面上的大型公共建筑（不含住宅、公寓建筑）；符合“适用、经济、美观”的原则，并体现出民族传统、地方特色、时代精神；要与周围建筑和环境较协调；工程质量优良；技术先进。2001 年 5 月 15 日，十大建筑评选活动揭晓，在专家初评的 30 个候选建筑基础上，群众投票评出。

20 世纪 90 年代北京十大建筑有以下建筑：

①中央广播电视塔；②国家奥林匹克体育中心与亚运村；③北京新世界中心；④北京植物园展览温室；⑤清华大学图书馆新馆；⑥外语教学与研究出版社办公楼；⑦北京恒基中心；⑧新东安市场；⑨国际金融大厦；⑩首都图书馆新馆。

20 世纪 90 年代北京十大建筑入选作品大多试图兼顾“时代感”与“中国特色”的双重诉求，而时代感与中国特色的诠释又是多义的，在此，从国际意识、妥帖延续、形式创新三个层面各选一个典型来解读。

14.3.1　走向国际的北京与国际意识——国家奥林匹克体育中心与亚运村

国家奥林匹克体育中心（简称奥体中心）是为举办第十一届亚运会而建的综合性体育中心。奥体中心和亚运村位于北京市南北中轴线，北侧为四环北路，南侧为土城北路，与元代大都的土城遗址相对，总面积为 120 公顷，包含供比赛使用的游泳馆、体育馆、田径馆、曲棍球场等及供记者、运动员使用的亚运村、会议中心、旅馆、办公楼、公寓、康乐宫等共 30 个子项、50 栋建筑，总建筑面积 64.7 万平方米。在 1990 年第十一届亚运会期间先利用其北半部的 66 公顷作为第一期建设用地。

奥体中心由北京市建筑设计研究院设计，马国馨主持，充分体现了建筑师在国际层面的多方面、深层次的交流与学习。奥体中心是国内第一个设置了车行和步行两套交通系统、实现了人车分流、形成了全场无障碍通行环境的大型体育公园；在环境上注重人工景观和自然景观相结合，形成多元、丰富而又完整的景观；在总体布局和单体处理上，注意吸取传统文化和建筑艺术的精华；在使用现代技术和新材料的同时，表现出体育建筑的特色。

奥体中心设计有三个方面的结合特色鲜明。

其一，亚运会、奥运会、综合利用的结合。

奥体中心满足 1990 年举办亚运会比赛的需要，第一期建设有 20000 人田径场，6000 人游泳馆，6000 人体育馆和 2000 人曲棍球场四个比赛场馆和其他相应的练习场馆等设施，在第十一届亚运会期间形成了相对独立并较完整的格局。在举办奥运会时，奥体中心又是一个主要的比赛场地，是一个国家级的设施完整、配套齐全的综合体育中心，满足专业运动及比赛的同时，综合考虑了无障碍、群众体育、对外交流，成为了开放的体育公园。

其二，总体布局、功能分区、交通组织的结合。

奥体中心在总体布局上采取活泼、自由的布置方式，用曲线打破方正单调的布局，与规整的中轴线结构和棋盘式的街道相得益彰。奥体中心以东西向的道路和北侧的环形道路为基本骨架，将田径场置于东西轴线上，而游泳馆、体育馆和练习馆等成弧形围绕中间的人工水面布置，形成一个具有鲜明特色的整体组群，将运动员、观众、贵宾和工作人员等运动流线明确加以区分，将步行人流和机动车流明确区分开来，15 米宽的外环路是主要的车行系统，贵宾、运动员、记者和有组织的乘车观众沿车行路进入各自的停车场，将机动车流转换为步行人流。由各主要建筑物围合起来的空间及人工湖的周围，是规划的步行区。

其三，整体风格、建筑细部、景观环境的结合。

奥体中心注意建筑群体所形成的组合关系，通过各场馆建筑物之间的围合、呼应、联系，形成一个有机的群体，在统一的群体布置中又保持各自的个性，各主要场馆通过相同颜色的外墙涂料和银灰色的屋面，取得统一和协调。在各馆凹曲形坡屋顶的处理上，又结合各馆的特点有所变化，有所创新。奥体中心仔细研究了观赏树的定位和树种、大面积背景绿化等问题，通过人工景观和自然景观的结合，充分考虑人们的行为心理和特点，加强景观元素的设计和处理。通过雕塑、标志、座凳、灯柱、围墙、地面铺装等方面的设计，进一步加强景观的连续性。

14.3.2 建筑的妥帖把握与文化的承上启下——清华大学图书馆新馆

清华大学图书馆新馆（简称新馆）于 1991 年建成，由清华大学建筑设计研究院设计，清华大学教授关肇邺先生主持。新馆位于清华园的中心区，与 1919 年及 1931 年两次建成的老图书馆连成一体，是当时校园中占地最大的建筑。

新馆在总体空间与形象处理方面颇具匠心，逐次有序，有三个层面的妥帖把握：

其一，总体布局的把握。新馆建筑面积 2 万多平方米，为了与老馆和大礼堂协调，新馆把高大的中心部位退后而围合。从新馆内敞窗，能观赏到老馆、大礼堂的优美景观。

其二，建筑序列富有节奏变化。从整体上看，老建筑得到尊重，大礼堂、老馆、新馆形成一个整体，三者之间有着轴线联系的呼应关系，空间序列丰富。在尊重老建筑的同时，在新馆积极营造建筑空间序列，礼堂轴线向北延伸，新馆半围合成了一个有水池花木的内庭院，院西为新馆入口，从入口步进前厅，继而上到中庭，形成空间高潮，然后再到各个阅览室，里面又有一个内院，空间层次丰富，和谐有序，各得其所。

其三，形象处理的把握。新馆既尊重历史，尊重环境，又有自己的设计元素与时代气息。

新馆在单体设计上还有三个特点，这三个特点与总体空间与形象处理一脉相承。

其一，功能合理，设施现代化，使用管理方便。新馆空间的变化，根据存书、阅览的功能，精心设计，有序组织。中庭作为中心，导向明确；书库在西，作为阅览室与新馆西侧操场的隔离地段，使阅览安静；阅览室多为开架阅览，方便读者。各种设备在当时也是先进的。

其二，材料朴实，高雅大方而注重文化氛围营造。新馆使用的大都是一般材料，设计重视空间、比例、尺度，仅在重点部位使用一些装饰，有内涵和品位。中庭及其周围和院落有交往和休息空间，适合人们活动，具有舒适感和文化气氛。

其三，在当时的条件下，对建筑技术有改进探索。阅览室的窗可上下对流，通风好；中庭的双层透明屋顶，防漏，无眩光，光线均匀。

14.3.3　大金融大商业与形式创新——国际金融大厦

北京国际金融大厦（简称金融大厦）位于西长安街南侧，1997 年由北京市建筑设计研究院设计，由当时年轻的建筑师胡越、苑泉等主持和设计。金融大厦是由招商局全资公司北京金龙兴业房地产有限公司开发的大型房地产项目，以金融机构办公、营业为主，体现了大金融大商业时代的到来和与之相符的形式创新。

金融大厦设计有三个目的：与原有城市结构相协调；满足业主在地产开发和管理上的要求；创造与整体环境协调又富于个性的建筑。

金融大厦将巨大的体形分解成三大部分：中央大厅及尖顶，四座办公楼，两个巨大的弧形连接体，减轻了道路南侧大体形建筑对长安街的压迫感。

金融大厦四座办公楼首层为银行营业厅，北侧 2~11 层、南侧 2~13 层为办公楼，南侧 14 层为餐厅和设备机房。大厦地下有两层，一层为金库、账库、保管库、汽车库、自行车库、快餐厅，二层为机房和汽车库。

金融大厦中心位置为一个圆形大厅，内部高 10 米，其中央有一个钻石锥顶。圆形大厅把 4 个长方形办公楼底层的 4 个银行营业厅组织在了一起。圆形大厅向上望去是办公楼，是标志塔、巨大的门洞和弧形连接体组成的丰富而壮观的建筑空间，在有限的空间中获得了无限的空间感受。四个办公楼的布置适应了业主在商业上的需求，同时也有利于物业管理，其电梯厅空间组织简洁而高效。

金融大厦外装修采用了铝板、玻璃幕墙和石材。在立面构图中占主要地位的玻璃幕墙采用了现代建筑材料与传统图案相结合的手法，精心设计了独特的窗式幕端系统，将幕墙分解成 4 米 ×3.6 米的单元，采用传统方法将其固定在钢框架中，方便施工，节省资金。在中央大厅采用了点式连接玻璃幕墙，获得了良好的效果。

金融大厦在结构创新和技术组织上也有很大成就，有高层大底盘四塔、顶层钢结构连接体、地下结构超长不设缝、关键部位型钢混凝土结构等内容。

20 世纪 90 年代“北京十大建筑”评选，其意义不仅是建筑创作思想的研究，更是让建筑文化走进公众的一种努力，是又一次对北京城市建设发展成就的大检阅。20 世纪 90 年代“北京十大建筑”与以往十大建筑相比，它们更具时代感，也能从中体会出中国建筑师在中国建筑营造之路上的努力和进步。这次十大建筑的评出，让中国的建筑师有机会驻足回望，同时冷静地思考一下自己在国内外建筑领域的位置。

14.4　物质世界与城市生活——21 世纪初北京十大建筑

进入 2000 年，特别是北京申奥成功后，北京的城市建设进入了大规模高速发展时期。北京城几乎成了一座“世界建筑博物馆”。

2009 年，北京当代十大建筑隆重揭晓。这些气宇轩昂的新建筑有三个特点：体量巨大，形式新颖，视觉冲击力强；在数字化时代，用许多数字说明了它们的新颖与超前；许多营造内容雄踞国内第一乃至世界第一。

本次北京当代十大建筑标准：2000~2008 年竣工投入使用；建筑规模在 5 万平方米以上的单体建筑（纪念性建筑除外）；充分体现绿色、科技、人文三大理念的建设项目；已获得北京市长城杯和国家级质量奖的项目优先入选。

符合参赛标准的建筑有 100 余项。本次评选活动成立了一个多达 20 多人的专家评选委员会，他们分别来自北京的有关政府部门、设计单位、施工单位和监理单位，其中就有直接参与过众多北京标志性建筑的设计、施工等工作的专家。经过第一轮筛选，留下 50 项候选项目。市民空前关注，共收到选票 971 万余张，是评选 90 年代十大建筑时收回的 63 万余张选票的 15 倍。这反映了人们对身边建筑、对城市面貌的关注度在提高。最终入选的十大建筑基本均为公共设施，体现了城市发展与物质生活的极大丰富。

评选结果于 2009 年 9 月 24 日揭晓，“北京当代十大建筑”是：

①首都机场 T3 航站楼；②国家体育场（“鸟巢”）；③国家大剧院；④北京南站；⑤国家游泳中心（“水立方”）；⑥首都博物馆；⑦北京电视中心；⑧国家图书馆（二

期）；⑨北京新保利大厦；⑩国家体育馆。

北京当代十大建筑全部都是 2005 年以后竣工的项目，其中 2008 年竣工的项目共有 6 个，直接为奥运会服务的项目有 4 个。

14.4.1　起飞的经济——首都机场 T3 航站楼

为适应我国经济的起飞、首都航空业的迅速发展、2008 年北京奥运的需求，T3 航站楼被定位为一个国际、国内综合型枢纽机场，其服务目标是旅客年吞吐量几千万人次。T3 航站楼南北长 2900 米，宽 750 米，高 45 米，总建筑面积 98.6 万平方米，是全球最大的单体航站楼，由荷兰机场顾问公司（NACO）、英国诺曼·福斯特建筑事务所负责设计。

T3 航站楼的成功的关键在于对巨大的空间和面积的把握，在于合理高效的流线规划与合理有序的细部设计，在于其从设计到实施的高度专业化和严格的质量标准。在此基础上，T3 航站楼的造型与环境设计也颇具匠心。

14.4.2　文化的巨融——国家体育场（“鸟巢”）

鸟巢体现了东西方文化的巨大碰撞与交融，是新北京的新地标，有三个突出特点：

其一，捕捉心灵的设计理念。

国家体育场坐落于奥林匹克公园建筑群的中央位置，地势略微隆起。它如同巨大的容器，而且给了它戏剧化的弧形外观，体育场的外观就是纯粹的结构，立面与结构是统一的，各个结构元素之间相互支撑，汇聚成网格状，就如同一个由树枝编织成的鸟巢，这就是“鸟巢”。

其二，认真思考，逐次追求完美。

鸟巢基座与其几何体的风格一致，步道延续了体育场的表面肌理，但尺度很小。下沉的花园、石材铺装的广场、通向基座内部的开口，从城市的地面上缓缓隆起，形成了体育场的基座。体育场的入口处地面略微升高，可以浏览到奥林匹克公园建筑群。体育场的外观将建筑物的立面、楼梯、看台、屋顶融合为一个整体，其中包含着一个土红色的体育场看台。中国传统文化中镂空的手法、陶瓷的纹路、红色的灿烂与热烈，与现代钢结构设计相融在一起。餐厅、商店、卫生间是独自控制的单元，建筑外立面没有整体封闭。

其三，巨大的工程。

国家体育场工程为特级体育建筑，主体结构设计使用年限为 100 年，耐火等级为一级，抗震设防烈度 8 度，地下工程防水等级 1 级。工程主体建筑空间呈马鞍椭圆形，南北长 333 米，东西长 294 米的，高 69 米。鸟巢屋顶钢结构上覆盖双层膜结构：固定于钢结构上弦之间的透明的上层 ETFE 膜，固定于钢结构下弦之下及内环侧壁的半透明的下层 PTFE 声学吊顶。

14.4.3 技术的力量——国家游泳中心（“水立方”）

国家游泳中心又被称为“水立方”，位于北京奥林匹克公园内，是北京为2008年夏季奥运会修建的主游泳馆，也是2008年北京奥运会标志性建筑物之一。国家游泳中心由中国建筑工程总公司、澳大利亚PTW建筑师事务所、ARUP澳大利亚有限公司联合设计，于2003年12月24日开工，在2008年1月28日竣工。其与国家体育场（鸟巢）分列于北京城市中轴线北端的两侧。其规划建设用地62950平方米，总建筑面积65000~80000平方米，长、宽、高分别为177米、177米、30米，与国家体育场比较协调，功能上完全满足2008年奥运会赛事要求，而且易于赛后运营。

国家游泳中心的科研创新是一大亮点，它融建筑设计与结构设计于一体，设计新颖，结构独特，所采用的特殊膜材料、钢结构以及室内环境设计，在奥运场馆建筑历史当中很多都是空白，充分体现了现代化技术的力量，被称为“水立方”。

在中国文化里，水是一种重要的自然元素，而方形是中国古代城市建筑最基本的形态，它体现的是中国文化中以纲常伦理为代表的社会生活规则。一个“方盒子”，满足了国家游泳中心的多功能要求，也寓意了传统文化与建筑功能的完美结合。它与圆形的“鸟巢”——国家体育场相互呼应，相得益彰，有天圆地方之含义。

水立方不仅采用ETFE膜材料与结构的设计与施工使用上迎接了巨大挑战，其在通风空调，防火，声、光、电的控制各方面也作出了积极探索。游泳池应用了许多创新式的设计，如把室外空气引入池水表面，带孔的终点池岸，视觉和声音发出信号等。还有一些高科技设备，如确定运动员相对位置的光学装置、多角度三维图像放映系统等，这些装置将帮助观众更好地观看比赛。水立方充分考虑了环保的需要，利用太阳能电池提供电力；空调和照明负荷降低了20%~30%；对废热进行回收，一年将节省60万度电；在一定条件下，游泳中心消耗掉的水分可以有80%从屋顶收集并循环使用。

21世纪“北京当代十大建筑”的评选展示了我国现代化建设取得的巨大辉煌，是中外建筑师的同台竞技，也是中国建筑师队伍历练的必然历程，是我国建筑营造走向成熟的开始。北京当代十大建筑不仅仅是当代北京的十大建筑，有的是奥运会留给北京的宝贵遗产，有的堪称世界建筑领域的典范，有的体现了中西方建筑文化的碰撞与交流。北京当代十大建筑彰显了新北京人文、科技、绿色的城市魅力，更为北京增添了时代地标。

本讲小结：

四届北京十大建筑，是大半个世纪北京建筑力作的集锦，是60年新中国建筑成就的一个缩影，也是新时代中国建筑营造的一段美丽画面。下面对其作一个简单分类、归纳。

会堂 / 演出类 3 个：

人民大会堂（国庆）、中国剧院（1980s）、国家大剧院（2000s）

博物 / 展出 / 游览类 9 个：

中国革命历史博物馆（国庆）、中国革命军事博物馆（国庆）、全国农业展览馆（国庆）、民族文化宫（国庆）、中国国际展览中心（1980s）、大观园（1980s）、中国人民抗日战争纪念馆（1980s）、北京植物园展览温室（1990s）、首都博物馆（2000s）

交通类 5 个：

北京火车站（国庆）、首都国际机场候机楼（2 号航站楼）（1980s）、北京地铁东四十条车站（1980s）、首都机场 3 号航站楼（2000s）、北京南站（2000s）

体育类 5 个：

北京工人体育场（国庆）、国家奥林匹克体育中心与亚运村（1990s）、国家体育场（“鸟巢”）（2000s）、国家游泳中心（“水立方”）（2000s）、国家体育馆（2000s）

饭店类 5 个：

民族饭店（国庆）、钓鱼台国宾馆（国庆）、华侨饭店（国庆）、北京国际饭店（1980s）、长城饭店（1980s）

图书馆类 4 个：

北京图书馆新馆（今国家图书馆一期）（1980s）、清华大学图书馆新馆（1990s）、首都图书馆新馆（1990s）、国家图书馆（二期）（2000s）

媒体类 4 个：

中央彩色电视中心（1980s）、中央广播电视塔（1990s）、外语教学与研究出版社办公楼（1990s）、北京电视中心（2000s）

商业写字楼类 5 个：

北京新世界中心（1990s）、北京恒基中心（1990s）、新东安市场（1990s）、国际金融大厦（1990s）、北京新保利大厦（2000s）

附：四届北京十大建筑项目兴建时间与规模一览表

序号	项目名称	兴建时间	规模	
			占地（公顷）	建筑面积（平方米）
1	人民大会堂	1958 年 11 月	15	17 万多
2	中国革命历史博物馆	1958 年 8 月	4.6	3.25 万
3	中国革命军事博物馆	1958 年	8	6 万多
4	全国农业展览馆	1959 年	52	2.5 万
5	北京火车站	1959 年	25	8 万
6	北京工人体育场	1959 年 8 月	35	8 万多
7	民族文化宫	1959 年 9 月		3.2 万

续表

序号	项目名称	兴建时间	规模	
			占地（公顷）	建筑面积（平方米）
8	民族饭店	1959 年		4.7 万
9	钓鱼台国宾馆	1958 年	42	16.5 万
10	华侨饭店	1958 年		
11	北京图书馆新馆	1975 年 3 月	7.42	14 万
12	中国国际展览中心	1985 年	15	5 万多
13	中央彩色电视中心	1987 年		8.4 万
14	首都国际机场候机楼（T1 航站楼）	1985 年		
15	北京国际饭店	1987 年		12.6 万
16	大观园	1984 年	12.5	0.8 万
17	长城饭店	1980 年 3 月	1.5	8.293 万
18	中国剧院	1984 年 1 月		1.134 万
19	中国人民抗日战争纪念馆	1987 年	3	2 万
20	北京地铁东四十条车站	1987 年		2.6 万
21	中央广播电视塔	1987 年 1 月	15.4	
22	国家奥林匹克体育中心与亚运村	1986 年 7 月	97.5	64.7 万
23	北京新世界中心	1994 年 4 月	1.9	18.7 万
24	北京植物园展览温室	1998 年 3 月	5.5	0.98 万
25	清华大学图书馆新馆	1991 年		2 万多
26	外语教学与研究出版社办公楼	1997 年 10 月		
27	北京恒基中心	1994 年	3	30 万
28	新东安市场	1993 年		21.58 万
29	国际金融大厦	1997 年	1.8	10.1 万
30	首都图书馆新馆	1997 年 12 月	3.8	3.7 万
31	首都机场 3 号航站楼	2004 年 3 月		98.6 万
32	国家体育场（“鸟巢”）	2003 年 12 月	21	25.8
33	国家大剧院	2001 年 12 月	11.89	16.5 万
34	北京南站	2006 年 5 月	49.92	22 万多
35	国家游泳中心（“水立方”）	2003 年 12 月	6.295	6.5—8 万
36	首都博物馆	2001 年 12 月	2.48	6.34 万
37	北京电视中心	2002 年 12 月	3.61	19.7 万
38	国家图书馆（二期）	2003 年		7.7678 万
39	北京新保利大厦	2003 年	2	10.13 万
40	国家体育馆	2005 年 5 月	6.87	8.09 万

图 14–1　中国北京人民大会堂

人民大会堂在建筑营造上的巨大成就是其“古今中外、皆为我用”的实践理性精神，而非中体还是西体。它或多或少参照了西方建筑的柱式形制，但明确采用了中国民族和传统风格的细部和装饰，第一次将黄琉璃瓦檐口装饰用于大型公共建筑。时间紧迫，它在大跨度结构问题的解决上没有力求突破，而是力求稳妥。它是集当时照明、通风最高水平之大成。人民大会堂已经落成，既鼓舞人心，又确立了一个历史性的地标。同时，也成了学习乃至克隆的样板。人民大会堂本身作为中国建筑全民营造的历史意义是无法被复制的。

人民大会堂是国家行为全民营造的历史经典，是一个建筑奇迹。

图 14–2　中国清华大学图书馆新馆

新馆在体现时代精神和建筑个性的同时，努力使建筑与周围环境和谐统一，相互呼应、浑然一体，形成了一个典雅宁静，有较浓厚文化学术气氛而富有生气的读书环境。新馆尊重历史，尊重环境，在空间、尺度、色彩和风格上保持了清华大学西区原有的建筑特色，红砖墙、坡屋顶、拱门窗，精雕细刻，朴实无华，富于历史的延续性。新馆的材料、拱门、高度、色彩、装饰等，同老馆总体协调，但在具体形式上又不完全拘于原有建筑形式，有自己的设计元素，与老馆的主要元素和而不同，又与当时的整体施工水平相适应，透出一派时代气息。

在今天回看，清华大学图书馆新馆既是文化的建筑，又充分地体现了建筑的文化，是文化的建筑与建筑的文化的典范结合。

图 14–3　中国北京 T3 航站楼局部

从空中俯瞰，南北长 2.9 公里，东、西翼展宽 750 多米的 T3 航站楼，与四通八达的立体交通网交织在一起，有一些游龙般的意味，近 300 个三角形自然采光窗犹如片片龙鳞。

从内部看，也有一些普遍性的"中国元素"的应用：巨大的红色三角形网架搭建成的屋顶局部采用了红色；一些摆设和小品也具有中国特色。

其实，T3 航站楼的成功还有许多，其在国内机场大型航站楼首次大规模运用自然采光设计；其方向清晰、四通八达的立体交通专业且高效；其拥有国际先进的自动分拣和传输系统；拥有高度信息化的系统；拥有世界领先的助航灯光系统等。

图 14–4　中国北京鸟巢局部

鸟巢工程总占地面积 21 公顷，建筑面积 258000 平方米。场内观众坐席约为 91000 个，其中临时坐席约 11000 个。在鸟巢举行了奥运会、残奥会开闭幕式，田径比赛及足球比赛决赛，会后成为了北京市民广泛参与体育活动及享受体育娱乐的大型专业场所。

鸟巢是一项巨大无比的工程。巨型钢结构将“树枝般的温暖巢穴”造型尽力放大，形成整体的巨型空间马鞍形钢桁架，编织成钢铁的巨型“鸟巢”，钢结构总用钢量为 4.2 万吨。钢结构又与混凝土看台上部完全脱开，互不相连，形式上呈相互围合。混凝土看台分为上、中、下三个空间层次，为地下 1 层、地上 7 层的钢筋混凝土框架加剪力墙结构体系。

图 14–5　中国北京南站

北京南站位于北京市崇文区永定门外车站路，是目前全世界最大的火车站，世界客流量第三的客运火车站，有“亚洲第一火车站”之称。其建筑形态为椭圆形，车站主体为钢结构，分为主站房、雨篷两部分。主站房为双曲穹顶，最高点 40 米，檐口高度 20 米。

其主体设计可能有许多空间的寓意。实际上，经过此处的旅客更多体会到的是旅行条件的舒适、候车环境的文明、作为旅客的体面。人性化的关怀在许多方面都有体现。

图 14–6　中国北京水立方

水立方包裹着特殊的建筑表皮，是结构与围护一体的创新。

表皮“元素”是几何形状并酷似水分子结构的晶状体“气枕”，透明的 ETFE 膜使其变得柔和。水立方的内外立面膜结构共由 3065 个气枕组成（其中最小的 1~2 平方米，最大的达到 70 平方米），覆盖面积达到 10 万平方米，展开面积达到 26 万平方米，是世界上规模最大的膜结构工程，也是惟一一个完全由膜结构来进行全封闭的大型公共建筑。

许多建筑膜结构用不透明的纤维材料 PTFE 膜，而水立方使用的是透明膜 ETFE 膜，为场馆内带来了更多的自然光，也进一步突出了结构体系之美。

第 15 讲　中国建筑发展解读

梁思成先生说过："建筑之始，产生于实际需要，受制于自然物理，非着意于创新形式，更无所谓派别。其结构之系统及形制之派别，乃其材料环境所形成。"

吴良镛先生在 20 世纪 80 年代始创中国人居环境科学，他认为，可通过聚居、地区、文化、科技、经济、艺术、政策、法规、教育甚至哲学的角度来讨论建筑，形成"广义建筑学"，在专业思想上得到解放，进一步着眼于"人居环境"的思考。他提出当今科学的发展需要"大科学"，人居环境包括建筑、城镇、区域等，是一个"复杂巨系统"，在它的发展过程中，面对错综复杂的自然与社会问题，需要借助复杂性科学的方法论，通过多学科的交叉从整体上予以探索和解决。

单德启先生在 20 世纪 90 年代初提出了中国传统民居二重性的论点，即民居和传统建筑中的宫殿、寺庙、园林建筑等类型不一样，它既是传统建筑文化尤其是乡土文明的历史遗存，又是当今广大乡民居住的现实。专家、学者乃至旅游者往往看重传统民居的历史文化方面，希望保存和保护是有道理的，而居民们却更关注自己的居住环境的质量，舒服与否，卫生与否，安全与否等，这些对于一个居住环境来讲是基本的常规条件。

探究中国建筑发展，必须从宏观的、综合的而又专业和理性的角度出发，尊重第一环境大自然，全面营造广义的聚落环境，即第二环境，积极探索创新第三环境——建筑。

广义的聚落环境，是指建筑所在之整体。回顾前 14 讲，有一个脉络很清晰，那就是建筑绝不是孤立存在的。建筑是人类文明发展到一定程度的结果，是社会物质财富和人类精神成就的巨大集成，是各种材料技术手段与组织协调的综合营造。这一切之相关联，并非直接作用于自然，又不可局限于建筑本身去探究。这一切之相关联，随着人类文明的积累，愈来愈丰富与庞杂，其专业对应已经不是建筑、规划、园林所能覆盖。这一切之相关联，就是我们在开篇所讲的第二环境。第二环境与第一环境大自然、第三环境建筑之间并没有清晰的界线，但有着明确的独立性和自我规律，有一定的不可逆性，也有一定的自我修复能力。其联系界面并非局限于大自然、建筑。其专业对应涵盖了建筑、规划、园林，涵盖了地质、材料、工程、土木、设备、电气等专业，并涵盖了社会、宗教、教育、经济、心理、运筹等诸多领域。第二环境营造是建筑营造的基础，建筑营造是第二环境营造的核心。

在习惯的认识中，第二环境往往体现为实物形式的聚落整体，乃至具体的传统民居。这种约定俗成，实际上是有深刻内涵的。在今天，建筑教育与建筑知识的普及也在第二环境的营造中意义重大。

15.1 把自然与建筑有机融汇的第二环境——同里、丽江、平遥

中国有辽阔的大地山脉、江河湖海，在中华文化一脉相承的总体背景下，各地先民在历史长河中，依据所在地形地貌、气候、社会风俗、宗教习惯等，艰辛营造建筑居所，并自觉地、积极地综合营造第二环境，其智慧光芒永久闪耀，如前所述宏村之理水。在更大规模的城镇大聚落环境营造上，其第二环境的营造，涉及更广，难度更大，系统更复杂。同里、丽江、平遥是三个不同类型的把自然与建筑有机融汇的第二环境之典范。

15.1.1 江苏同里古镇之水

同里镇位于江苏吴江市东北，邻近苏州、太湖，位于太湖之畔，古运河之东，为江南六大著名水乡之一。唐初称为铜里，宋代建镇，将旧名拆字为“同里”，已有一千年的历史，是一个具有悠久历史和典型水乡风格的古镇。同里镇距苏州市 18 公里，距上海 80 公里，面积为 33 公顷，同里镇内发掘考证还有“松泽文化”和“良渚文化”的遗迹。唐宋时，镇在九里村，现镇区北约 1 公里处，地处九里湖畔。元代开始，镇中心向河道更为密集的现镇区迁移，原镇区遂变为农村。明代，镇区格局基本成形。至清代，镇区内基本无空地，形成一个完整、繁荣的村镇。同里古镇的规划布局、民居建筑、园林景观无不与水有密切的关系，依水而成。

其一，布局依照河道的方向组织空间。同里古镇沿河有骑楼街、廊棚、水埠、桥头等。在同里，桥本身既是交通设施，具有“阻水、聚水”的作用，它还是连接两个区域的中介，是水平向的景观要素，是欣赏村镇景观的最佳观赏点。同时，通过桥洞框景，增加整体的景观层次。河道纵横，大小古桥星罗棋布，回转相接，桥桥相望，构成了“东西南北桥相望，水道脉分棹鳞次”的水乡景色。桥在组织流线，联系镇与外部自然环境以及组织景观序列方面有着不可替代的作用。

其二，建筑与水相近相邻。同里古镇民宅多依水而建，许多宅前临水有路，体现住宅的庄严宽敞，且便于水陆交通。其布局严谨，外观恢宏，造型精巧，宅院相融，与环境互相渗透，空间处理十分优美，保有徽派建筑的文化精髓，同时具有苏州地区的建筑特色。大多住宅为多进式，院墙封闭围合成天井，以高墙划分内外，而内向庭院敞开，且建有庭园或花园。正厅命名为某某堂，堂名又成为家族的代号。建筑宅基为条石，承重构件柱、梁、檩、椽以及板壁门窗均用木材，砖砌填充墙，屋顶为筒瓦，门窗采光在清末始用玻璃。

其三，园林景观更是与水连在一起。同里古镇在总体布局上依照河道的方向组织空间，自然有机地形成体系的水体景观。另有许多与水联系在一起的园林小筑，宋代诗人叶茵构筑别业，称“水竹墅别业”，园有十景，如“曲水流觞”、“竹风水月”、“峭壁寒潭”等，都与水相连。元代，同里的“水花园”为叶振宗所居，地广数里，在同里湖畔。明代，同里有“湖林别业”，为任秀之园第，地处庞山湖畔。清代有著名的贴水名园“退思园”，退思园于江南园林中独辟蹊径，山、亭、馆、廊、轩、榭等皆紧贴水面，园如出水上。

15.1.2　云南丽江古城之土坯

丽江古城位于中国西南部云南省的丽江市，坐落在丽江坝中部，又名大研古镇，海拔 2400 余米，全城面积达 3.8 平方公里，与山西平遥、四川阆中、安徽歙县并称为“保存最为完好的四大古城”，也是中国历史文化名城中唯一没有城墙的古城。

丽江古城自古就是远近闻名的集市和重镇，其纳西名称为“巩本知”，“巩本”为仓廪，“知”即集市，大研古镇曾是仓廪集散之地，现有居民 6200 多户，25000 余人。其中，纳西族占总人口绝大多数，有 30% 的居民仍在从事以铜银器制作、皮毛皮革、纺织、酿造业为主的传统手工业和商业活动。

丽江古城未直接套用“方九里，旁三门，国中九经九纬，经途九轨”的中原建城形制。总体布局，三山为屏，一坝相融；水系利用，三河穿城，家家流水；街道布局，傍水左右，经络自然；建筑群落，依山就水，曲幽舒和。丽江古城在布局、建筑、园艺诸方面，按自身的具体条件和传统生活习惯，有机结合中原、白族、藏族建筑的优秀传统，并在房屋抗震、遮阳、防雨、通风、装饰等方面进行了大胆创新，形成了自己独特的风格，其鲜明之处就在于无统一的构成机体，其依山傍水、穷中出智、拙中藏巧、自然质朴、错落有致的第二环境的整体营造，是纳西族先民根据民族传统和环境努力创新的结果，具有当时鲜明的时代性，并在相当长的时间和特定的区域里，影响了纳西族的发展。

丽江古城也是建筑整体风貌保存完好的典范，其白墙灰瓦鳞次栉比，其朴实生动的造型、精美雅致的装饰是纳西族文化与技术的结晶，其木结构、围护分隔、园艺铺装都有独特的成就，而其土坯墙也颇有特色。

丽江土坯类似黏土块砖，但是未经过井窑高温烧制。丽江土坯墙属于砌块式墙体，土坯预制是先将泥土加水拌成稠度适中的糊状，装入模子一块块地脱出晾干备用，砌筑时按照丁、顺等诸多方法组合，层层叠叠达到要求的建筑高度，层间粘结也是用糊状稀泥。

土随处可取，土的品质有优有差，用法各不相同。丽江土坯因为没有烧结，只有搅拌与混合的过程，其降解的过程也是相对简单的。降解是建筑材料在自然循环的第一步。

丽江土坯墙，是农耕时代一种原始而又可以改进并持续使用的建筑营造材料。

水、土、木，建筑营造的三大原始而永恒的基本元素，在丽江古城呈现为和谐一体。

15.1.3 山西平遥古城之砖

平遥古城位于山西北部，是一座具有 2700 多年历史的文化名城，是汉民族城市在明清时期的杰出范例。平遥旧称“古陶”，明朝初年，为防御外族南扰，始建城墙，洪武三年（1370 年），在旧墙垣基础上重筑扩修，并全面包砖。以后，景德、正德、嘉靖、隆庆和万历各代进行过十次补修和修葺，更新城楼，增设敌台。

平遥可以说是一座砖城，有五大特点：

其一，城池悠久完备。平遥城墙，始建于西周宣王时期（公元前 827~ 前 782 年），为夯土城垣。明洪武三年（1370 年）重筑，由原“九里十八步”扩为“十二里八分四厘”（6.4 公里），变夯土城垣为砖石城墙，取神龟“吉祥长寿”之意，筑为“龟城”。明清两代先后有维修，城墙平面呈方形，周长 6162.7 米，高 10 米，垛堞高 2 米，顶宽 3~5 米，墙身素土夯实，外包青砖，内墙砖砌排水槽 77 个。墙顶设垛口 3000 个，敌楼 72 座，内砌女儿墙。四隅角楼四座，东城墙上有点将台，东南角城顶上筑魁星楼和文昌阁。

其二，城门坚固而有寓意。平遥城墙建有重门瓮城六座，南北各一，东西各二。城池面南而偏东，南门迎纳着东南方的和薰之风，南门名迎薰。古人以北极星作为北方的标志，北门取四方归向，众人共尊之意，名拱极。上东门地处朝气方位，取生机盎然、保合太和之意，名太和。其余三门分别名永定、亲翰、凤仪，也有国泰民安、卫国保家、吉祥隆昌的含义。瓮城城门与大城门的朝向多数呈 90° 夹角（南门和下东门除外），瓮城地方狭窄，不易于展开大规模兵力，延缓了敌军的进攻速度，而守军则可居高临下四面射击。城楼共有六座，创修于明代，清康熙四十二年（1703 年）补修重筑，造型古朴，结构稳固。平常登高瞭望，战时主将坐镇指挥，是城池重要的防御设施。

其三，角楼马面敌楼齐全。平遥城墙角楼西北角霞叠，东北角栖月，西南角瑞霭，东南角凝秀，为砖木结构二层楼阁，平面呈方形，有拱券门，内有砖阶可通往二层。楼身砖砌，楼板木作，歇山式屋顶。平遥城墙每隔 60~100 米有马面一个，马面上筑有瞭望敌情的楼橹，称“敌楼”。敌楼平面呈方形，双层，四壁砖砌，硬山顶。多数敌楼，除对外御敌外，还正对着城内的一些街巷，不论在平时还是战时，敌楼都具有治安防范的功能。

其四，城墙构造坚固。平遥城墙墙体有收分，内部用素土夯筑。明代遗留的夯土层中有木栓，由地面以上起，每 2 米为一层，木栓平面分布的间距为 2~3 米。夯土墙外侧以条石作基，以特制的青砖包砌夯土墙。砖墙内侧每隔 5~6 米筑有砖砌，与夯土墙连接。

其五，民居以砖墙瓦顶木结构为主。平遥古城民居，以砖墙瓦顶的四合院为主，布局严谨，左右对称，尊卑有序。大家族则修建二进、三进院落甚至更大的院群，院落之间多用装饰华丽的垂花门分隔。民居院内大多装饰精美，进门通常建有砖雕照壁，檐下梁枋有木雕雀替，柱础、门柱、石鼓多用石雕装饰。民居大多为单坡内落水，有“四水归堂”的说法，实际上，山西地处干旱区，且风沙较大，将房屋建成单坡，能增加房屋临街外墙的高度，而临街又不开窗户，则能够有效地抵御风沙和提高安全系数。紧凑的布局也喻示着对外排斥、对内凝聚。

平遥古城众多的建筑营造遗存，代表了中国古代城市在总体布局、防御治安、建筑形式、施工方法、用材标准上的巨大成就，特别是大规模砖材料的应用体系，远远超出了建筑本身，是又一个在当时的历史条件下，积极营造第二环境的典范。

15.2　建筑教育与建筑普及

中国建筑的发展，人的建筑素质的培养愈来愈重要。其含义有二：其一，大力推进和提高建筑专业教育；其二，全面普及建筑素质教育。

15.2.1　建筑教育与建筑学术活动

相对于西方发达国家而言，我国的建筑教育历史相对较短。

国立中央大学（曾名南京工学院，今东南大学）建筑系创立于 1927 年，是中国现代建筑教育的发源地。刘福泰（1893~1952 年），广东宝安人，留学美国，于俄勒冈州立大学获建筑学硕士学位，在美国担任建筑师职务，回国后曾任天津万国工程公司、上海彦记建筑事务所建筑师，1927 年 8 月，他应聘从上海来担任国立中央大学建筑系首任主任。鲍鼎、卢树森、杨廷宝、刘敦桢、童寯等教授长期在该系任教和主持工作。

自中央大学建筑系肇始，中国现代建筑教育拉开了帷幕。

1952 年中国高等学校进行了一次全国规模的大调整，中国新的建筑教育格局由此形成。1965 年，全国建筑学招生为 289 人，“文革”的 1966~1967 年十年间，基本停顿。

20 世纪 50~70 年代的建筑教育大多有三个特点：其一，以批判的眼光审视西方建筑，包括审视现代主义作品，总体上与国际发展潮流脱节。其二，强调从实际出发，切合国情，注重建筑功能性、类型性、低标准，重视综合解决设计问题的能力、表现技能的基本训练，缺少对趋势性、前沿性内容的思考与学习。其三，学生对实际、对国情较为了解，对实践较为重视，又有艰苦奋斗精神和技巧性训练，基本功扎实，设计方法运用娴熟，缺少对形式规律的研究。在建筑哲学修养与原创性思维方面，有许多优秀学生在后来的实践中积极提高。

1977 年开始恢复高考，建筑学招生人数每年达到 327 人，1978 年恢复研究生招生，随着大规模建设对人才的需求，原已停办建筑学专业的学校迅速恢复专业及恢复招生。1978 年之后，随着改革开放的不断深化，我国的建筑学专业在恢复重建的基础上，开始与发达国家建筑学教育机构进行接轨，借鉴其科学的教育模式和组织方式。其中，建筑学专业教育评估体系的建立、建筑师注册制度的逐步完善、国际交流合作与竞赛日益频繁、建筑市场不断拓展等，这些因素对当前以及今后的建筑学教育都将具有深远的指异性的影响。同时，许多未办过建筑学专业的高校也纷纷开设专业以至开办建筑系。学制方面，80 年代，除清华、同济为 5 年，其他学校为 4 年，90 年代末，多数学校又恢复到 5 年制。

80 年代以后，建筑教育的另一种景象是加强了对外交流，大量学校接待来华访问的国外教授、学生和学者，不少学校聘请外籍教授短期任教，共同指导学生，不少学校与域外学校有较为固定的教学交流计划。同时，若干学校也接纳了相当数量的外国留学生、研究生和访问学者。为了与欧美的学校交流，结合重新改专业大学为综合大学的体制改革，不少院校在校系之间设立建筑学院或建筑城规学院，教学管理运行模式趋于多样。

随着我国建筑界与国际建筑界的全面了解与多层次交流，建筑学教育也不断受到来自各方的影响，并形成互动。多元的建筑理论思潮打破了固有的传统思维模式，教学工作更多地围绕实践需要展开，教育体制逐步向国际化和正规化方向发展。

目前，我国建筑学教育方兴未艾，呈现出持久发展、个性创新的态势。其中，清华大学建筑学院坚持“专业帅才”的培养定位，确定了以人居环境学科为基础，关注国家建设前沿和学科发展前沿、教学科研实践三结合的办学思想。1946 年，梁思成先生创办清华建筑系，提出了体形环境论作为清华建筑教育的指导思想。80 年代以来，吴良镛先生继承和发扬了梁思成先生的思想，提出了广义建筑学和人居环境科学理论。21 世纪，清华建筑教育逐步确立了立足人居环境、探索中国特色、跻身世界一流的办学思想和发展目标。

公认的建筑老八校有清华大学、同济大学、东南大学、天津大学、哈尔滨建筑大学、华南理工大学、重庆建筑大学、西安建筑科技大学。同时，依托经济腾飞建设发展，全国各地建筑院校及建筑学术交流发展，在京津地区、长江三角地区、珠江三角地区形成了一定规模的建筑院校集群和良好的学术氛围。我国港澳台地区的建筑教育与建筑学术交流也持续发展，与国际接轨，而具有传统底蕴是其一个鲜明的特色，并据此不断延伸与内地的交流。

15.2.2 校园里的建筑教育之建筑——从包豪斯理念到新空间模式的探索

在大学校园，建筑院系的专用馆舍建筑在一定程度上对整个校园的建筑文化氛围有渗透和影响。同济大学建筑教育历史渊源颇深，由同济大学土木系、圣约翰大学建筑系、之江大学建筑系、杭州艺术专科学校建筑系等，于 1952

年全国高等院系调整时合并而成同济大学建筑系。今天，同济大学建筑与城市规划学院的三栋馆舍以其典型性，无声地阐述着同济大学校园建筑文化的发展与演变。

第一栋楼，1954 年的文远楼。在 20 世纪前半叶，包豪斯重视技术与艺术结合的教育思想传入中国，当时的建筑师开始与之共鸣，这种共鸣在 20 世纪 50 年代一些校园建筑营造作品中有所体现，文远楼就是一个范例。它体现了“包豪斯”的现代建筑风格，从建筑理念到建筑空间、功能布局、构件和细部设计都贯穿了现代建筑思想，由 26 岁的青年建筑师黄毓麟和哈雄文合作设计，显示了其对于现代建筑精神的深刻理解和把握。其特点有三：

其一，不对称的体量设计。文远楼的整体方案从平面布局到整体形态，完全是现代主义设计原则的经典体现，非对称原则在这里得到了充分的体现，平面按功能灵活布置，立面为不对称设计。文远楼主体是三层框架结构，大空间位于两端，中间为教室、办公等小空间。

其二，内外一致的空间与造型。文远楼内部空间简洁，由中间的走廊串联起各功能空间，是典型的现代主义建筑做法。流线简洁流畅，走廊、楼梯宽阔，并在细节处施以装饰。靠近入口处为阶梯教室，以利于疏散，在主立面上开窗，直接反映教室地面起坡情况。文远楼不再有古典建筑的对称立面，取而代之的是丰富的体量与空间塑造。其体量组合灵活，几何长方体组合叠加，暗示了建筑的功能分区，体量纵横虚实处理得当。以大面积的玻璃窗来显示无承重墙的框架结构，用简洁平整的立面来突出玻璃、钢材与混凝土的材料特点等。白色的墙面基调，比例自由而经典的门窗，尤其是入口的圆柱子，使文远楼有“白楼”的雅称。

其三，简洁又不失传统特色装饰的特点。文远楼不单纯是国际化的现代主义建筑，而且积极探索了如何体现中国传统建筑特色。反复使用的小方块母题，如中国传统建筑的椽头，通风孔图案取自中国的勾片栏杆，壁柱顶端的纹饰如传统云纹。

第二栋楼，1985 年建成的明成楼。20 世纪 80 年代，中国经济改革，中国建筑师追赶时间，积极学习且重新树立自信。1980 年和 1990 年是同济校园建筑的又一个发展时期。明成楼主要由戴复东设计，其特点有围合内院、标高变化、浑厚红色。

其一，丰富的室内空间营造三个围合的内院。明成楼的平面在围合式平面布置的基础上变异，并消解了核心建筑体量，布置成了三个围合的空间，中间是进入门厅后围合的露天内院，西边是教室、图书馆和报告厅三者围合成的通高的钟庭，东边是周边布局设计的办公室，在一层围合成一个展览空间，屋顶开启天窗。三个围合的空间处理手法截然不同，体量上的对比以及空间标高的不同，使得室内空间非常丰富，并形成两个区域：教学区和办公区。

其二，精心营造室内空间标高的变化。明成楼互相呼应的围合的空间在体量上形成对比，并精心营造空间标高的不同。明成楼把垂直交通联系的楼梯从主体中分离出来，使其可通达屋面，形成有装饰意味的整体体块，并在端部采用了四分之一圆处理，与众不同。图书馆顶部上的大台阶是整个建筑的核心，可以用于各种用途、方式和规格的交流，并有个富有寓意的名字——钟庭。

其三，富有雕塑感的外观与厚重的红色。明成楼体形浑厚有力，简洁雄宏，富有雕塑感，具有现代建筑特征。其外面饰有废铁屑与陶土烧制成的深红色的面砖，由此而得名“红楼”。其独立的垂直楼梯体块，入口大厅屋顶设计，都使人联想到那些现代主义大师的经典之作。明成楼与文远楼的异曲同工之处是入口空间的中心偏离，体量高矮的对比，形成了非对称的透视效果，使入口给人以侧面进入的感觉。其独立的垂直楼梯体块，在城规学院新楼的形体塑造中有所延续，不同的是材料发生了很大变化。

第三栋楼，2004 年的城规学院新楼。步入 21 世纪，同济大学校园建筑的发展又迎来了一个重要的时期。短短的四五年时间内，同济大学校园内又出现了好几栋不同风格的建筑。2004 年，在明成楼东侧出现了一栋城规学院新楼，建筑面积 9672 平方米，是由青年建筑师张斌、周蔚设计的，有教研、工作室、展览之用，也有咖啡厅、书店。因其表皮多用玻璃，晶莹剔透，而室内外植物绿色盎然，或可称为“绿楼”，其空间组织、表皮材料、光线运用特色突出。

其一，三个富有逻辑层次的空间组织。在总体空间布局上，绿楼前面有一个下沉广场，主入口通过一个拱桥进入，同时在二楼与明成楼相连。在建筑主体空间组织上，不同的静态空间相对独立，而交通空间和交往空间复合使用，作为主体部分的研究工作单元布满了南侧 3~7 层的所有楼层，中间是贯穿东西的连廊楼梯系统。动态空间中的景观与生态环境共生，北侧连续叠加的室内下沉榕树园、三层的竹园、屋顶室外的桦树园、竖向变化的贯穿东西的连廊楼梯系统，虚实套叠，趣而有序。

其二，直接包裹空间并穿插其间的冷色调材质系列。绿楼充分体现了材质也是重要的建筑元素。绿楼外观平整，玻璃为主的表皮几乎没有任何形体变化地直接包裹空间，只有阳台和窗户的组合稍有凹凸变化。为了达到空间从不透明到透明的不同变化，建筑内部使用了大量的钢材和玻璃，支撑结构部分主要为清水素混凝土饰面，给人以工厂的冰冷感，体现了生产建筑师的流水线的主题。

其三，光线成为建筑的主导。贯穿东西的连廊楼梯系统有多个开口，包含一系列贯穿所有工作楼面的直跑楼梯和一系列上下贯通的光井，天光充足多变，空间连续弥漫。

1954 年的文远楼、1985 年的明成楼、2004 年的绿楼，半个世纪的光阴蹉跎，同济建筑营造开放包容、兼收并蓄，培育了许多建筑专业人才，也以建筑的博采众长、与时俱进熏陶了更多的人去认识建筑、理解建筑。

15.2.3　城市里的展示馆与大学校园里的艺术院

全面普及建筑素质教育，既有赖于建筑专业教育及其建筑实物的熏陶，更有赖于有目的的大型建筑及城市的宣传展示、大学校园更多的建筑与其他艺术的综合作用。上海城市规划展示馆、天津大学冯骥才艺术研究院，一个气势磅礴，一个简洁宁静，是这两个方面的典范。

上海城市规划展示馆于 2000 年年初建成，2000 年 2 月 25 日正式对外开放。展示馆占地面积 4000 平方米，建筑面积 20670 平方米，建筑高度 43.3 米，从底层大厅至四层展厅可供展示的面积为 7000 平方米，并拥有一百余米长的市民休闲街。

展馆大楼主体造型从中国传统的城门形态中获得设计灵感，以中心对称的结构图式巧妙地呼应着中国传统的美学思维，顶部网络状的结构让建筑与蓝天白云融为一体，寓意盛开的上海市花白玉兰。

天津大学前身为北洋大学，始建于 1895 年 10 月，是我国第一所现代意义上的大学。1952 年，全国高校院系调整后，津沽大学建筑系（原天津工商学院建筑系）、北方交通大学建筑系（原唐山工学院建筑系）与天津大学土木系共同组成天津大学土木建筑工程系，1954 年成立天津大学建筑系。

天津大学冯骥才艺术研究院位于天津大学青年湖畔，建筑面积 6300 平方米。其功能分为文学研究与艺术展览两个主要部分，其空间组织与建筑造型很有特点。

研究院结合校园环境，以院落方式将主体建筑及保留大树围建其中，以其简洁的外形静静地隅于校园一角，既尊重校园空间秩序，又围合出了宁静幽深的书院意境。同时，突破方形网格的束缚，主体建筑首层架空，近千平方米的人工水面静卧其下，沟通了南、北庭院，斜向扭转的建筑和穿插布置的水池，空间形态外拙内秀，整体形成一个宁静而灵动的大尺度立体院落。建筑主题墙面采用素混凝土饰面和灰砖，建筑师和施工人员密切配合，在加骨料的抹灰面上先纵向切割，再辅以人工凿毛，低造价塑造了符合建筑性格的极强的材料质感。

15.3　盛会巨构 2010~2011 年——民族意识、综合营造、大胆创新

15.3.1　2010 年上海世界博览会中国馆

2010 年 5 月 1 日至 10 月 31 日期间，在中国上海市举行的 2010 年上海世界博览会是第 41 届世界博览会，也是由中国举办的首届世界博览会，其主题是“城市，让生活更美好”（Better City，Better Life），总投资达 450 亿人民币，创造了世界博览会史上最大规模的纪录，超越 7000 万的参观人数也创下了历届世博之最。上海世博会展览馆分为主题馆、地方馆、企业馆、组织馆、城市最佳实践

区共五大片区。

作为上海世博会最醒目的巨大的建筑，中国馆在诠释世博主题的同时，很好地展示了自己国家的形象、文化与价值理念。中国馆巨构有五大特点：

其一，居中巨鼎，制似斗栱。中国国家馆居中凸起，形如巨鼎，层叠出挑，制似斗栱，其绝对高度为 63 米，具有极大的震撼力和视觉冲击力。它有四组 18.6 米 ×18.6 米的粗大的方柱，形成 21 米净高的巨构空间，支撑起一个斗状的主体“斗冠”，“斗冠”由 56 根（象征 56 个民族）巨型横梁叠加，围合形成上部展厅。

其二，大胆革新，时代气魄。中国国家馆充分发挥钢结构和混凝土的材料力度，对传统元素进行了开创性诠释，大胆革新，将传统的曲线拉直，层层出挑，“斗冠”最斜处伸长达 49 米，显示出了当代工程技术的力度美和结构美。

其三，中国红色，喜庆经典。中国国家馆采用了“中国红”，一种喜悦、鼓舞、大气、稳重、经典的颜色。通过反复试验，现场观察，实物对比，借用故宫红的色彩，采取多种渐变，从上到下，由深到浅，四种红色渐变，上重下轻，丰富了中国红的内涵。

其四，叠篆文字，人文史地。中国地区馆的设计也极富中国气韵，借鉴了很多中国古代传统元素，在地区馆最外侧的环廊立面上，用叠篆文字印出中国传统朝代名称，象征中华历史文化源远流长，环廊中供参观者停留休憩的设施表面镌刻各省、市、区名称，象征中国地大物博，团结共进。

其五，环保和节能。中国馆外墙材料使用无放射、无污染的绿色产品；所有管线和地铁通风口都隐藏在建筑体内；国家馆顶层景观台使用太阳能板，储藏阳光并转化为电能，可实现中国馆照明全部自给；同时还有雨水收集处理系统，雨水净化后用于冲洗卫生间和车辆；地区馆表皮还设计有气候缓冲带，屋顶运用生态农业景观技术，土层覆盖达 1.5 米，可实现有效隔热；在地区馆南侧大台阶水景观和南面的园林设计中，引入了小规模人工湿地。

俯瞰中国馆，其顶部平面的网格架构，暗合中国古代城市棋盘式“九宫格”结构。

15.3.2　广州 2010 年亚运会主体育场与开闭幕式

2010 年第 16 届亚运会于 2010 年 11 月 12 日至 27 日在中国广州进行，北京曾于 1990 年举办第 11 届亚运会，广州是中国第二个取得亚运会主办权的城市。广州亚运会设 42 项比赛项目，是亚运会历史上比赛项目最多的一届。其主体育场为 2001 年建成的广东奥林匹克体育中心，其他体育场有广州天河体育中心等多处。其开闭幕式在珠江一个叫海心沙的小岛上举行，有巨大的创新，体现了务实理念，更好地诠释了民众参与精神。

广东奥林匹克体育中心用地 101 万平方米，总建筑面积 32.8 万平方米。广东奥林匹克体育场位于南部，占地 14.56 万平方米，可容纳观众 8 万人。该体育场从 1998 年 12 月 31 日动工到 2001 年 9 月 22 日竣工，创造了当时国内体育场馆建造速度快、规模大、设备新、技术高等之最，建成后承办了中华人民共和国第九届全运会的开幕式和田径、足球等比赛项目。

广东奥林匹克体育场在设计上打破了体育场传统圆形的设计观念，采用了飘带造型的独特设计，新颖而浪漫。体育场盖顶分东、西两片钢屋架，重达 11000 吨，弯曲坐落在 21 组塔柱上，象征着 21 世纪第一次全国体育盛会在此召开。屋顶自由飘逸的缎带造型如中国巨龙翱翔半空，寓意着广东在新世纪的腾飞。体育场内设 21 个看台小区，五颜六色的座椅，犹如万片色彩斑斓的花瓣，汇成广州市的市花木棉花，极为壮观。

广东奥林匹克中心附属工程包括射箭场、曲棍球场、马术场、棒球场、垒球场、射击馆、手球馆、手球练习馆、综合训练楼、医疗楼、运动员餐厅、运动员公寓、园林绿化、供水、供电、煤气等。

2010 年 11 月 12 日夜晚，珠江流光溢彩，珠江新城南端，珠江上的海心沙亚运开幕式会场宛若巨船，晶莹剔透，仿佛扬帆前行。数万名观众在此度过了一个难忘之夜——第 16 届亚洲运动会在此隆重开幕。这次开幕式有三个巨大突破:

其一，走出体育场办亚运会开幕式。开幕式场地为海心沙岛，从封闭的体育场走向开放的空间，实现了时间与空间的超级延伸与张扬。海心沙本身就像是珠江上的一艘巨轮，借此天然优势，将开幕式的会场打造成一艘扬帆远航的航船，寓意清新而富有朝气。

其二，全新的舞台概念。开幕式没有传统的舞台搭建，却充分利用了海心沙得天独厚的城市中轴线和珠江东西交汇点的地理位置，以珠江为舞台，以城市为背景，把江水、两岸、城市地标，包括西塔、大剧院、博物馆、广州塔等建筑物尽收其中，充分利用实物和光影元素，融天、地、水、桥于一体，声光电交相辉映，打造出全新的舞台概念。

其三，艺术表演以“水”为主题。独特的表演场地带来了艺术表演形式和内涵的深刻变化，水孕育了广州独特的地域文化，开幕式以“水”为主题，全力打造水文化，从一滴水到汪洋大海，从一叶扁舟到巨型帆船，从一汪清水到滔天巨浪。演员在水下、水面、空中、江上，运用各种表演手段尽情展现水的魅力，表达水是生命之源，滋养万物、呵护人类文明的精神内涵，令人叹为观止。

2010 年广州亚运会闭幕式于 2010 年 11 月 27 日 20 时在同一场地举行，20 时 06 分开始文艺表演，21 时 42 分熄灭主火炬，然后是亚运会会旗交接仪式，广州与下一届亚运会举办城市韩国仁川实现完美交接。

15.3.3　深圳 2011 年世界大学生运动会主场馆“春蚕”

世界大学生运动会素有“小奥运会”之称，是只限在校大学生和毕业不超过两年的大学生参加的世界大型综合性运动会，始办于1959年，其前身为国际大学生运动会。

第26届世界大学生运动会于2011年8月12日到8月23日在中国深圳举行。

深圳湾体育中心位于南山后海中心区东北角、距深圳湾15公里的滨海休闲带中段，毗邻香港，是2011年第26届世界大学生夏季运动会的主要会场，也是深圳重点城市景观和公共活动空间。整个项目占地约30.73公顷，总建筑面积达25.6万平方米。

其一，功能齐全。

深圳湾体育中心主体场馆有体育场、体育馆、游泳馆三大部分。

体育场设有1个标准田径场和1个热身场，共有2万个座位，主要看台设在西侧，该侧约有1.2万个座位，分为上下两层，中间设18个包厢。体育馆有固定座位合计1万席，可动座位3000席，比赛场地40米×70米，可布置16张乒乓球台。游泳馆设有一个50米×25米标准比赛池和一个25米×25米训练热身池。

其二，春蚕创意，“一场两馆”一体化营造。

深圳湾体育中心所在地寸土寸金，进行了一体化紧凑设计，以白色巨型单层空间钢网壳构成一个整体，将体育场、体育馆、游泳馆“一场两馆”三大设施覆盖在一个屋面下，整合成一个新颖的体育设施形象“春茧”，形成具有动态的一体化空间，形成标志性的城市景观。“绿树广场”位于设施中心，是设施整体的主要入口空间，集公共性、聚会性于一体。

其三，结构与建筑一体化设计。

“春茧”将钢结构屋架的形式进行合理的设计，使其钢结构屋架既是结构构件，又具有装饰功能，表里如一。通过屋面的钢结构与巧妙设计的支撑柱体，创造出一种具有开放感、轻快感、真实自然的建筑空间。支撑大屋面的柱子在端部缓慢地分成4个曲线支撑体，与上部的格子梁交叉处连接，形成树状支撑体系。

其四，步行体系与观海景观为核心的人性化设计。

“春茧”以人车分流理念为基础进行了剖面设计，将位于标高6米处的二层平台设定为主要通道，作为通往会场的步行者专用空间。“春茧”东、西、南、北四个方向均有通透的开口，均可以通过舒展的缓坡轻松进入，内部流线简明清晰，标识设计醒目易懂。“春茧”通过人行天桥，与周边商务中心区及高新技术区形成紧密的联系。在“春茧”最东端（体育场一边），结合深圳湾靠海的特点，切出了一个通透的剖面，横跨100多米，像一个开放的落地窗，在体育场里就可以看到大海，在这个剖面上又设计了一个横跨120米的展望天桥。

其五，节能节地，节材环保。

“春茧”的一体化紧凑设计，有效提高了土地的使用率，各种设施紧凑集约设置，节省空间，节约建筑材料，提高能源使用效率。除常规的节能措施外，因地制宜，在建筑中尽量采用中水、太阳能等其他各种节能系统，采用自然采光、自然通风等节能措施，利用大屋面收集雨水循环使用，降低运行成本。

大运会之后，该中心面向广大市民开放，成为全民健身的核心场所。

青年，是一切未来的希望。

结语一：三个文明并存下的中国建筑发展

中华文明的发展，正在经历农业文明、工业文明、后工业文明三个文明的并存阶段。中国建筑的发展，其根本背景和互动基础就是三个文明并存。认识三个文明并存，意义重大。

其一，我们曾有辉煌的农业文明，而这个农业文明涵盖了农牧渔林织矿盐等非常丰富的领域，曾在近现代被严重侵扰。今天，农业文明不仅大量遗存，而且还在发挥巨大的作用，并应持续发展，成为新的中华文明的基础性重要组成部分。

其二，自近现代以来，我们一直努力发展工业文明。工业发展历尽艰难，蹉跎模仿，而今形成了自己庞大完备的工业体系，并有巨大的工业成就，但工业成就不等同于工业文明，工业文明的欠缺至今是制约我们发展的根本问题。新的自己的工业文明必将成为新的中华文明的主导性重要组成部分。

其三，后工业文明不是对工业文明的递进式代替，而是对农业文明和工业文明的综合提升，并以信息时空、低碳环保、持续发展为主题形成自己的独立发展方向。与时代同步的后工业文明正在逐步成为新的中华文明的创新性重要组成部分。

三个文明并存，是中国建筑发展的根本背景。中华文明的发展，是新的三个文明共存，也包含了当代中国建筑发展，是中国建筑发展的根本方向。后工业文明的一个重要组成部分是低碳文明。低碳建筑将会伴着可持续发展的步伐进入每一个人的生活，并为建筑业可持续发展、建筑经济增长、建造技术、建造方式等带来革命性变革。

结语二：再看辉煌的农业文明都江堰，积极营造和谐的第二环境

都江堰，位于四川省都江堰市城西，是中国古代建设并使用至今的大型水利工程，被誉为“世界水利文化的鼻祖”。战国时期，公元前 256 年左右，秦昭王委任蜀郡太守李冰父子率众修建都江堰水利工程。

都江堰是一个完整庞大、造福当时、惠泽今天的水利工程体系，是区域水利网络化的典范。都江堰正确处理了鱼嘴分水堤、飞沙堰泄洪道、宝瓶口引水口三大部分主体工程的关系，组成了一个完整的布局合理的大系统，相互依赖，功能互补，巧妙配合，浑然一体，形成无坝限量引水，在岷江不同水量的情况下的分

洪除沙、引水灌溉，智慧地解决了江水自动分流、自动排沙、控制进水流量等问题，使其枯水不缺，洪水不淹。都江堰使成都平原“水旱从人、不知饥馑”，发展了川西农业，造福了成都平原，适应了当时社会经济发展的需要，为秦国统一中国创造了经济基础。后来，灵渠等一批历史性工程，都有都江堰的印记。

后来，都江堰增加了蓄水、暗渠供水功能，使其持续能力得到了充分的拓展。

都江堰是全世界迄今为止，年代最久、惟一留存、以无坝引水为特征的宏大的水利工程。都江堰的营造，以不破坏自然资源，充分利用自然资源为人类服务为前提，变害为利，使人、地、水三者高度协调统一，是一项伟大的“生态工程”。

两千多年前，都江堰开创了中国古代水利史上的新纪元，标志着中国水利史进入了一个新阶段，在世界水利史上写下了光辉的一章。都江堰水利工程，是中国古代人民智慧的结晶，是中华文明之农业文明划时代的杰作。其意义，是人类积极营造和谐的第二环境的典范，也令今天的人们从深层次思考人与环境的互动关系。

结语三：建筑文明的三个含义：生态文明、产业文明、生活文明

建筑是人类文明进化到一定阶段的必然产物，是人类文明高度的集合，是社会先进生产力发展的集中体现，也是推动社会文明的主要动力之一。

建筑作为人类留下的尺度最大和最主要的形象记录，其发展也必然会遵循最基本的规律。这个规律也是不断被人认识和修正的，从实体到空间，从松散到模式，再重组、再组合、再螺旋式推进，直到新的体系出现。这个规律是各国各民族的共同探索，其中，中西建筑已经而且将继续占有巨大比例。中西建筑营造理念的交融，会愈来愈深入。对已经成为历史的中西成就，其用体之争，无本质意义。

从长城至都江堰，都不是狭义上的建筑营造，却又是人居环境的巨大成就，而这又有巨大的对比。一个依山，一个理水，皆举国之力，一个是屏障和交融带，一个是经济命脉，泽被后世。二者都利用了自然地势，都妥帖诠释了第一环境、第二环境、第三环境。前者失去了营造初衷，却成为了建筑文化象征，后者则因其深邃的营造理念，成为了可持续营造的典范。先人智慧的光芒，丝毫没有因为两千年的距离而有损减。

积极营造第二环境，绝不是单纯建筑技术的所谓先进与否。第二环境和谐营造包含诸多富有辩证关系的子系统、中系统乃至大系统、巨系统，可以归纳为五个核心交汇：

其一，社会整体文明素质的提高，特别是与大自然和谐相处精神的普及。

其二，社会整体物质财富的积累，并把这种积累建立在可靠的可持续发展基础上。

其三，社会整体物质精神并重的生活理念的树立，建筑文化素质与营造知识

的普及。

其四，各产业发展均衡，普遍的技术理念普及，并更多地关注适宜技术与本土材料。

其五,和谐营造理念的树立,营造队伍的专业与融通,营造热情与有序的组织。

中国建筑发展的方向：农业文明、工业文明、后工业文明并存，积极营造第二环境，以生态文明、产业文明、生活文明为内涵，兼收并蓄中西建筑精华，延续优秀脉络，创新时代体系，在建筑营造及建筑文化诸领域积极思考，探索新途，开花结果，为每一个人和这个伟大时代创造居所、场景、舞台，以物质和精神双重成就来丰富、发展古老而又崭新的中华文明。

图 15–1　中国江苏同里

同里古镇的规划布局、建筑、园林，处处体现出同里古镇与环境的有机融合，是先民以水为主体综合营造第二环境的典范。同里古镇镇外四面环水，镇内由川字形的主河及其支流纵横分割为 7 个小岛，由 49 座桥连接，原有同里湖、南新湖、九里湖、庞山湖和叶泽湖五湖围绕，现还存有同里湖、南新湖和部分九里湖。同里镇区水面面积 9.37 公顷，石驳岸总长 6.04 公里，临水民居 5.46 万平方米，占民居总建筑面积的 36.9%。同里镇因水成街，因水成路，因水成市，因水成园。镇内宋元明清时期的各种桥保存完好，明清民居鳞次栉比，小桥流水人家，是典型的江南水镇。

图 15–2　中国云南丽江束河古镇土坯墙

丽江土坯墙是生土夯坯垒墙，与同样是生土墙的夯土墙相比，其强度有所局限，但丽江土坯基本尺寸都不大，方便搬运，其劳作程度远比夯土墙小，只需一两个人即可。夯土墙夯筑则需 5~6 人，连续不断同时操作且须沿着所有墙体整个夯筑一圈之后，才可停顿。

砌筑过的土坯大多可重复使用，还可以根据使用要求，灵活开设一些门窗洞口，供室内通风采光，大小可以灵活安排。夯土墙因受工艺操作的限制，难于开窗或开很小的窗洞。

丽江土坯墙，多取杂土，是农耕时代的一种原始而又可以改进并持续使用的建筑营造材料。其色彩斑驳，肌理质感丰富，也是今天强调个性的建筑营造的一种很好的选择。

图 15-3　中国山西平遥古城

江苏同里之水，云南丽江之土，山西平遥之砖。水、土、砖，从自然到人工，三个典型。

水不仅是炫目的主题，更是永恒的主体；一抔土，来去聚散在其中；木，离不开金斫斧砍，愈雕，其艺术附加愈多，而结构愈减。砖，用火烧结而固化，文明进步而凝固，作为难以降解的材料，对于大自然环境而言，修正错误的机会也在减少。

人工愈高，技术含量愈高，愈要谨慎对待。人类来自于自然，怎么返回自然？还是不需要返回自然，一路前行，走向何方？或许，是在探索中不断前进，以新的形式与自然融汇？

第一环境的营造就更有意义，更要有基础性、前瞻性、灵活性。

图 15–4　中国上海城市规划展览馆

全面普及建筑素质教育，把建筑文化与知识教育，如同历史传统教育与科学基础知识教育一样，作为公民素质教育的基本内容之一，面对全社会，尤其是大学校园，进行传播。建筑普及是社会整体积极营造第二环境的一个重要内容。

上海城市规划展示馆借鉴了国内外先进展馆的经验，以城市、人、环境、发展作为主题，布展规模大、技术高，形象生动地演绎出申城的沧桑巨变，浓缩了上海城市规划和建设的昨天、今天与明天，重点突出未来二十年的发展规划，方便市民及参观者了解上海、展望未来，也是上海加强对外交往，促进国际间相互了解沟通的宣传窗口。

图 15–5　中国上海世博会中国馆

2010 年上海世博会中国国家馆，坐落在世博园区浦东区域主入口的突出位置，位于南北、东西轴线交汇的视觉中心，形成了壮观的城市空间序列，于 2007 年 12 月 18 日开工，2010 年 2 月 8 日竣工，总建筑面积约 16.01 万平方米，分为国家馆和地区馆两部分。总建筑师是中国工程院院士何镜堂先生。

中国馆融合了中国古代营造法则和现代设计理念，诠释了东方“天人合一，和谐共生”的哲学思想，展现了艺术之美、力度之美、传统之美和现代之美，是对中国建筑文化的一种积极表达。

图 15-6　中国云南聚落家园

中华文明的发展，正在经历农业文明、工业文明、后工业文明三个文明的并存阶段。中国建筑发展，其根本背景和互动基础就是三个文明并存。认识三个文明并存，意义重大。

其一，我们曾有辉煌的农业文明，涵盖了农牧水渔林织矿盐等非常丰富的领域，曾被严重侵蚀。它大量遗存，作用依然巨大，并在新高度上成为新的中华文明的重要组成。

其二，自近现代以来，我们一直努力发展工业文明，历尽艰难而自立，并蓬勃创新。

其三，后工业文明不是对工业文明的递进式代替，而是对农业文明和工业文明的综合提升，并以信息时空、低碳环保、持续发展为主题形成了自己的独立发展内涵。

图 15–7　中国山东高速公路

如同西方走过的历程一样，我们的公路乃至整个交通体系也在拓宽、提速、拔高、占地。一切围绕着一个“快”，继而又是“堵”，再拓宽，再提速，再拔高，再占地，再堵。

在充分享用高速公路带给我们的便利时也应客观认识到高速公路并不等于高度文明。

有人说过，小的是美好的。或许，慢的，也可以是文明的。

自近现代以来，我们的工业发展历尽艰难而自立，而今形成了自己完备庞大的工业体系，工业产品也有巨大的成果，但工业成就不等同于工业文明，工业文明的欠缺至今仍是制约我们发展的根本问题。新的自己的工业文明必将成为新的中华文明的主导性重要组成部分。

图 15-8　中国黄河老牛湾

农业文明、工业文明、后工业文明这三个文明并存，特别是工业文明的欠缺，要求开放的中国建筑营造积极借鉴，在交融中实现新的个性，在更富饶而持续有序的物质土壤里，盛开更艳丽而隽永宜人的建筑艺术花蕾，创造永恒而更具有时代气息的建筑文化。

建筑是一种文化，建筑是一种文明。

建筑是一种艺术，建筑是一种技术。

建筑是一种经营，建筑是一种营造。

建筑是土与木在山水间的诗画长卷，是水与火循环涅槃共生的金属交响。

来于斯，还于斯，而奔流的黄河，挟裹着一切，流向东方。

《中西建筑十五讲》涉及主要建筑及其他一览表

编号	讲一序	名称	营造年代	地点	主要设计者
001	01-1	长城	始于春秋，秦、明	中国北方	
002	02-1	社稷坛	始于明永乐年间	中国北京	
003	02-2	天坛	始于明永乐年间	中国北京	
004	02-3	曲阜孔庙	始于春秋，宋、元历代	中国山东曲阜	
005	02-4	曲阜孔府	始于春秋，宋、元历代	中国山东曲阜	
006	02-5	北京故宫	始于明永乐年间	中国北京	
007	02-6	潭柘寺	始于 307 年	中国北京	
008	02-7	戒台寺	始于 622 年	中国北京	
009	02-8	隆兴寺	始于 586 年	中国河北正定	
010	02-9	普陀宗乘之庙	始于 1767 年	中国河北承德	
011	03-1	吉萨金字塔群	始于公元前三千纪	埃及	
012	03-2	雅典卫城	始于公元前 580 年	希腊雅典	
013	03-3	帕提农神庙	公元前 447~ 前 438 年	希腊雅典	伊克蒂诺等
014	03-4	比萨教堂建筑群	1063~1350 年	意大利比萨	
015	03-5	佛罗伦萨大教堂	1296~1887 年	意大利佛罗伦萨	冈比奥等
016	03-6	圣马可广场	始于 9 世纪	意大利威尼斯	
017	04-1	圆明园	1709~1770 年	中国北京	
018	04-2	颐和园	1750~1764 年	中国北京	
019	04-3	拙政园	始于 1509 年	中国苏州	
020	04-4	留园	始于明嘉靖年间	中国苏州	
021	04-5	九龙壁	1771 年	中国北京	
022	05-1	罗马万神庙	公元前 27~25 年	意大利罗马	
023	05-2	圣索菲亚大教堂	532~537 年	土耳其伊斯坦布尔	安提莫斯等
024	05-3	阿尔罕布拉宫	13~14 世纪	西班牙	
025	05-4	华西里教堂	1555~1561 年	俄罗斯莫斯科	
026	05-5	凡尔赛宫	1661~1756 年	法国巴黎	
027	05-6	军功庙	1806~1842 年	法国巴黎	维尼翁

续表

编号	讲一序	名称	营造年代	地点	主要设计者
028	05-7	雄狮凯旋门	1806~1836 年	法国巴黎	查尔格
029	05-8	圣彼得堡海军部	1806~1823 年	俄罗斯彼得堡	萨哈洛夫
030	05-9	圣彼得堡冬宫	1754~1762 年	俄罗斯彼得堡	拉斯特雷利
031	06-1	南禅寺正殿	782 年	中国山西	
032	06-2	佛光寺大殿	857 年	中国山西	
033	06-3	佛宫寺释迦塔	1056 年	中国山西	
034	06-4	无梁殿	明洪武年间	中国南京	
035	06-5	东岳庙琉璃牌楼	1670 年	中国北京	
036	06-6	十三陵陵恩殿	1415 年	中国北京	
037	06-7	故宫太和殿	明永乐年间	中国北京	
038	07-1	巴黎圣母院	1163~1345 年	法国巴黎	
039	07-2	埃菲尔铁塔	1889 年建成	法国巴黎	埃菲尔
040	07-3	水晶大教堂	1968~1980 年	美国洛杉矶	约翰逊
041	07-4	迪斯尼音乐厅	1992~2003 年	美国洛杉矶	弗兰克・盖里
042	08-1	天津蓟县独乐寺	始于公元 636 年	中国天津	
043	08-2	琼华岛		中国北京	
044	08-3	团城		中国北京	
045	08-4	浑源悬空寺		中国山西	
046	08-5	安徽宏村		中国安徽	
047	09-1	卡拉卡拉浴场	212~216 年	意大利罗马	
048	09-2	罗马大斗兽场	72~80 年	意大利罗马	
049	09-3	卢佛尔宫	始建于 1204 年	法国巴黎	
050	09-4	国会大厦	1793~1863 年	美国华盛顿	
051	09-5	林肯纪念堂	1914~1922 年	美国华盛顿	
052	09-6	杰斐逊纪念堂	1938~1943 年	美国华盛顿	
053	09-7	白宫	1792~1800 年	美国华盛顿	
054	09-8	“水晶宫”	1851 年建成	英国伦敦	帕克斯顿纳
055	09-9	英国馆“蒲公英”	2010 年建成	中国上海	
056	09-10	伦敦零碳馆	2010 年建成	中国上海	
057	10-1	萨伏伊别墅	1928~1930 年	法国巴黎	勒・柯布西耶
058	10-2	马赛公寓	1947~1952 年	法国马赛	勒・柯布西耶
059	10-3	朗香教堂	1950~1953 年	法国东部	勒・柯布西耶

续表

编号	讲一序	名称	营造年代	地点	主要设计者
060	10–4	巴塞罗那德国馆	1919 年	西班牙	密斯·凡·德·罗
061	10–5	范斯沃斯住宅	1945~1951 年	美国伊利诺伊州	密斯·凡·德·罗
062	10–6	湖滨公寓	1951~1953 年	美国芝加哥	密斯·凡·德·罗
063	10–7	西格拉姆大厦	1956~1958 年	美国纽约	密斯·凡·德·罗
064	10–8	新国家美术馆	1962~1968 年	德国柏林	密斯·凡·德·罗
065	10–9	双年展芬兰馆	1955 年	意大利威尼斯	阿尔瓦·阿尔托
066	10–10	社区教堂	1956~1959 年	芬兰伊马特拉	阿尔瓦·阿尔托
067	10–11	文化中心	1959~1962 年	奥地利	阿尔瓦·阿尔托
068	11–1	圣彼得大教堂	1506~1626 年	梵蒂冈	米开朗琪罗等
069	11–2	西斯廷教堂壁画	1508~1512 年	意大利罗马	米开朗琪罗
070	11–3	流水别墅	始于 1935 年	美国匹茨堡市	赖特
071	11–4	查理德医学院	1957~1964 年	美国费城	路易斯·康
072	11–5	栗子山母亲住宅	1959 年	美国费城	文丘里
073	11–6	悉尼歌剧院	1959~1973 年	澳大利亚悉尼	恩·伍重
074	11–7	海尔艺术博物馆	1980~1983 年	美国亚特兰大	查理德·迈耶
075	12–1	清华学堂	始于 1911 年	中国北京	
076	12–2	北平燕京大学	1921~1926 年	中国北京	亨利·墨菲
077	12–3	北京陆军部	1906~1907 年	中国北京	
078	12–4	上海汇丰银行	1921~1923 年	中国上海	公和洋行
079	12–5	沙逊大厦	1926~1929 年	中国上海	公和洋行
080	12–6	上海中国银行	1934~1937 年	中国上海	陆谦
081	12–7	南京中山陵墓	1929 年建成	中国南京	吕彦直
082	12–8	广州中山纪念堂	1931 年建成	中国广州	吕彦直
083	12–9	南京中央体育场	1931 年建成	中国南京	关颂声、杨廷宝
084	13–1	纽约帝国大厦	1930~1931 年	美国纽约	
085	13–2	大都会博物馆	1866 年建成	美国纽约	
086	13–3	西尔斯大厦	1974 年建成	美国芝加哥	SOM 事务所
087	13–4	越战纪念碑	1959~1982 年	美国华盛顿	林璎
088	13–5	Prada 专卖店		日本东京	赫尔佐格等
089	13–6	京都清水寺	始于 778 年	日本京都	
090	13–7	代代木体育馆	1964 年建成	日本东京	丹下健三
091	13–8	国家美术馆东馆	1968~1978 年	美国华盛顿	贝聿铭

续表

编号	讲一序	名称	营造年代	地点	主要设计者
092	13–9	美秀美术馆	1997 年建成	日本桃谷	贝聿铭
093	13–10	苏州博物馆新馆	2006 年建成	中国苏州	贝聿铭
094	14–1	人民大会堂	1959 年建成	中国北京	赵冬日等
095	14–2	北京火车站	1959 年建成	中国北京	杨廷宝、钟训正
096	14–3	民族文化宫	1959 年建成	中国北京	张镈等
097	14–4	北京图书馆新馆	1988 年建成	中国北京	杨芸等
098	14–5	中央彩电中心	1987 年建成	中国北京	严星华等
099	14–6	长城饭店	1980~1983 年	中国北京	贝克特公司
100	14–7	国家奥体中心	1986~1990 年	中国北京	马国馨等
101	14–8	清华图书馆新馆	1991 年建成	中国北京	关肇邺等
102	14–9	国际金融大厦	1997 年	中国北京	胡越、苑泉
103	14–10	T3 航站楼	2007 年	中国北京	中外合作
104	14–11	“鸟巢”	2005~2007 年	中国北京	中外合作
105	14–12	“水立方”	2003~2008 年	中国北京	中外合作
106	15–1	同里古镇		中国江苏	
107	15–2	丽江古城		中国云南	
108	15–3	平遥古城		中国山西	
109	15–4	同济大学文远楼	1954 年建成	中国上海	黄毓麟、哈雄文
110	15–5	同济大学明成楼	1985 年建成	中国上海	戴复东
111	15–6	城规学院新楼	2004 年建成	中国上海	张斌、周蔚
112	15–7	上海城市规划馆	2000 年建成	中国上海	
113	15–8	上海世博中国馆	2007~2010 年	中国上海	何镜堂等
114	15–9	广东奥体中心	1998~2001 年	中国广东	
115	15–10	深圳湾体育中心	2010~2011 年	中国深圳	

参考文献

[1] 梁思成 . 中国建筑史 [M]. 北京：百花文艺出版社，2005.

[2] 潘谷西 . 中国建筑史 [M]. 北京：中国建筑工业出版社，2003.

[3] 梁思成 . 中国雕塑史 [M]. 北京：百花文艺出版社，1997.12

[4] 陈志华 . 外国建筑史 [M]. 北京：中国建筑工业出版社，2009.

[5] 罗小未 . 外国近现代建筑史 [M]. 北京：中国建筑工业出版社，2003.

[6] 王其钧，郭宏峰 . 图解西方古代建筑史 [M]. 北京：中国电力出版社，2008.

[7] 楼庆西 . 中国古建筑二十讲 [M]. 北京：生活·图书·新知三联书店，2001，9.

[8] 陈志华 . 外国古建筑二十讲 [M]. 北京：生活·图书·新知三联书店，2002，1.

[9] 彭一刚 . 中国古典园林分析 [M]. 北京：中国建筑工业出版社，1986，12.

[10] 马炳坚 . 中国古建筑木作营造技术 [M]. 北京：科学出版社，1992.

[11] 李允钰 . 华夏意匠 [M]. 天津：天津大学出版社，2005，5.

[12] 论语 [M]. 北京：中华书局，2006.

[13] 张强选注 . 历代辞赋选评注 [M]. 上海：上海三联书店，2007，8

[14] 王其韵 . 中国民居 [M]. 北京：中国建筑工业出版社，2007.

[15] 吴良忠 . 中国壁画 [M]. 上海：上海远东出版社，2009.

[16] 何俊寿 . 中国建筑彩画图集 [M]. 天津：天津大学出版社，1999.

[17] 金磊 . 走进北京寺庙 [M]. 天津：天津大学出版社，2008.

[18] 赖德霖，王浩娱，袁雪平，可春娟 . 近代哲匠录：中国近代重要建筑师、建筑事务所名录 [M]. 北京：水利水电出版社，2006，8.

[19] 李晓东，杨茳善 . 中国空间 [M]. 北京：中国建筑工业出版社，2007，8.

[20] 山西古建文物所 . 佛光寺 [M]. 北京：文物出版社，1984.

[21] 李大厦 . 路易·康 [M]. 北京：中国建筑工业出版社，2004，5.

[22]（美）刘易斯·芒福德 . 城市发展史——起源、演变和前景 [M]. 宋俊岭，倪文彦译 . 北京：中国建筑工业出版社，2004.

[23]（挪）舒尔茨 . 西方建筑的意义 [M]. 李路珂，欧阳恪之译 . 北京：中国建筑工业出版社，2005.

[24]（美）帕特丽夏·弗蒂尼·布朗 . 希腊艺术 [M]. 李娜，谢瑞贞译 . 北京：中国建筑工业出版社，2004.

[25]（美）帕特丽夏·弗蒂尼·布朗 . 文艺复兴在威尼斯 [M]. 北京：中国建筑工业出版社，2004.

[26]（美）特纳．文艺复兴在佛罗伦萨 [M]．郝澎译．北京：中国建筑工业出版社，2004.

[27]（英）克里夫・芒福汀．街道与广场 [M]．张勇刚，陆卫东译．北京：中国建筑工业出版社，2004.

[28]（瑞士）弗雷格．阿尔瓦•阿尔托 [M]．王又佳，金秋野译．北京：中国建筑工业出版社，2007.

[29]《大师系列》丛书编辑部．普利茨克建筑大师思想精粹 [M]．武汉：华中科技大学出版社，2006，6.

后　记

在经过一个漫长的过程之后，尽管自己觉得还存在一些问题，终于还是决定将这本书交给出版社。作为一个很少写书的人，在这本书的写作过程中，自己还是有很多感慨的，对自己在书里想阐述什么也进行了思考。

第一，试图阐述一种关于“建筑与文化”的观点。

第二，试图阐述一种关于“营造体系”的观点，建筑是如何形成这种伟大的人类奇观和成就，且至今还在这么大范围的影响着人类的生活与生存，这是一个庞大体系化的问题，也带来了一个建筑认知边界的问题。“营造”体系的回顾与阐述，是必然的。

第三，试图阐述一种关于“第二环境”的观点。木作营造，离不开森林资源与林业运作；钢铁构件，离不开钢铁质量，乃至制造业水平；一个适合生活起居的村落，依托于整个小范围的生态体系的构筑。本书努力将“第二环境”这个概念提出来。“第二环境”既不是建筑本身，也不是大自然本身，但是却深刻地影响着我们的建筑。

以上三个目的，也是自己还没有尽得其味的地方，也是自己今后要继续孜孜不倦之处。

呈拙之际，有三个感谢。

第一，感谢自己所接受的系统专业教育以及自小受到的传统文化熏陶，感谢母校清华大学。读书时得以有徐伯安先生、陈志华先生、吴焕家先生、楼庆西先生等诸位先生当面教诲，他们对中国建筑史和外国建筑史知识的传授，学生难忘。感谢我的导师单德启先生从各个方面对学生的教诲。尤其在 20 世纪 90 年代初期，跟随先生在融水苗寨进行改建实践，对我的建筑生涯影响很大。感谢秦佑国先生，秦先生在清华大学开有全校选修课“建筑的文化理解”（Cultural learning on Architecture），我曾在 2010 年有一个学期多次聆听，再次领受前辈教诲，受益匪浅。

第二，感谢自己所经历的教学工作实践，感谢在北方工业大学的同事们，感谢北方工业大学。在本书的编写过程中，吴晚云、王晓纯、罗学科等学校领导给予许多关心，同事们营造了良好的环境。其实，建筑作为人类的巨大成就，应该作为素质教育中一项很实在的内容，所以这本书也是北方工业大学主持的全国大学生文化素质教育丛书之一，这也是本书名字的由来。在此，特别感谢史仲文老师。

第三，感谢建工出版社的老师们和我的学生们，特别感谢唐旭老师。在与唐旭老师的交流中，我们有很多共同的观点。我目前还有几本书也在结稿阶段，如“建筑设计入门 1、2、3”，这几本书基本是个人的学习与工作历程的总结，至于哪一本书先出版，也许随缘吧。这几本书都是从 2009 年至今撰写的，在这个过程中，我的很多学生，包括一些研究生，都参与了资料的收集，文字打印和排版等工作，在此一并表示感谢。

最后，希望这本书有一定的“生动感”。书中所用的史料很多都是大家所熟悉的，在写作过程中，也借鉴了很多别人的研究成果，在这里要表示感谢。书中的照片的选择，耗时很多，不是因为少，而是因为太多，后来确定了一个原则：自己所到之地，自己的视角。书中图片，大多数为自己拍摄，个别为贾园拍摄。“生动感”源自自己的眼睛。

再次重复一下本书多个关键词中的三个：材料、第二环境、营造。

贾 东

2013 年春于北方工业大学